"十二五"高职高专计算机规划教材·基础与实训系列

# 中文 PowerPoint 2003 操作教程

（第 2 版）

李 力 编

西北工業大學出版社

【内容简介】本书为“十二五”高职高专计算机规划教材。全书共分 12 章，主要内容包括 PowerPoint 2003 概述、演示文稿的基本操作、输入与编辑文本、在幻灯片中插入图形对象、在幻灯片中插入表格和图表、多媒体支持、设置演示文稿外观、设置演示文稿的动态效果、放映演示文稿、打印与输出演示文稿、综合应用实例以及上机实训。第 1 至第 10 章后附有本章小结及实训练习，读者在学习时更加得心应手，做到学以致用。

本书可作为各大中专院校及计算机培训班的计算机基础课程教材，同时也可供计算机爱好者自学参考。

**图书在版编目（CIP）数据**

中文 PowerPoint 2003 操作教程/李力编．—2 版．—西安：西北工业大学出版社，2013.4
ISBN 978-7-5612-1928-7

Ⅰ．①中…　Ⅱ．①李…　Ⅲ．①图形软件，PowerPoint 2003—高等学校：技术学校—教材　Ⅳ．①TP391.41

中国版本图书馆 CIP 数据核字（2005）第 033355 号

**出版发行**：西北工业大学出版社
**通信地址**：西安市友谊西路 127 号　　邮编：710072
**电　　话**：（029）88493844　88491757
**网　　址**：www.nwpup.com
**电子邮箱**：computer@nwpup.com
**印 刷 者**：兴平市博闻印务有限公司
**开　　本**：787 mm×1 092 mm　1/16
**印　　张**：15
**字　　数**：396 千字
**版　　次**：2013 年 4 月第 2 版　　2013 年 4 月第 1 次印刷
**定　　价**：30.00 元

# 出版者的话

高等职业教育是我国高等教育的重要组成部分，担负着为国家培养并输送生产、建设、管理、服务第一线高素质、技术应用型人才的重任。因此，我国近年来十分重视高等职业教育。

高等职业教育要做到面向地区经济建设和社会发展，适应就业市场的实际需要，真正办出特色，就必须按照自身规律组织教学体系。为了满足高等职业教育的实际需求，我们组织高等职业院校有丰富教学经验的教师，编写了"'十二五'高职高专计算机规划教材·基础与实训系列"教材。

本系列教材充分考虑了高等职业教育的培养目标、教学现状和发展方向，在编写中突出实用性，重点讲述在信息技术行业实践中不可缺少的基础知识，并结合实训加以介绍，大量具体操作步骤、众多实践应用技巧与切实可行的实训材料真正体现了高等职业教育自身的特点。

## 主要特色

### 中文版本、易教易学

本系列教材选取市场上最普遍、最易掌握的应用软件的中文版本，突出"易教学、易操作"，结构合理、内容丰富、讲解清晰。

### 内容全面、结构合理

本系列教材合理安排基础与实训的比例。基础知识以"必需，够用"为度，以培养学生的职业技能为主线来设计体例结构、内容和形式，符合高等职业学生的学习特点和认知规律；对实训操作过程的论述清晰简洁、通俗易懂、便于理解，通过相关软件的实际运用引导学生学以致用。

### 图文并茂、实例典型

本系列教材图文并茂，便于读者学习和掌握所学内容，以行业应用实例带动知识点，诠释实际项目的设计理念，实例典型，切合实际应用。

### 体现教与学的互动性

本系列教材从"教"与"学"的角度出发，重点体现教师和学生的互动交流。将精练的理论和实用的行业范例相结合，学生在课堂上就能掌握行业技术应用，做到理论和实践并重。

### 突出职业应用，快速培养人才

本系列教材以培养计算机技能型人才为出发点，采用“基础知识+应用实例+综合应用实例+上机实训”的编写模式，内容生动，由浅入深，将知识点与实例紧密结合，便于读者学习掌握。

### 具备前瞻性，与职业资格培训紧密结合

本系列教材的教学内容紧随技术和经济的发展而更新，及时将新知识、新技术、新工艺和新实训引入教材，同时注重吸收最新的教学理念，根据行业需求，使教材与相关的职业资格培训紧密结合。

### 读者定位明确，与就业市场紧密结合

针对明确的读者定位，本系列教材涵盖了计算机基础知识及目前常用软件的操作方法和操作技巧，读者在学习后能够切实掌握实用的技能，做到放下书本就能上岗，真正具备就业本领。

## 读者对象

本系列教材是高等职业院校、高等技术院校、高等专科院校的计算机教材，适用于信息技术的相关专业，如计算机应用、计算机网络、信息管理、电子商务、计算机科学技术、会计电算化等，也可供优秀职高学校选作教材。对于那些要提高自己应用技能或参加一些证书考试的读者，本系列教材也不失为一套较好的参考书。

## 结束语

希望广大师生在使用教材的过程中提出宝贵意见，以便我们在今后的工作中不断地改进和完善，使本系列教材成为高等职业教育的精品教材。

# 前　言

PowerPoint 是 Microsoft 公司推出的 Office 办公套装软件中的一个重要组成部分，也是常用的多媒体演示软件之一，它被广泛应用于学习和工作的各个领域。利用 PowerPoint 2003 不仅可以制作出图文并茂，表现力和感染力极强的演示文稿，还可以在计算机屏幕、幻灯片、投影仪或 Internet 上发布。无论是企业展示新产品、开会做报告，还是教师讲课或朋友间赠送贺卡，都可以通过 PowerPoint 实现。

本书以“基础知识+应用实例+综合应用实例+上机实训”为主线，从教学实际需求出发，合理安排知识结构，从零开始、由浅入深、循序渐进地讲解 PowerPoint 2003 的基本知识和使用方法。

## 本书内容

全书共分 12 章。其中，第 1 章主要介绍 PowerPoint 2003 的基础知识；第 2 章主要介绍演示文稿的基本操作，包括创建、打开、保存演示文稿等内容；第 3 章主要介绍在幻灯片中输入与编辑文本；第 4 章主要介绍在幻灯片中插入各种图形对象及图形的编辑方法；第 5 章主要介绍在幻灯片中插入表格和图表；第 6 章主要介绍插入多媒体对象的方法；第 7 章主要介绍美化幻灯片及设置的方法；第 8 章主要介绍插入与设置动画的方法；第 9 章主要介绍放映幻灯片的方法；第 10 章主要介绍打印及输出演示文稿的方法；第 11 章列举了几个有代表性的综合实例；第 12 章是上机实训。全书通过理论联系实际，帮助读者举一反三、学以致用，进一步巩固所学的知识。

## 读者定位

本书结构合理，内容系统全面，讲解由浅入深，实例丰富实用，可作为各大中专院校及计算机培训班的课程教材，同时也可作为电脑爱好者的自学参考书。

本书力求严谨细致，但由于水平有限，书中难免出现疏漏与不妥之处，敬请广大读者批评指正。

编　者

# 目　录

# 第 1 章　PowerPoint 2003 概述

PowerPoint 和 Word、Excel 等应用软件一样，是 Microsoft 公司推出的 Office 系列软件之一。它可以制作出集文字、图形、图像、声音、视频等多媒体对象为一体的演示文稿，把学术交流、辅助教学、广告宣传、产品演示等信息以更轻松、更高效的方式表现出来。本章主要介绍 PowerPoint 2003 的启动与退出、工作界面、视图模式以及帮助系统等内容。

**知识要点**

- 初识 PowerPoint 2003
- PowerPoint 2003 的窗口
- PowerPoint 2003 的视图模式
- Office 2003 的帮助系统

## 1.1　初识 PowerPoint 2003

PowerPoint 2003 在原有版本的基础上新增了许多功能，本节主要介绍 PowerPoint 2003 的主要新增功能及启动与退出。

### 1.1.1　PowerPoint 2003 新增功能

作为目前最流行的演示文稿制作软件，PowerPoint 2003 具有强大的多媒体管理功能和丰富的设计模板以及强有力的网络工具，用户只要通过短期的操作就可制作出完美的演示文稿。而且 PowerPoint 2003 在 PowerPoint 2000 和 PowerPoint 2002 基础上又向前迈了一大步，又增加了许多新的功能，主要包括以下几点：

**1．更新的播放器**

改进的 Microsoft Office PowerPoint Viewer 可以进行高保真输出，可支持 PowerPoint 2003 图形、动画和多媒体。更新的播放器无须安装，在默认情况下，新的“打包成 CD”功能将演示文稿文件与播放器打包在一起，用户也可从网站下载新的播放器。另外，播放器支持查看和打印。经过更新的播放器可在 Windows 98 或更高版本上运行。

**2．打包成 CD**

“打包成 CD”可以有效发挥 PowerPoint 2003 的新增功能。它可以用于制作演示文稿 CD，以便在运行 Windows 操作系统的计算机上查看。而直接从 PowerPoint 中刻录 CD 就需要 Windows XP 或更高版本，在 Windows 2000 中，可以将一个或多个演示文稿打包到文件夹中，然后使用第三方刻录软件将演示文稿复制到 CD 上。

“打包成 CD”可打包演示文稿和所有支持文件，具体包括链接文件，还可以从 CD 自动运行演示文稿。在打包演示文稿的时候，经过更新的 Microsoft Office PowerPoint Viewer 也包含在 CD 上。因此，没有安装 PowerPoint 的计算机不需要安装播放器。

3．新幻灯片放映导航工具

新的精巧而典雅的"幻灯片放映"工具栏令用户可在播放演示文稿时方便地进行幻灯片放映导航。此外，常用幻灯片放映任务也被简化。在播放演示文稿期间，"幻灯片放映"工具栏令用户可方便地使用墨迹注释工具、笔和荧光笔选项以及"幻灯片放映"菜单。

4．改进的幻灯片放映墨迹注释

在播放演示文稿时可以使用墨迹在幻灯片上进行标记，或者使用 PowerPoint 2003 中的墨迹功能审阅幻灯片。这样不仅可在播放演示文稿时保存所使用的墨迹，还可以在将墨迹标记保存在演示文稿中后打开或关闭幻灯片放映标记。

5．新的智能标记支持

PowerPoint 2003 增加了常见智能标记支持。只需在 工具(T) 菜单栏中选择 自动更正选项(A)... 命令，在弹出的对话框中单击 智能标记 标签，打开 智能标记 选项卡，即可为演示文稿中的文字加上智能标记。PowerPoint 2003 所包含的智能标记识别器列表中包括日期、金融符号和人名。

6．改进的媒体播放

使用 PowerPoint 2003 在全屏演示文稿中查看和播放影片。用鼠标右键单击影片，从快捷菜单中选择 编辑影片对象(O) 命令，然后选中 ☑ 缩放至全屏(Z) 复选框。当安装了 Microsoft Windows Media Player 8.0 或更高版本时，PowerPoint 2003 中对媒体播放的改进可支持其他媒体格式，包括 ASX，WMX，M3U，WVX，WAX 和 WMA。如果未显示所需的媒体编解码器，PowerPoint 2003 将通过使用 Windows Media Player 技术尝试下载它。

7．信息检索任务窗格

如果用户要访问 Internet，新的"信息检索"任务窗格可提供各种参考信息和扩展资源，可使用百科全书、Web 搜索或通过访问第三方对主题内容进行信息检索。"信息检索"任务窗格还支持同义词搜索，这是 PowerPoint 2003 的新增功能。此功能对于查找同义词以便提高演示文稿的质量来说是最佳工具。

**提示：** 如果用户对 PowerPoint 2003 的新增功能比较感兴趣，还可以通过选择 帮助(H) → Microsoft Office PowerPoint 帮助(H) F1 命令，在帮助任务窗格中找到更多新增功能。

8．经过改进的位图导出

在导出位图时，PowerPoint 2003 中的位图更大且分辨率更高。选择 文件(F) → 另存为(A)... 命令时可选择导出的格式（除了通常保存 PowerPoint 演示文稿所使用的 ppt 格式、网页格式 htm、文本格式 rtf，还有各种常用图形格式，如 gif，jpg，png，tif，bmp，wmf，emf）。

9．文档工作区

通常，用户可在使用电子邮件功能将文档作为附件发送时创建"文档工作区"。这时，作为共享附件的发件人，用户便成为“文档工作区”的管理员，而所有接收人便成为该“文档工作区”的成员，并获得向该网站添加内容的权限。创建“文档工作区”的另一种方式是在 Microsoft Office 2003 中使用“共享工作区”任务窗格。

### 10．信息权限管理

Microsoft Office 2003 提供了一种名为信息权限管理（IRM）的新功能，可帮助防止因为意外或粗心将敏感性信息发给不该收到它的用户。

使用“权限”对话框设置读取和更改权限，并为内容设置到期日期。选择 文件(F) → 权限(M) → 无限制的访问 命令，或单击“常用”工具栏上的“权限”按钮，可从文档、工作簿或演示文稿中删除受限制的权限。

**注意**：可以使用仅在 Microsoft Office Professional Edition 2003，Microsoft Office Word 2003，Microsoft Office Excel 2003 和 Microsoft Office PowerPoint 2003 中具有的“信息权限管理”来创建带限制权限的内容。

## 1.1.2　PowerPoint 2003 的启动与退出

启动与退出 PowerPoint 2003 的方法有很多种，例如可以通过“开始”菜单、快捷图标、“运行”对话框以及资源管理器来启动 PowerPoint 2003 应用程序；可以通过菜单项、按钮、命令、快捷键等方法来退出 PowerPoint 2003 应用程序，PowerPoint 2003 的启动界面如图 1.1.1 所示。

### 1．启动 PowerPoint 2003

下面介绍 3 种常用的启动方式。

（1）通过“开始”菜单。选择 开始 → 所有程序(P) → Microsoft Office → Microsoft Office PowerPoint 2003 命令，启动 PowerPoint 2003 应用程序，如图 1.1.2 所示。

图 1.1.1　PowerPoint 2003 的启动界面

图 1.1.2　启动 PowerPoint 2003 应用程序

（2）通过快捷图标。双击桌面上的快捷图标，启动 PowerPoint 2003 应用程序，如果桌面上没有设置快捷图标，可以在 Microsoft Office PowerPoint 2003 命令中单击鼠标右键，从弹出的快捷菜单中选择 发送到(N) → 桌面快捷方式 命令，如图 1.1.3 所示，在桌面上创建快捷图标。

（3）通过“运行”对话框。选择 开始 → 运行(R)... 命令，弹出 运行 对话框，在“打开”文本框中输入“powerpnt”命令，如图 1.1.4 所示，单击 确定 按钮即可启动 PowerPoint 2003 应用程序。

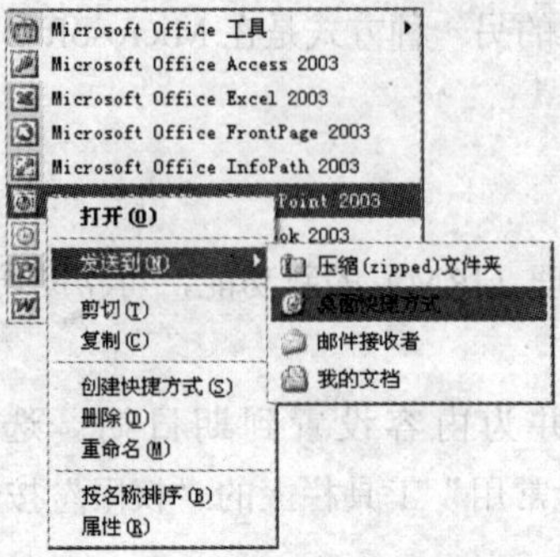


图 1.1.3 创建快捷图标

图 1.1.4 “运行”对话框

2．退出 PowerPoint 2003

下面介绍 4 种退出 PowerPoint 2003 应用程序的方法。

（1）通过菜单退出。在 PowerPoint 2003 窗口中选择 文件(F) → 退出(X) 命令，即可退出 PowerPoint 2003 应用程序。

**提示**：如果正在编辑的文件没有进行保存，在退出 PowerPoint 2003 应用程序时，将会弹出一个提示对话框，如图 1.1.5 所示。单击 是(Y) 按钮，保存文件后退出 PowerPoint 2003 窗口；单击 否(N) 按钮，不保存文件直接退出 PowerPoint 2003 窗口，文件修改的数据将丢失；单击 取消 按钮，则关闭该提示对话框，返回到 PowerPoint 2003 窗口中。

图 1.1.5 “提示”对话框

（2）通过按钮退出。直接单击 PowerPoint 2003 窗口右上角的“关闭”按钮，可退出应用程序，如图 1.1.6 所示。

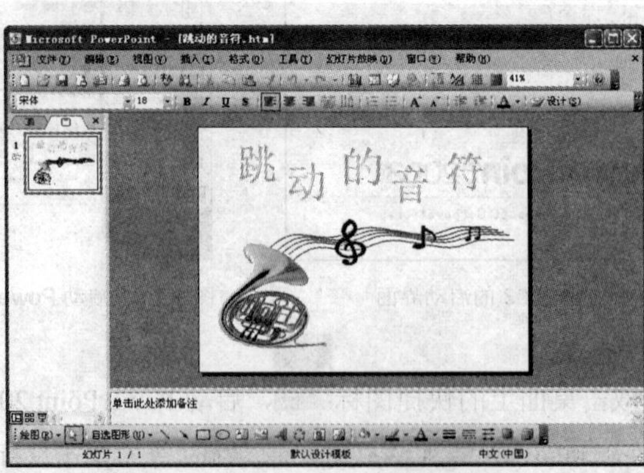


图 1.1.6 通过按钮退出应用程序

（3）通过 PowerPoint 2003 图标退出应用程序。双击标题栏上的图标，可退出应用程序，如图 1.1.7 所示。

图 1.1.7　标题栏

（4）如果要快速退出 PowerPoint 2003 应用程序，按组合键“Alt+F4”即可。

## 1.2　PowerPoint 2003 的窗口

PowerPoint 2003 工作窗口和其他 Office 2003 组件的窗口组成基本上相同，不同之处在于其有两个窗口，一个是主窗口，另一个是演示文稿窗口。主窗口主要包括了一些基本操作工具，如标题栏、菜单栏、任务窗格、“常用”工具栏、“格式”工具栏和“绘图”工具栏等。演示文稿窗口包括了创建幻灯片的幻灯片编辑窗格、大纲视图窗格、备注窗格、任务窗格和视图切换按钮等一些具有特色的工具，如图 1.2.1 所示。

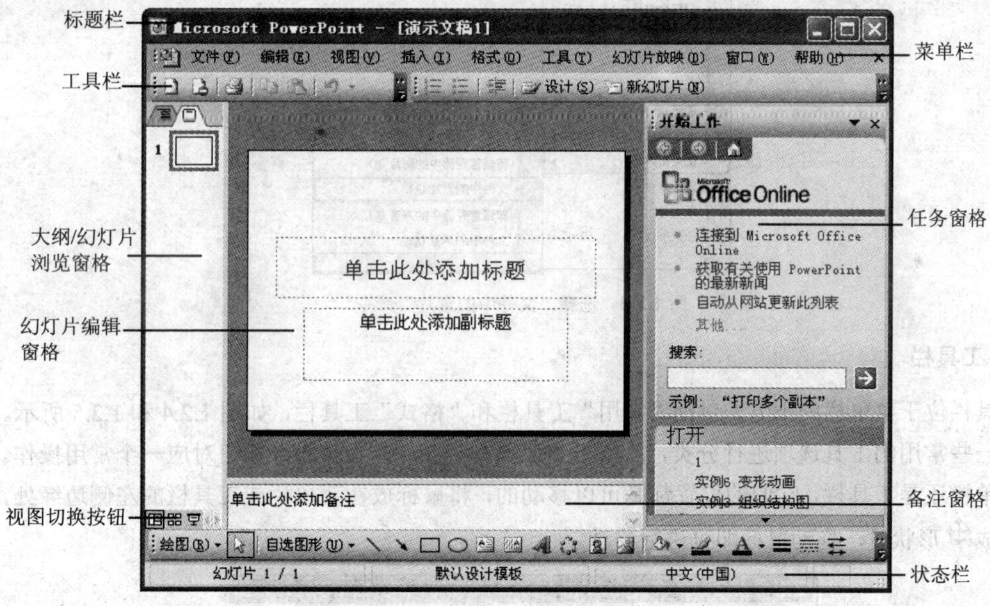


图 1.2.1　PowerPoint 2003 窗口

从图 1.2.1 的窗口中可以看到，PowerPoint 2003 由标题栏、菜单栏、工具栏、幻灯片窗格、大纲/幻灯片浏览窗格、备注窗格、视图切换按钮、任务窗格以及状态栏组成。下面将分别对其进行介绍。

### 1．标题栏

标题栏位于 PowerPoint 2003 应用窗口的最上方，显示当前所使用程序的名称和幻灯片的名称，默认情况下为“演示文稿 1”。标题栏的最右端有 3 个控制按钮，分别为“最小化”按钮、“最大化”按钮、“关闭”按钮，单击按钮可以完成相应的操作。

**提示：** 当用鼠标双击标题栏空白处时，可以放大或缩小窗口。当窗口处于缩小状态时，将鼠标移动到标题栏的任意位置，单击鼠标左键并拖动可以移动窗口位置。

### 2．菜单栏

菜单栏位于标题栏的下方，它包括 文件(F) 、 编辑(E) 、 视图(V) 、 插入(I) 、 格式(O) 、 工具(T) 、 幻灯片放映(D) 、 窗口(W) 和 帮助(H) 9 个菜单项以及一个“关闭窗口”按钮 ×，如图 1.2.2 所示。

图 1.2.2　菜单栏

PowerPoint 2003 中所有的操作都可通过菜单来完成，单击每个菜单项，会弹出其下拉菜单，有的下拉菜单中还会包括级联菜单，可通过选择不同的命令来完成相应的操作。例如要在幻灯片中插入影片，可以选择 插入(I) → 影片和声音(V) → 文件中的影片(F)... 命令来完成操作，如图 1.2.3 所示。

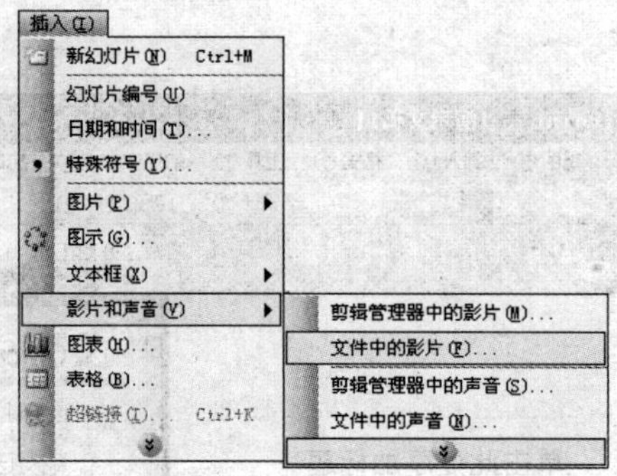


图 1.2.3　选择“文件中的影片”命令

### 3．工具栏

工具栏位于菜单栏的下方。包括“常用”工具栏和“格式”工具栏，如图 1.2.4 和 1.2.5 所示。工具栏将一些常用的工具选项进行分类，以按钮的形式排列在一起，其每个按钮对应一个常用操作。不管是菜单栏还是工具栏，它们的位置都是可以移动的，将鼠标放在菜单栏或工具栏的左侧边缘处，当光标变成✥形状时，拖动鼠标即可进行移动。

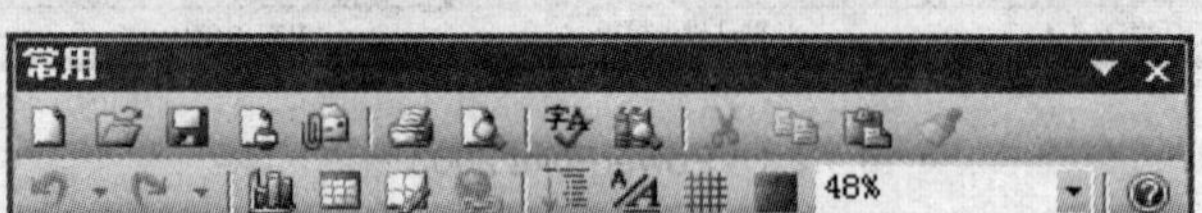


图 1.2.4　“常用”工具栏

图 1.2.5　“格式”工具栏

下面介绍一种自定义工具栏的方法：

单击“常用”工具栏和“格式”工具栏最右端的“工具栏选项”按钮，从弹出的下拉菜单中选择 添加或删除按钮(B) 命令，并在其级联菜单中选择 自定义(C)... 命令，弹出 自定义 对话框，在命令(C) 选项卡的“类别”列表框中选择菜单项；在“命令”列表框中选择需要设置为按钮的命令，选择此命令并用鼠标将其拖动至“常用”工具栏或“格式”工具栏即可，如图 1.2.6 所示。

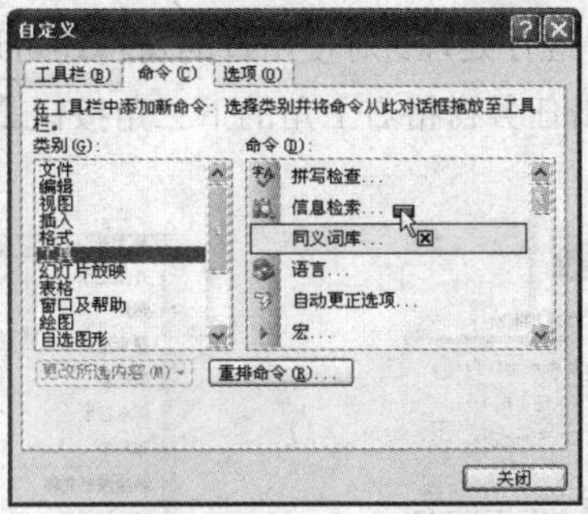


图 1.2.6 “命令”选项卡

### 4. 幻灯片编辑窗格

幻灯片编辑窗格位于工作窗口最中间，其最主要的任务是进行幻灯片的制作、编辑和添加其他各种效果，如：输入文本、插入图片、插入影片、插入声音、设置背景颜色及图片等，而且还可以查看每张幻灯片的整体效果。它所显示的文本内容和“大纲视图”中的文本内容是相同的。

### 5. 备注窗格

备注窗格位于“幻灯片窗格”的下方。有“单击此处添加备注”的提示字样，演讲者可以在此处输入演讲时的提示信息，便于在演讲时进行查看，并且这些备注可以打印为备注页。

### 6. 大纲/幻灯片浏览窗格

大纲/幻灯片浏览窗格在“幻灯片编辑”窗口的左侧。包含“大纲”和“幻灯片”两个选项卡。用户在“大纲”选项卡中，可以看到幻灯片的文本；在“幻灯片”选项卡中，可以看到幻灯片的缩略图。

打开“大纲”选项卡，可以方便地输入演示文稿的主题及详细内容，系统会根据这些主题自动生成相应的幻灯片，如图 1.2.7 所示。打开“幻灯片”选项卡，可以将所有的幻灯片以缩略图的形式进行排列，从而呈现演示文稿的总体效果，如图 1.2.8 所示。

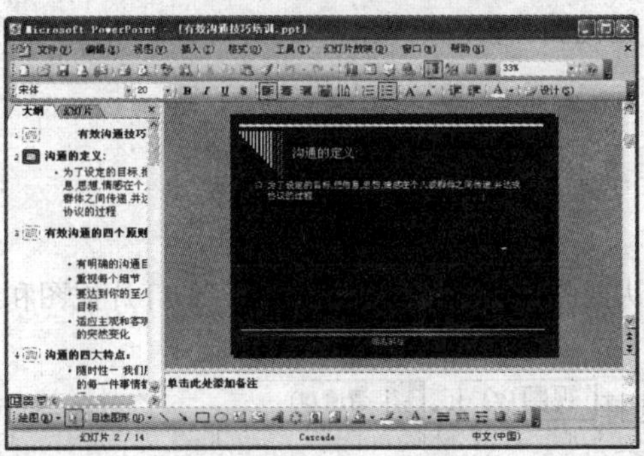


图 1.2.7 “大纲”选项卡

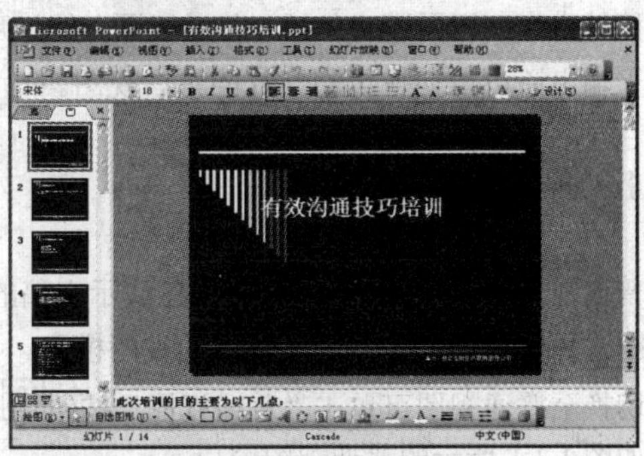


图 1.2.8 “幻灯片”选项卡

### 7. 视图切换按钮

视图切换按钮位于“大纲/幻灯片浏览窗格”的下方，包括“普通视图”按钮、“幻灯片浏览视图”按钮和“从当前幻灯片开始幻灯片放映”按钮，单击不同的按钮可切换到不同的视图方式。

### 8. 任务窗格

“任务窗格”位于“幻灯片编辑窗格”的右侧，该窗格提供了常用命令、常用快捷工具和参数设置，用户可以边使用命令边对文件进行处理。对使用过的窗格还可通过任务窗格中的“向后”按钮和“向前”按钮进行切换。单击任务窗格右上角的下三角按钮，可以选择任务窗格列表中的选项，如图 1.2.9 所示。

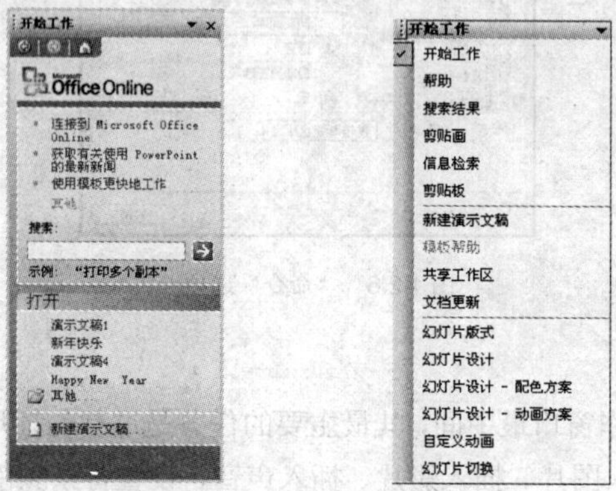


图 1.2.9 任务窗格

**提示：** 如果不需要使用任务窗格，可以选择 视图(V) → 任务窗格(K) Ctrl+F1 命令隐藏任务窗格，以节约程序窗口的可用空间。

### 9. 状态栏

状态栏位于 PowerPoint 窗口的最下方，它主要用于显示当前命令或操作的有关信息，显示演示文稿的幻灯片数和使用的设计模板等。

## 1.3 PowerPoint 2003 的视图模式

为了便于浏览和编辑演示文稿，PowerPoint 2003 根据不同的需要提供了多种视图模式来显示演示文稿的内容。视图模式包括：普通视图、幻灯片浏览视图、备注页视图和幻灯片放映视图，另外为了便于输出还可以切换至幻灯片的黑白视图。

### 1.3.1 普通视图

普通视图是 PowerPoint 2003 创建演示文稿的默认视图，实际上是大纲视图、幻灯片视图和备注页视图 3 种模式的综合，是最基本的视图模式。

切换至普通视图可单击“普通视图”按钮或选择 视图(V) → 普通(N) 命令，即可打开如图 1.3.1 所示的普通视图窗口。

**提示：** 因为普通视图把大纲视图、幻灯片视图和备注页视图同时显示在屏幕上，所以 PowerPoint 2003 默认情况下没有大纲视图和幻灯片视图的视图按钮，如要使用可在普通视图中进行切换。

在普通视图窗口左侧显示的是幻灯片的缩略图，右侧上面显示的是当前幻灯片，下面显示的是备注部分，用户可根据需要调整窗口大小比例。

（1）切换至大纲视图：选择 视图(V) → 普通(N) 命令，或者单击“普通视图”按钮，然后打开 大纲 选项卡，即可进入幻灯片大纲编辑状态，如图 1.3.2 所示。

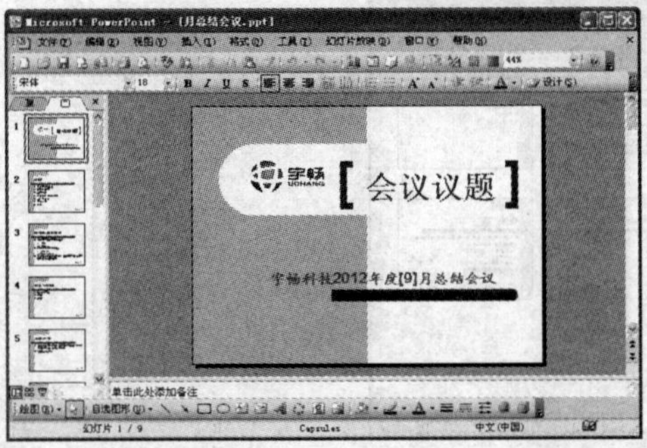


图 1.3.1 普通视图

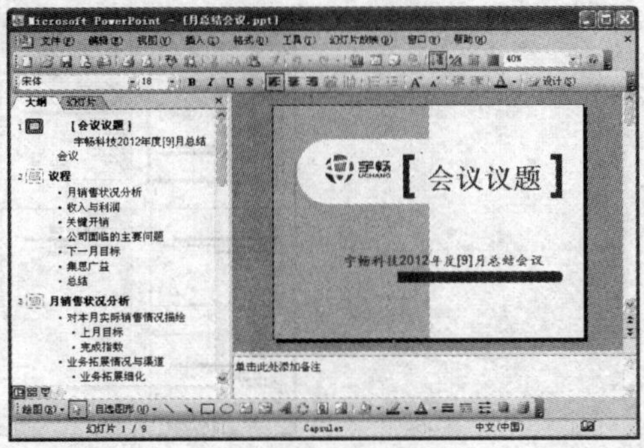


图 1.3.2 大纲视图

窗口左边的“大纲”选项卡中列出了所有幻灯片的文字内容，而幻灯片编辑窗口中则呈现出选中的一张幻灯片。在普通视图的大纲模式下，可以对大纲选项卡中的文字内容直接进行编辑，并且用鼠标上下拖动幻灯片的标题，可以很方便地改变演示文稿的顺序。

（2）切换至幻灯片视图：选择 视图(V) → 普通(N) 命令，或者单击“普通视图”按钮，然后打开 幻灯片 选项卡，即可进入幻灯片视图编辑状态，演示文稿中的所有幻灯片都以缩略图的形式整齐地排列在幻灯片编辑窗口的左侧，单击视图窗格右边的“关闭”按钮，即可全屏显示幻灯片视图。如果幻灯片中含有图形、表格或其他对象，使用这一种视图模式会比较方便，如图 1.3.3 所示。

图 1.3.3 普通视图的幻灯片模式

**提示**：在 PowerPoint 2003 中，幻灯片视图只可以显示单张幻灯片，没有大纲窗格。要切换到别的幻灯片只能使用滚动条，不能直接切换。

在幻灯片视图中可以对每一张幻灯片插入图片、图表、组织结构图和表格，还可以使用各种图形详细设计和修饰单张的幻灯片。

### 1.3.2 幻灯片浏览视图

幻灯片浏览视图是以缩略图的形式来显示演示文稿，选择 视图(V) → 幻灯片浏览(D) 命令或单击“幻灯片浏览视图”按钮，即可切换至该视图，如图 1.3.4 所示。

在幻灯片浏览视图中，演示文稿中的幻灯片是整齐排列的，可以从整体上对演示文稿进行浏览。也可以对幻灯片的背景和配色方案进行调整，还可以进行删除多余幻灯片、复制和调整幻灯片的次序等项操作。

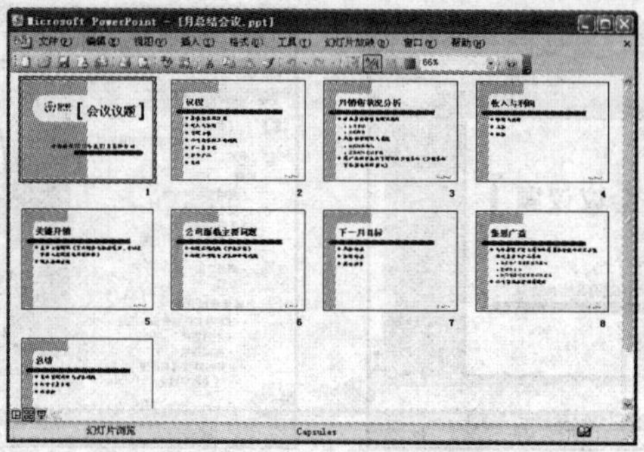

图 1.3.4　幻灯片浏览视图

提示：在幻灯片浏览视图模式下不能对幻灯片的内容进行修改。

## 1.3.3　幻灯片放映视图

幻灯片放映视图显示的是演示文稿的放映效果，这是制作文稿的最终目的。单击窗口左下角的“幻灯片放映视图”按钮或者选择 视图(V) → 幻灯片放映(W) F5 命令，即可切换到该视图下，如图 1.3.5 所示。

幻灯片放映视图占据整个计算机屏幕，就像是演示文稿在进行真正的幻灯片放映。在这种全屏幕视图中，所看到的演示文稿就是将来演示时所看到的，可以看到图形、时间、影片、动画元素以及将在实际放映中看到的切换效果。

如果要从一张幻灯片切换到下一张幻灯片，有多种方式，可单击鼠标或者按回车键，还可以使用幻灯片放映视图左下角的“幻灯片放映”工具栏，如图 1.3.6 所示。

图 1.3.5　幻灯片放映视图

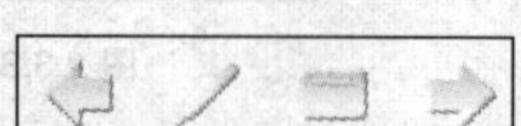

图 1.3.6　“幻灯片放映”工具栏

提示：如果要退出幻灯片放映视图可按“Esc”键或者单击鼠标右键，在弹出的快捷菜单中选择 结束放映(E) 命令即可。

## 1.3.4　备注页视图

在 PowerPoint 2003 中没有“备注页视图”按钮，只有选择 视图(V) → 备注页(P) 命令来切换至备注页视图，如图 1.3.7 所示。

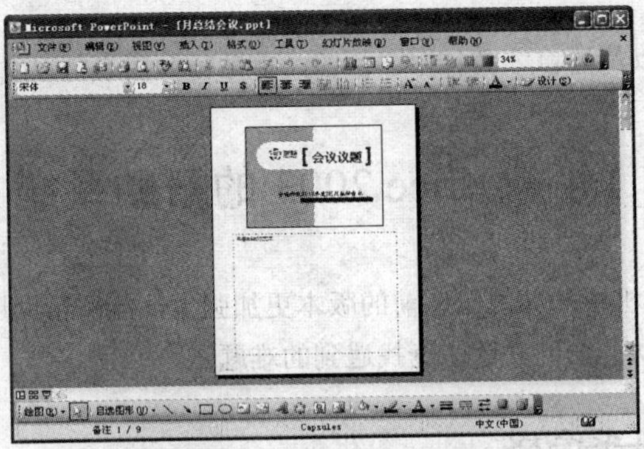


图 1.3.7　备注页视图

在备注页视图中可以看到画面被分成了两部分，上半部分是幻灯片，下半部分是一个文本框。文本框中显示的是备注内容，并且可以输入或编辑备注文本及内容。

**注意：**除文字外，插入到备注页中的对象只能在备注页中显示，可通过打印备注页打印出来，但是不能在普通视图模式下显示。

## 1.3.5　切换黑白视图

在创建好幻灯片后，有时还需要将幻灯片打印出来作为讲义。大部分演示文稿都是彩色的，但有时打印在纸上的效果不便于阅读，这时就可利用 PowerPoint 2003 的黑白预览功能，以灰色底纹（灰度）或纯黑白方式打印讲义。此过程不会更改原始彩色演示文稿的颜色或设计。

要将演示文稿中的灰度和纯黑白对象显示在屏幕上并打印出来的具体操作步骤如下：

(1)选择 视图(V) → 颜色/灰度(C) → 灰度(G) 或 纯黑白(U) 命令即可切换至该状态。如选择“灰度”命令，效果如图 1.3.8 所示。

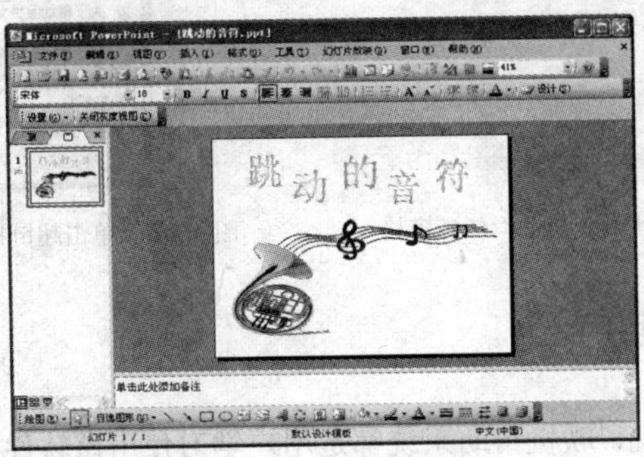


图 1.3.8　黑白视图

（2）如果要调整一个对象的外观，用鼠标右键单击该对象，在弹出的快捷菜中选择 黑白设置(E) 命令或者 灰度设置(E) 命令，在弹出的级联菜单中，再选择所需的选项。

(3) 要选取多个对象，按住“Shift”键的同时选定每一个要选定的对象，再单击鼠标右键，在弹出的快捷菜单中选择 黑白设置(E) 或 灰度设置(E) 命令，在弹出的级联菜单中再选择所需的选项。

**注意：**即使以纯黑白方式打印，位图、剪贴画和图表仍以灰度方式显示。

# 1.4 Office 2003 的帮助系统

PowerPoint 2003 的联机帮助功能比以前的版本更加强大，能够帮助用户解决在使用过程中遇到的各种问题，使用 Office 助手也可以迅速查找遇到的难题。

## 1.4.1 使用帮助任务窗格

使用 PowerPoint 2003 的帮助任务窗格可以快速查找在操作过程中遇到的问题，其具体操作步骤如下：

（1）选择 帮助(H) → Microsoft Office PowerPoint 帮助(H) F1 命令，或者直接按“F1”功能键，打开 PowerPoint 帮助 任务窗格，如图 1.4.1 所示。

（2）在“搜索”文本框中输入要查找的内容，如输入“文件中的影片”。

（3）输入完成后单击“开始搜索”按钮，或者直接按“Enter”键，即可在任务窗格的下方显示需要查找的内容，用户可以通过单击其超链接来查看详细内容，如图 1.4.2 所示。

图 1.4.1 “PowerPoint 帮助”任务窗格

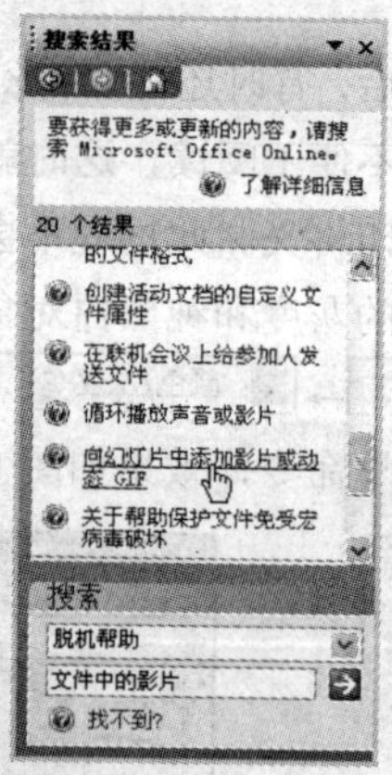


图 1.4.2 单击超链接查看搜索结果

## 1.4.2 使用 Office 助手

对任何一种应用软件来说，联机帮助系统都是用户学习使用该软件的最得力的助手，Office 2003 办公应用软件也一样。下面将介绍如何激活、选择和隐藏 Office 助手。

### 1. 激活 Office 助手

（1）选择 帮助(H) → 显示 Office 助手(O) 命令，激活 Office 助手，如图 1.4.3 所示。

（2）单击 Office 助手，将弹出一个黄色提示框，如图 1.4.4 所示。在“请问您要做什么？”文本框中输入需要查找的问题或关键词，然后单击搜索(S)按钮，即可搜索出与此关键词相近或相似的所有内容列表，用户可以通过单击列表标题来查看详细内容。

图 1.4.3 Office 助手

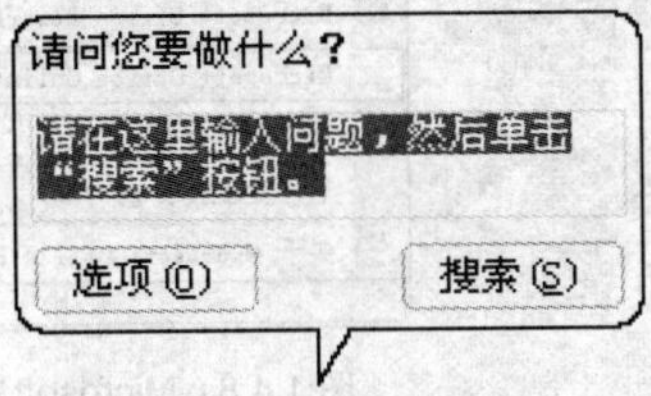


图 1.4.4 Office 助手的帮助提示框

2．选择 Office 助手

（1）用鼠标右键单击此 Office 助手，从弹出的快捷菜单中选择选择助手(C)...命令，如图 1.4.5 所示，弹出如图 1.4.6 所示的Office 助手对话框。

（2）在该对话框中打开助手之家(G)选项卡，并单击<上一位(B)或下一位(N)>按钮，选择自己喜欢的 Office 助手，单击确定按钮即可。

图 1.4.5 选择“选择助手”命令

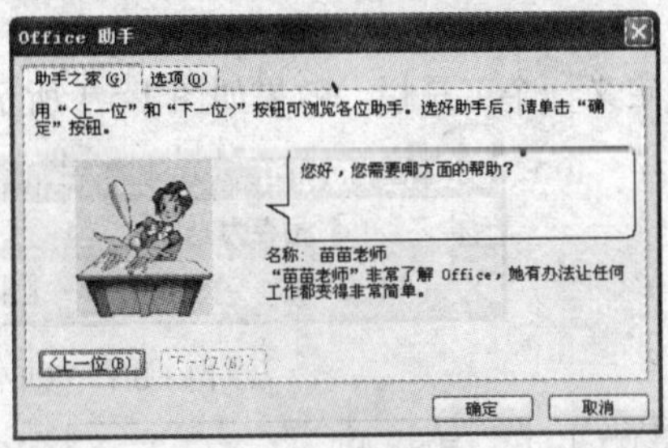


图 1.4.6 “Office 助手”对话框

注意：如果还未安装 Office 助手，当单击确定按钮时，PowerPoint 会弹出一个重新安装助手的提示信息，按照提示重新安装助手即可。

3．隐藏 Office 助手

如果在编辑工作表的过程中，不需要用到 Office 助手，可以将其隐藏，用鼠标右键单击该助手，从弹出的快捷菜单中选择隐藏(H)命令即可隐藏 Office 助手，如图 1.4.7 所示。

图 1.4.7 隐藏 Office 助手

### 1.4.3 通过 Internet 可获得帮助

帮助(H)菜单中的 Microsoft Office Online 命令也是一个很不错的帮助途径，如图 1.4.8 所示。如果能够访问 Internet，通过这个功能，不权可以寻找到很多免费的资料，获得最新产品的信息，还可以阅读到常见问题，并获得联机帮助。

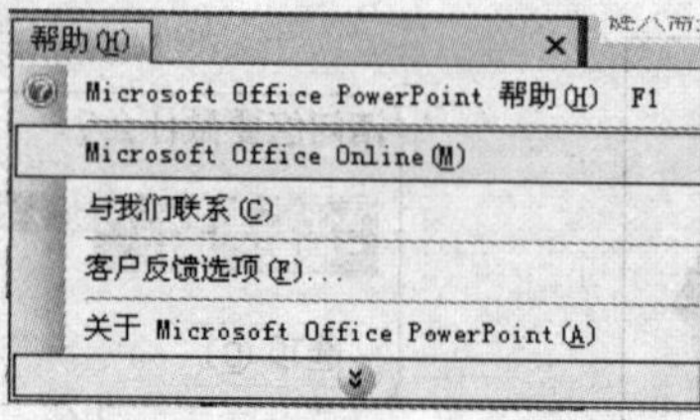


图 1.4.8 Microsoft 网上信息服务

**提示：**利用 Internet 访问 Microsoft 站点是增强 PowerPoint 2003 功能的好方法。因为 Microsoft 将最新的模板设计、剪贴画、声音文件都发布到 Internet 上，所以访问者可以从中找到合适的资源，从而使得创建演示文稿变得更快、更好。

## 1.5 应用实例——自定义工具栏

本实例练习自定义一个工具栏，效果如图 1.5.1 所示。

图 1.5.1 效果图

（1）选择 工具(T) → 自定义(C)... 命令，弹出 自定义 对话框，打开 工具栏(B) 选项卡，如图 1.5.2 所示。

（2）在该选项卡中单击 新建(N)... 按钮，弹出 新建工具栏 对话框，在“工具栏名称”文本框中输入自定义的工具栏名称，如图 1.5.3 所示。

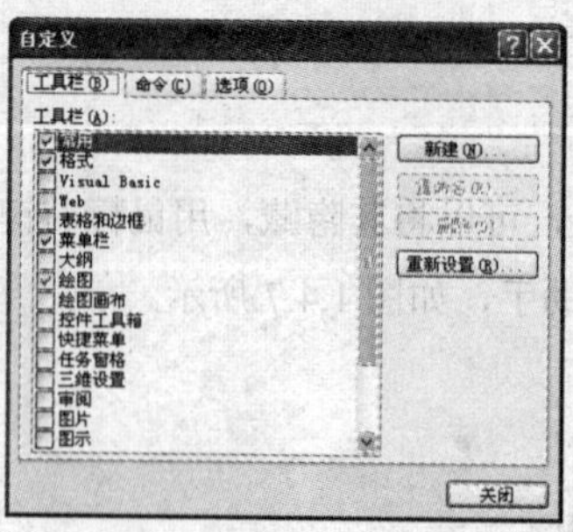


图 1.5.2 “工具栏”选项卡

图 1.5.3 “新建工具栏”对话框

（3）单击 确定 按钮，新建的“快捷工具按钮组”工具栏如图 1.5.4 所示。

图 1.5.4 “快捷工具按钮组”工具栏

（4）打开 命令(C) 选项卡，在“类别”列表框中选择所需的菜单项；在“命令”列表框中选择需要设置为按钮的命令，选择此命令并将其拖动至“快捷工具按钮组”工具栏，如图 1.5.5 所示。

（5）拖入命令后的效果如图 1.5.6 所示。

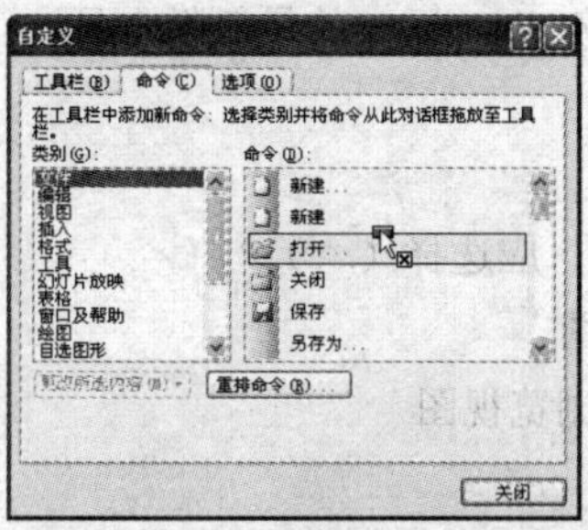


图 1.5.5 “命令”选项卡

图 1.5.6 拖入命令后的效果

（6）按照步骤（4）的方法拖动其他命令至“快捷工具按钮组”工具栏中，最终效果如图 1.5.1 所示。

# 本 章 小 结

本章主要介绍了 PowerPoint 2003 的基础知识，包括 PowerPoint 2003 的新增功能、启动与退出、工作窗口、视图方式以及帮助系统的使用等内容。通过本章的学习，用户可以对 PowerPoint 2003 应用软件有一个初步的认识。

# 实 训 练 习

## 一、填空题

1．通过 PowerPoint 2003 可以制作出集_________、_________、_________及视频剪辑等多媒体对象于一体的演示文稿。

2. 通过“运行”对话框启动 PowerPoint 2003 应用程序时，应该在“打开”文本框中输入_________命令。

3．与以往的版本相比，PowerPoint 2003 的_________更加美观而且更加实用。在默认情况下，它位于整个工作界面的右侧，如要改变它的位置，只需将鼠标指针放到该窗格上部的标题栏上，就可以任意拖动了。如果不习惯使用这个_________，可以通过单击右上角的 × 按钮将其关闭。如果单击任务窗格右上角的下拉按钮，还可以弹出任务选择下拉菜单，可以从中选择其他常用的任务。

4．PowerPoint 2003 为用户提供了__________、__________、__________和__________ 4 种不同的视图模式。通过选择不同的视图模式，可以方便地新建、编辑、修改整个演示文稿或单一幻灯片。

## 二、选择题

1．关于 PowerPoint Viewer（文件名 pptview.exe）的说法正确的是（ ）。

A．必须在安装 Microsoft PowerPoint 2003 的系统中才能使用

B．可以在没有安装 Microsoft PowerPoint 2003 的系统中使用

C．打包成 CD 功能将演示文稿文件与播放器打包在一起，也可以从网站下载新的播放器

D．播放器支持查看和打印

2．PowerPoint 2003 中通过对媒体播放的改进可支持其他媒体格式，包括 ASX、WMX、M3U、WVX、WAX 和 WMA，但安装 Microsoft Windows Media Player 的最低版本是（　）。

A．6.4　　　　B．8.0

C．9.0　　　　D．10.0

3．在 PowerPoint 中，若想同时查看多张幻灯片，应选择（　）。

A．幻灯片视图　　　　B．大纲视图

C．备注页视图　　　　D．幻灯片浏览视图

## 三、简答题

1．简述 PowerPoint 2003 的主要新增功能。

2．PowerPoint 2003 窗口由哪几部分组成？

3．简述 PowerPoint 2003 的 4 种视图模式的区别。

4．使用联机帮助有哪几种方法？

## 四、上机操作题

1．启动 PowerPoint 2003 应用程序。

2．利用多种视图模式显示演示文稿的内容。

3．尝试操作使用 PowerPoint 2003 中的几种获得帮助的途径。

# 第 2 章　演示文稿的基本操作

在了解 PowerPoint 2003 的基本知识后，接着学习 PowerPoint 2003 的基本操作，主要包括演示文稿的创建、打开、保存、退出、管理幻灯片等，掌握好这些基本操作，可在以后的工作和学习中达到事半功倍的效果。

知识要点

- 创建演示文稿
- 打开演示文稿
- 保存演示文稿
- 管理幻灯片

## 2.1　创建演示文稿

在 PowerPoint 中，有演示文稿和幻灯片两个概念，利用 PowerPoint 制作出来的整个可以放映的文件叫做演示文稿。演示文稿中的每一页叫做幻灯片，每张幻灯片都是演示文稿中既相互独立又相互联系的内容。本节将介绍如何创建演示文稿，使用户能对演示文稿进行最基本的操作。

### 2.1.1　创建空演示文稿

创建空演示文稿包括使用默认版式创建空演示文稿和不使用默认版式创建空演示文稿两种。

**1．使用默认版式创建空演示文稿**

启动 PowerPoint 2003 应用程序以后，系统将自动创建一个默认版式的空演示文稿。如果用户还需要再创建相同版式的演示文稿时，单击“常用”工具栏中的“新建”按钮即可。

**2．不使用默认版式创建空演示文稿**

（1）启动 PowerPoint 2003 应用程序。

（2）选择 文件(F) → 新建(N)...　Ctrl+N 命令，打开 新建演示文稿 任务窗格，在“新建”选项组中单击 空演示文稿 超链接，创建一个默认版式的演示文稿。

（3）在 新建演示文稿 任务窗格中提供了 4 种版式，分别为文字版式、内容版式、文字和内容版式以及其他版式，在不同的版式区单击需要的版式，即可更改默认状态下的版式，如图 2.1.1 所示。

空演示文稿由不带任何模板设计，但带有布局格式的空白幻灯片组成，是使用最多的建立演示文稿的方式。用户可以在空白的幻灯片上设计出具有鲜明个性的背景色彩、配色方案、文本格式和图片等对象，创建具有自己特色的演示文稿。

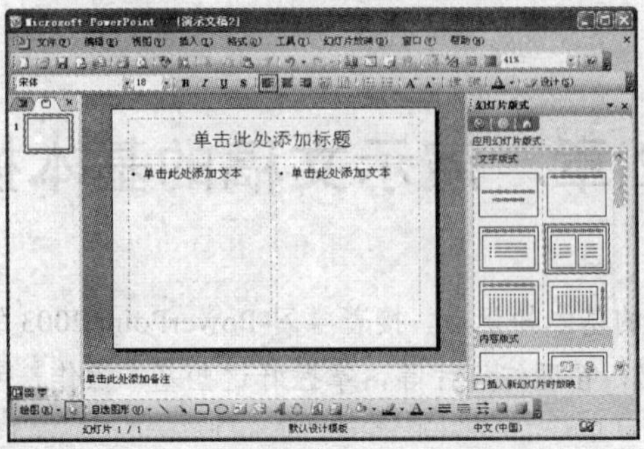


图 2.1.1 更改演示文稿版式

## 2.1.2 利用设计模板创建演示文稿

PowerPoint 2003 为用户提供了大量的设计模板，设计模板是指已经设计好的幻灯片的结构方案，包括幻灯片的背景图像、文字结构、色彩配置等方面。利用设计模板创建演示文稿，可以大大提高工作效率，而无须用户自己设计模板版式。

利用设计模板创建演示文稿，其具体操作步骤如下：

（1）启动 PowerPoint 2003 应用程序，打开**新建演示文稿**任务窗格，在“新建”选项组中单击 根据设计模板 超链接，即可打开**幻灯片设计**任务窗格。

（2）在“应用设计模板”列表框中单击需要的设计模板，即可将此模板应用于演示文稿中，如图 2.1.2 所示。

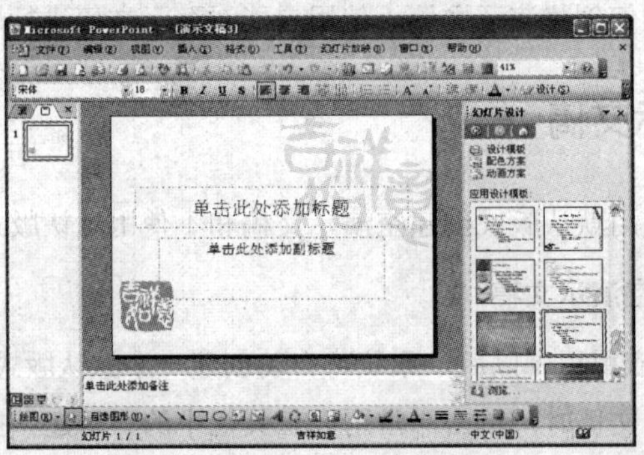


图 2.1.2 应用设计模板

**注意**：将鼠标放在设计模板旁边，此时会出现一个下拉箭头，单击此下拉箭头，在弹出的下拉列表框中选择 应用于所有幻灯片(A) 选项，可将此模板应用于所有幻灯片中；如果选择 应用于选定幻灯片(S) 选项，只能将模板应用于当前幻灯片中；如果选择 用于所有新演示文稿(N) 选项，即可将此模板应用于所有的演示文稿中。

## 2.1.3 利用“内容提示向导”创建演示文稿

利用“内容提示向导”创建演示文稿的优点在于，它可以根据演示文稿的主题和内容自动生成一系列的幻灯片，并提出对这些幻灯片添加内容的建议，用户只需要根据提示添加相应的内容即可。

利用“内容提示向导”创建演示文稿，其具体操作步骤如下：

（1）启动 PowerPoint 2003 应用程序，打开新建演示文稿任务窗格，在“新建”选项组中单击根据内容提示向导超链接，弹出内容提示向导对话框，如图 2.1.3 所示。

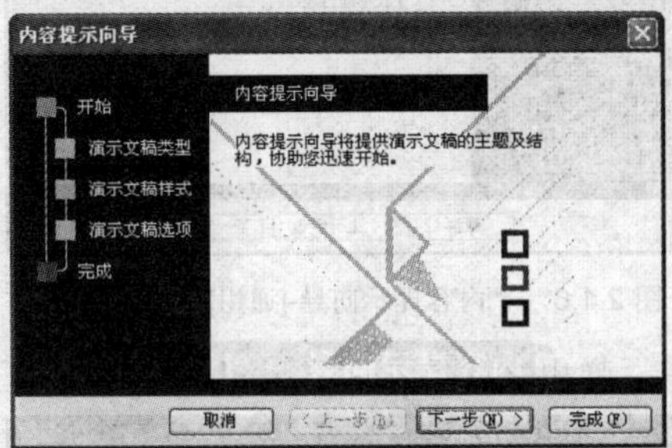


图 2.1.3　“内容提示向导”对话框

（2）单击下一步(N) >按钮，弹出内容提示向导 - [通用]对话框之一，如图 2.1.4 所示。

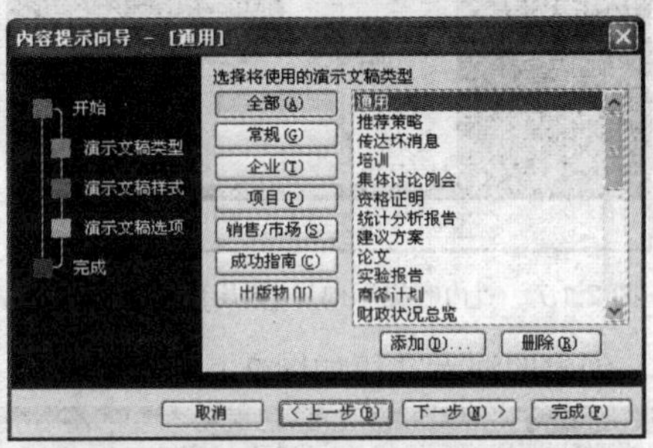


图 2.1.4　“内容提示向导-[通用]”对话框之一

**提示：** 在如图 2.1.4 所示的内容提示向导 - [通用]对话框中，单击添加(D)...按钮可以将用户制作的演示文稿模板添加到该类别中；单击删除(R)按钮则可将选中的子类从该类中删除。

（3）单击全部(A)按钮，将在“选择将使用的演示文稿类型”列表框中列出所有演示文稿的类型，本例选择“通用”选项，然后单击下一步(N) >按钮，弹出内容提示向导 - [通用]对话框之二，如图 2.1.5 所示。

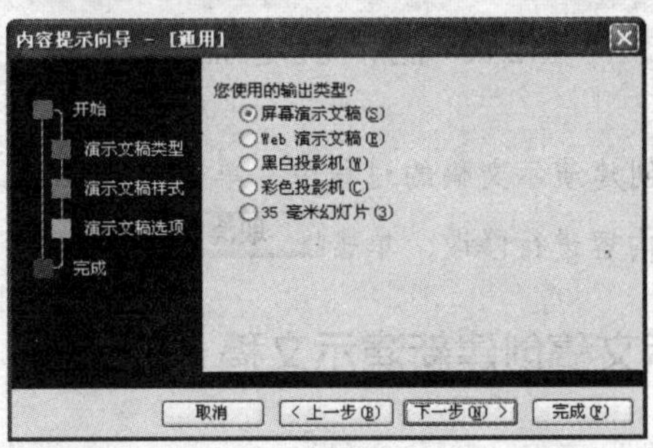


图 2.1.5　“内容提示向导-[通用]”对话框之二

（4）在该对话框中选择输出类型，在本例中选中屏幕演示文稿(S)单选按钮，然后单击下一步(N) >按钮，弹出内容提示向导 - [通用]对话框之三，如图 2.1.6 所示，在“演示文稿标题”文本框中输入演示文稿的标题名称；在“每张幻灯片都包含的对象”设置区域的“页脚”文本框中输入页脚名称。

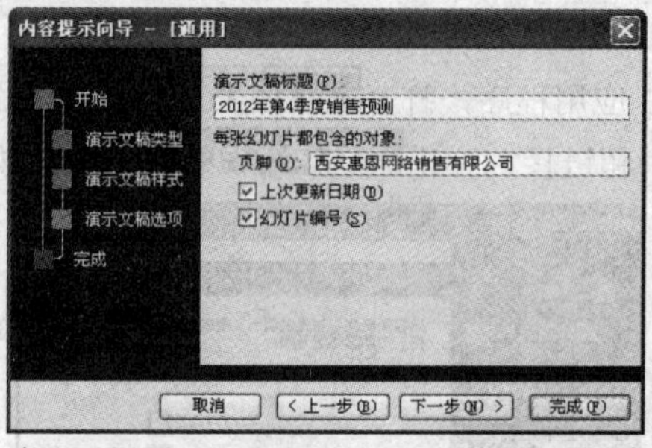


图 2.1.6 “内容提示向导-[通用]”对话框之三

（5）单击下一步(N) >按钮，弹出内容提示向导 - [通用]对话框之四，如图 2.1.7 所示。

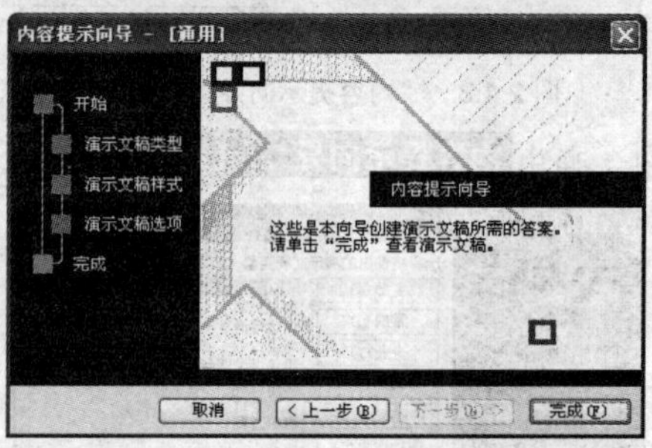


图 2.1.7 “内容提示向导-[通用]”对话框之四

（6）单击完成(F)按钮，创建的演示文稿如图 2.1.8 所示。

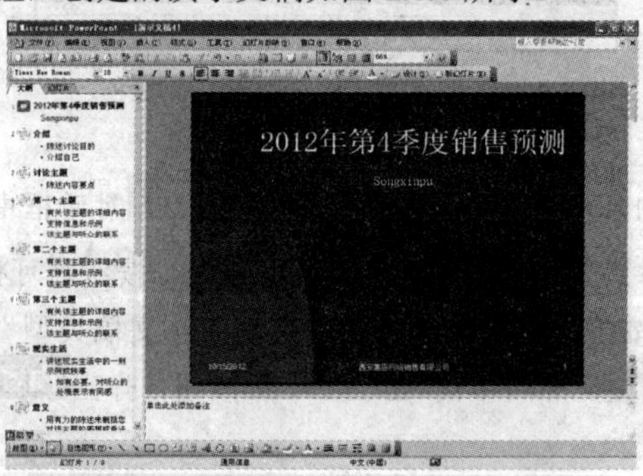


图 2.1.8 根据向导创建的演示文稿

**技巧**：在根据向导创建演示文稿的过程中，单击< 上一步(B)按钮，返回到上一个对话框中，可以方便地对操作错误的内容进行修改；单击取消按钮，可以关闭当前对话框。

## 2.1.4 利用现有演示文稿创建新演示文稿

有时系统自带的模板不能满足用户的要求，或者当用户希望使用自己设计的模板时，就可以通过利用现有演示文稿来创建新演示文稿。

利用现有演示文稿创建新演示文稿，其具体操作步骤如下：

（1）启动 PowerPoint 2003 应用程序，打开新建演示文稿任务窗格，在“新建”选项组中单击根据现有演示文稿...超链接，弹出根据现有演示文稿新建对话框，如图 2.1.9 所示。

（2）在“查找范围”下拉列表中选择需要打开的演示文稿，单击创建(C)按钮，在窗口中创建演示文稿模板，如图 2.1.10 所示。

（3）在如图 2.1.10 所示的演示文稿中编辑幻灯片即可。

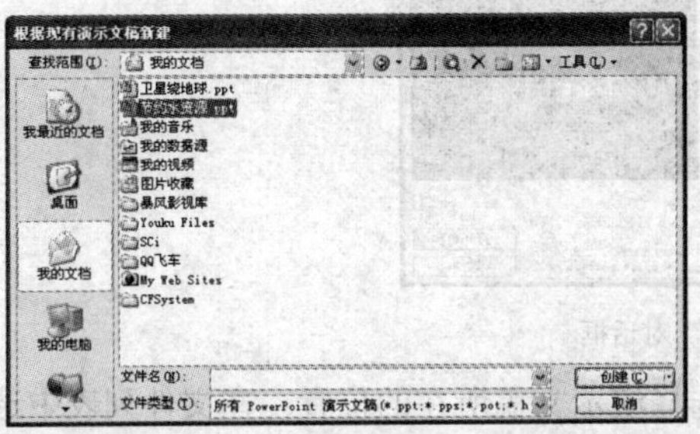

图 2.1.9　“根据现有演示文稿新建”对话框

图 2.1.10　用现有模板创建演示文稿

## 2.1.5　利用本机上的模板创建演示文稿

利用现有演示文稿创建新演示文稿与利用设计模板创建演示文稿相似，也是利用系统自带的一些幻灯片版式来快速创建演示文稿。

利用本机上的模板创建演示文稿，其具体操作步骤如下：

（1）打开 新建演示文稿 任务窗格，在“模板”选项组中单击 本机上的模板... 超链接，弹出 新建演示文稿 对话框。

（2）单击 设计模板 标签，打开 设计模板 选项卡，如图 2.1.11 所示。

（3）在该选项卡中选择需要的设计模板，单击 确定 按钮，创建的演示文稿模板如图 2.1.12 所示。

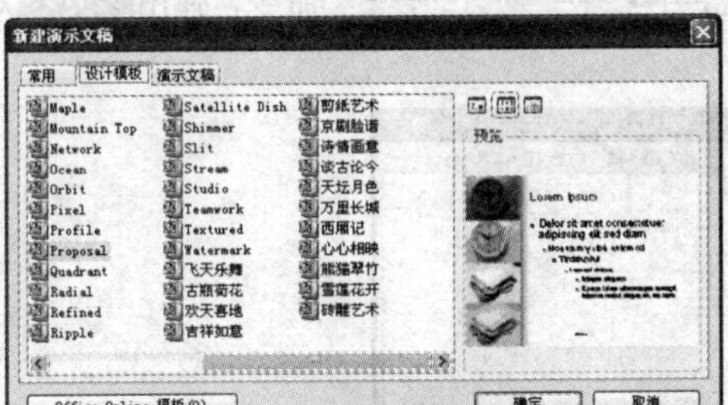

图 2.1.11　“设计模板”选项卡

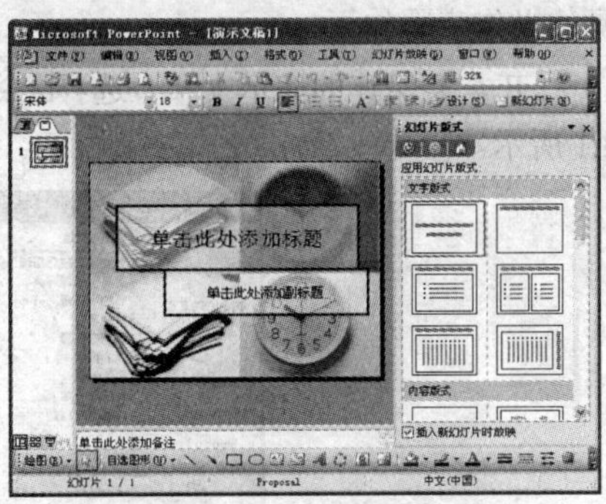


图 2.1.12　创建设计演示文稿模板

（4）通过该演示文稿模板，创建自己的演示文稿。

# 2.2　打开演示文稿

在演示文稿的编辑过程中，有时需要打开以前的演示文稿，然后进行编辑。打开演示文稿的操作步骤如下：

（1）选择 文件(F) → 打开(O)... Ctrl+O 命令，或直接单击“常用”工具栏中的“打开”按钮，弹出**打开**对话框，如图 2.2.1 所示。

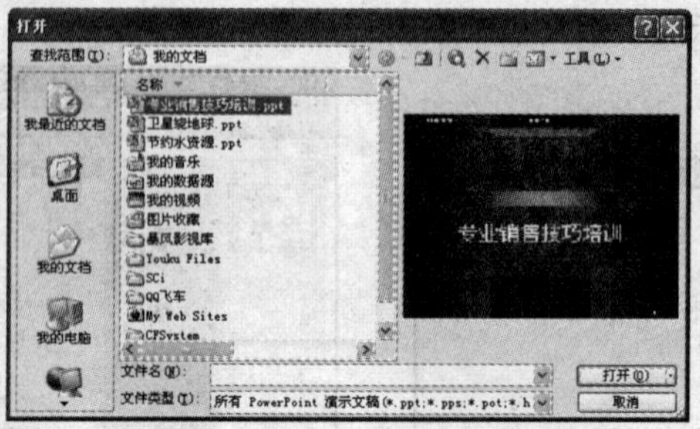


图 2.2.1 “打开”对话框

（2）在该对话框中的“查找范围”下拉列表中选择演示文稿所在的位置；在文件列表中选择需要打开的演示文稿；在“文件类型”下拉列表中选择打开文件的类型。

（3）单击 打开(O) 按钮，即可打开需要的演示文稿。

# 2.3 保存演示文稿

在演示文稿制作或修改完成以后，就需要保存演示文稿，其中包括保存新的演示文稿、保存已有的演示文稿和恢复文档 3 种。

## 2.3.1 保存新的演示文稿

新的演示文稿是指在创建和编辑完成一个演示文稿后，第一次对其进行保存。要保存新的演示文稿，其具体操作步骤如下：

（1）打开需要保存的演示文稿，选择 文件(F) → 保存(S) Ctrl+S 命令，弹出**另存为**对话框，如图 2.3.1 所示。

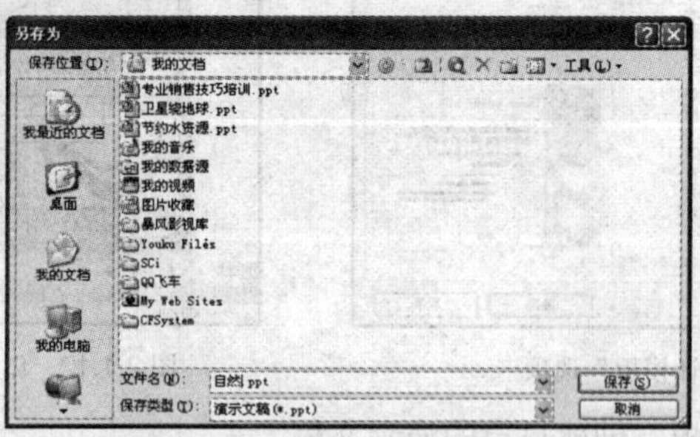


图 2.3.1 “另存为”对话框

（2）在“保存位置”下拉列表中选择需要保存的位置，然后在“文件名”文本框中输入演示文稿的文件名；在“保存类型”下拉列表中选择文件类型。

（3）设置完成后单击 保存(S) 按钮，即可保存演示文稿。

## 2.3.2 保存已有的演示文稿

保存已有的演示文稿是指对打开的原有演示文稿进行修改操作后的保存。保存已有演示文稿的方法有以下两种：

（1）在对打开的演示文稿进行修改操作后，选择 文件(F) → 保存(S) Ctrl+S 命令，或者直接单击“常用”工具栏中的“保存”按钮，直接将演示文稿保存在原来打开的位置。

（2）在对演示文稿编辑完成后，选择 文件(F) → 另存为(A)... 命令，弹出 另存为 对话框，在“保存范围”下拉列表中选择需要保存的位置；然后在“文件名”文本框中输入演示文稿的文件名，在“保存类型”下拉列表中选择文件类型，最后单击 保存(S) 按钮，将已有的演示文稿保存在其他位置。

### 2.3.3　恢复文档

如果在 PowerPoint 应用程序正在编辑或修改的过程中，突然断电或是因为其他原因而死机时，就会突然关闭程序，在下次启动 PowerPoint 应用程序时，会在应用程序窗口的左侧出现一个恢复窗口提示框，选中要恢复的文档，然后对其进行保存，但在某些情况下，文档是无法恢复的。

## 2.4　管理幻灯片

制作好演示文稿之后，还需要对其中的各个幻灯片进行管理，包括选择、插入、删除、复制和隐藏幻灯片。

### 2.4.1　选择幻灯片

选择幻灯片包括选择单张幻灯片和选择多张幻灯片两种，下面将分别加以介绍。

#### 1．选择单张幻灯片

选择单张幻灯片的方法很简单，单击视图中的任意一张幻灯片的缩略图即可选中该幻灯片。被选中的幻灯片边框线条被加粗，如图 2.4.1 所示。此时，用户可以对该幻灯片进行编辑。

图 2.4.1　选中单张幻灯片

#### 2．选中多张幻灯片

选中多张幻灯片的方法很多，下面介绍 4 种选中多张幻灯片的方法。

（1）在普通视图的“大纲”窗格中选中一张幻灯片，然后按住“Shift”键，再按键盘中的“↑”或“↓”方向键，可以选中相邻的多张幻灯片。

（2）在普通视图的“大纲”窗格中选中一张幻灯片，然后按住“Shift”键，再单击另一张幻灯片，可以同时选中两张幻灯片之间的所有幻灯片。

（3）在普通视图的“大纲”窗格中选中一张幻灯片，然后按住“Ctrl”键，再单击其他幻灯片，可以同时选中不连续的多张幻灯片。

（4）在“幻灯片浏览视图”方式下，选中第一张幻灯片，然后按住“Shift”键，再选中最后一张幻灯片，即可选中所有的幻灯片。

## 2.4.2 插入幻灯片

在修改和管理演示文稿的过程中，常常需要插入幻灯片，插入幻灯片可以在“大纲”窗格或“幻灯片浏览”视图中进行操作。

### 1．通过“大纲”窗格插入幻灯片

（1）选择 视图(V) → 普通(N) 命令，切换到普通视图下。

（2）在“大纲”窗格下，选定要插入新幻灯片的位置，如果要在一张幻灯片的前面插入新的幻灯片，选中该幻灯片，单击鼠标右键，从弹出的快捷菜单中选择 新幻灯片(N) 命令，如图 2.4.2 所示，或者单击“格式”工具栏中的 新幻灯片(N) 按钮，插入新幻灯片。

图 2.4.2 在大纲视图中插入幻灯片

（3）在 **幻灯片版式** 任务窗格中为新插入的幻灯片选定一种版式，完成操作。

### 2．在“幻灯片浏览”视图中插入幻灯片

（1）选择 视图(V) → 幻灯片浏览(D) 命令，切换到幻灯片浏览视图中。

（2）选定要插入新幻灯片的位置，然后选择 插入(I) → 新幻灯片(N) Ctrl+M 命令，插入新的幻灯片，如图 2.4.3 所示。

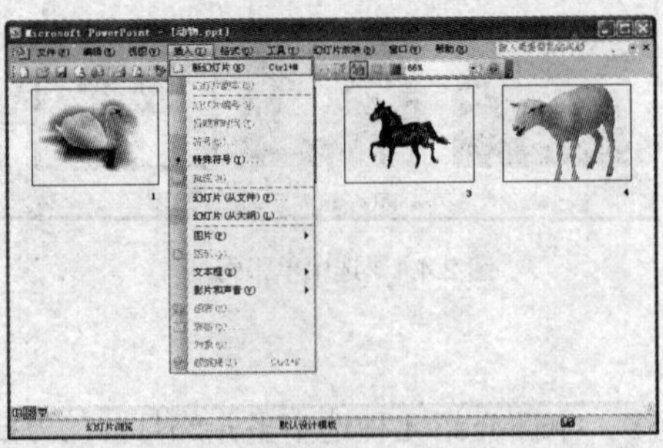

图 2.4.3 在浏览视图中插入幻灯片

**注意**：在插入新的幻灯片后，原来幻灯片的编号将自动更新。

### 2.4.3　复制与移动幻灯片

复制与移动幻灯片通常有两种形式，一种是在同一个演示文稿中复制和移动幻灯片，另一种是在不同演示文稿中复制和移动幻灯片。

**1．在同一个演示文稿中复制和移动幻灯片**

（1）选中一张或多张幻灯片。

（2）如果要复制幻灯片，选择 编辑(E) → 复制(C)　Ctrl+C 命令，或按快捷键“Ctrl+C”，将幻灯片复制到剪贴板中；如果要移动幻灯片，选择 编辑(E) → 剪切(T)　Ctrl+X 命令，或者按快捷键“Ctrl+X”，将幻灯片移动到剪贴板中。

（3）单击要插入幻灯片的位置，选择 编辑(E) → 粘贴(P)　Ctrl+V 命令，或按快捷键“Ctrl+V”粘贴幻灯片，即可完成幻灯片的复制或者移动。

**技巧**：在普通视图和幻灯片浏览视图中，也可以用鼠标拖动来复制和移动幻灯片。如果想在移动的过程中复制该幻灯片，选中该幻灯片后按住“Ctrl”键并拖动鼠标；如果只是移动幻灯片，则在选中幻灯片后直接拖动鼠标即可。

**2．在不同的演示文稿中复制和移动幻灯片**

（1）打开一个演示文稿，在“大纲”窗格中选中要插入幻灯片的位置，如图 2.4.4 所示。

图 2.4.4　选择要插入幻灯片的位置

（2）选择 插入(I) → 幻灯片(从文件)(F)... 命令，弹出**幻灯片搜索器**对话框，如图 2.4.5 所示。

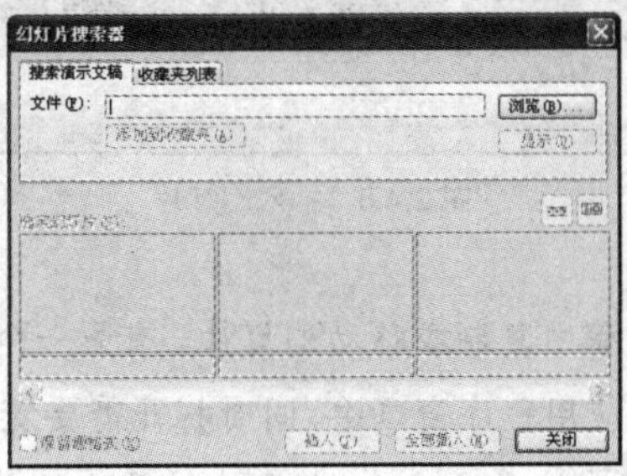


图 2.4.5　“幻灯片搜索器”对话框

（3）单击 浏览(B)... 按钮，弹出 浏览 对话框，在“查找范围”下拉列表中选择要插入的幻灯片，如图 2.4.6 所示。

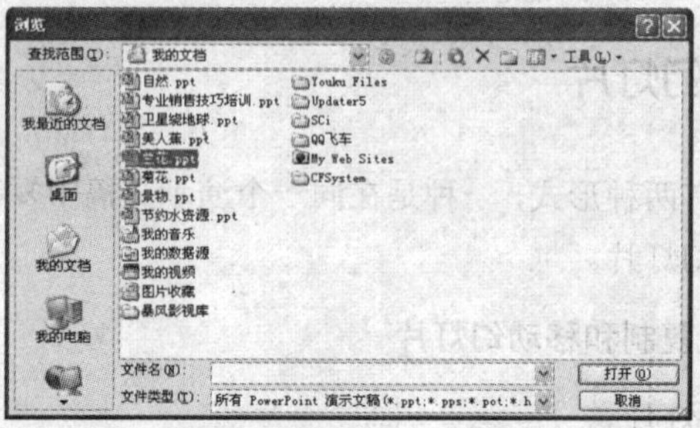

图 2.4.6 “浏览”对话框

（4）单击 打开(O) 按钮，在 幻灯片搜索器 对话框的“选定幻灯片”列表框中将显示在第（3）步选中的演示文稿的所有幻灯片，如图 2.4.7 所示。

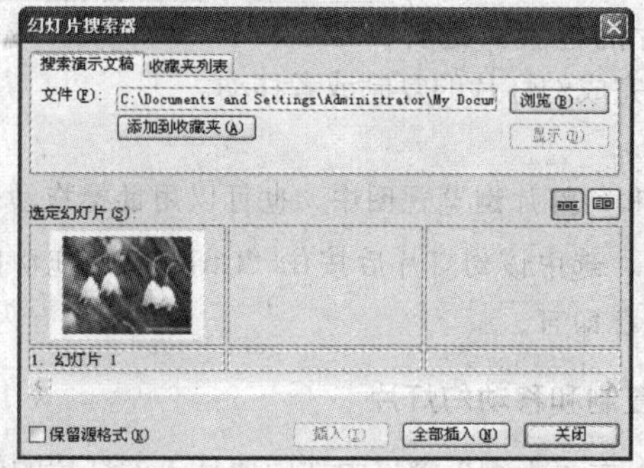

图 2.4.7 “选定幻灯片”列表框

（5）在“选定幻灯片”列表框中选中要插入的幻灯片，可以选择一个或多个幻灯片，然后单击 插入(I) 按钮，或者单击 全部插入(N) 按钮，将列表框中的所有幻灯片插入到当前幻灯片窗口中。

（6）然后单击“关闭”按钮，关闭 幻灯片搜索器 对话框，在当前演示文稿中插入新幻灯片的效果如图 2.4.8 所示。

图 2.4.8 插入幻灯片

**技巧：**在不同的演示文稿中复制或移动幻灯片，有另一个快捷的方法，具体操作步骤如下：

（1）在一个 PowerPoint 2003 应用程序窗口中，同时打开需要复制或移动幻灯片的两个演示文稿。

（2）选择 窗口(W) → 全部重排(A) 命令，将两个演示文稿并排排序在应用程序中，按住“Ctrl”键同时用鼠标在窗口之间拖动幻灯片，或直接在窗口间拖动幻灯片，如图 2.4.9 所示，即可复制或移动幻灯片。

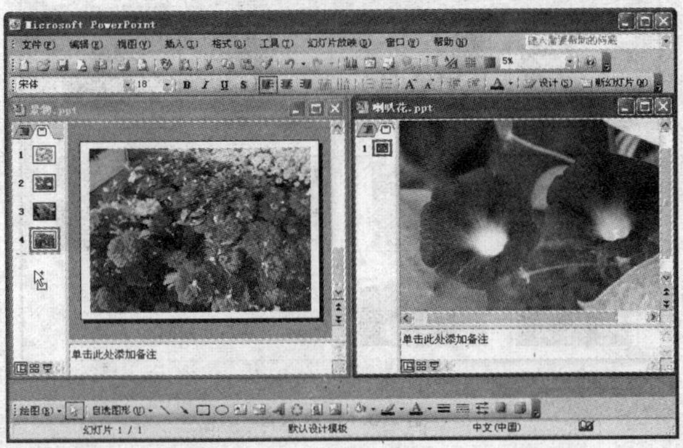

图 2.4.9 在窗口中复制与移动幻灯片

### 2.4.4 删除幻灯片

如果要在“大纲”窗格或浏览视图中删除某张幻灯片，其具体操作步骤如下：

（1）在“大纲”窗格或浏览视图中，选中要删除的幻灯片。

（2）选择 编辑(E) → 删除幻灯片(D) 命令，如图 2.4.10 所示，或者按“Delete”键删除幻灯片。

### 2.4.5 隐藏幻灯片

对幻灯片进行隐藏可以使其在放映时不会出现。幻灯片进行隐藏之后，要取消隐藏时再次选择该命令即可。隐藏幻灯片的具体操作步骤如下：

（1）选择要隐藏的幻灯片。

（2）选择 幻灯片放映(D) → 隐藏幻灯片(H) 命令，如图 2.4.11 所示，即可对所选择的幻灯片进行隐藏。

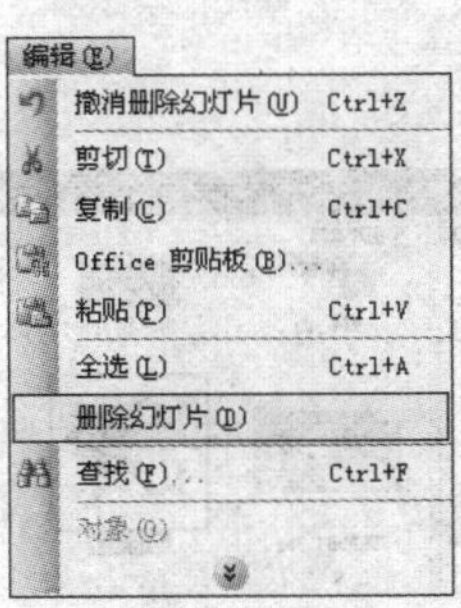


图 2.4.10 选择“删除幻灯片”命令

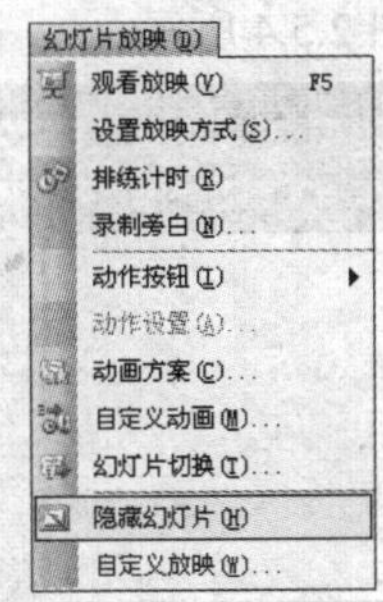


图 2.4.11 选择“隐藏幻灯片”命令

## 2.5 应用实例——新建和编辑“大自然”演示文稿

本例新建和编辑“大自然”演示文稿，效果如图 2.5.1 所示。

图 2.5.1　效果图

（1）启动 PowerPoint 2003 应用程序。

（2）选择 文件(F) → 新建(N)... Ctrl+N 命令，打开 新建演示文稿 任务窗格，在“新建”选项组中单击 空演示文稿 超链接，创建一个默认版式的演示文稿，如图 2.5.2 所示。

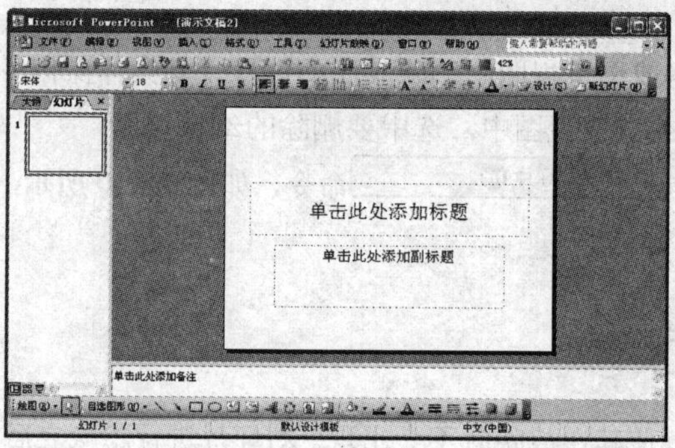


图 2.5.2　创建演示文稿

（3）选择 格式(O) → 幻灯片版式(L)... 命令，打开 幻灯片版式 任务窗格，在“应用幻灯片版式”列表框中选择“空白”选项，设置幻灯片的版式，如图 2.5.3 所示。

（4）选择 插入(I) → 图片(P) → 来自文件(F)... 命令，弹出 插入图片 对话框，选择所需图片，如图 2.5.4 所示。

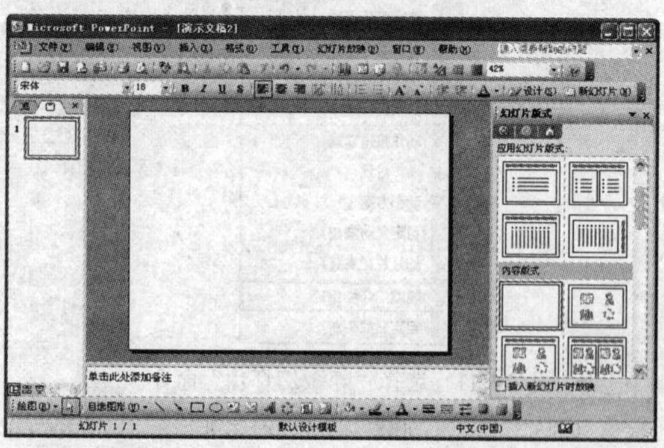

图 2.5.3　应用的幻灯片版式

图 2.5.4　“插入图片”对话框

（5）单击 插入(S) 按钮，调整插入图片的大小和位置，如图 2.5.5 所示。

（6）单击“格式”工具栏中的 新幻灯片(N) 按钮，插入一张新幻灯片，同样设置其版式为空白。

（7）重复第（4）～（5）步的操作，在该幻灯片中插入一张鲜花图片，效果如图 2.5.6 所示。

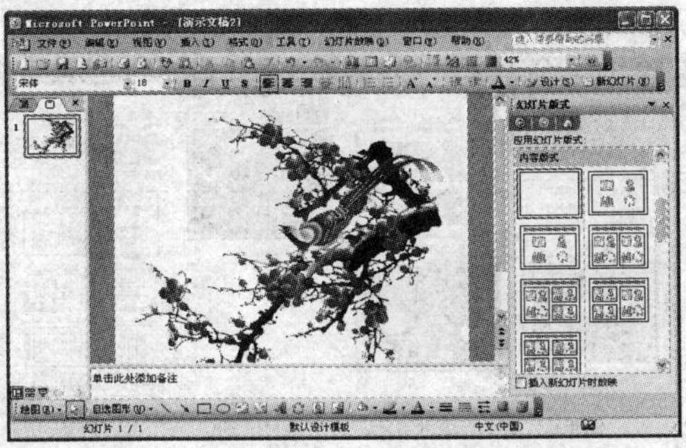

图 2.5.5　插入图片

图 2.5.6　制作的第二张幻灯片

（8）按下“Ctrl+M”快捷键，依次插入第三至第六张幻灯片，并在其中插入图片，效果如图 2.5.7 所示。

（9）单击右侧窗格中的“幻灯片浏览视图”按钮，可以浏览制作完成的幻灯片，如图 2.5.8 所示。

图 2.5.7　制作 3～6 张幻灯片

图 2.5.8　制作完成的幻灯片

（10）单击“常用”工具栏中的“保存”按钮，弹出另存为对话框，如图 2.5.9 所示。

（11）在“保存位置”下拉列表中选择需要保存的位置，在“文件名”下拉列表中输入演示文稿的名称“大自然”。

（12）单击 保存(S) 按钮，返回“大自然”演示文稿。

（13）选择 文件(F) → 打开(O)... Ctrl+O 命令，弹出打开对话框，如图 2.5.10 所示。

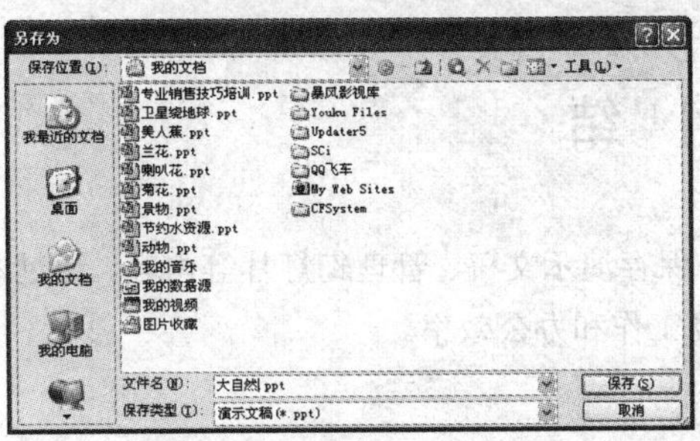



图 2.5.9　“另存为”对话框

图 2.5.10　“打开”对话框

（14）在该对话框中的“查找范围”下拉列表中选择演示文稿所在的位置；在文件列表中选择景物.ppt；在“文件类型”下拉列表中选择打开文件的类型。

（15）单击 打开(O) 按钮，即可打开“景物”演示文稿，如图 2.5.11 所示。

（16）在“景物”演示文稿中，选中第一张幻灯片，按住“Ctrl”键依次单击其余幻灯片，再选

择 编辑(E) → 复制(C) Ctrl+C 命令，如图 2.5.12 所示。

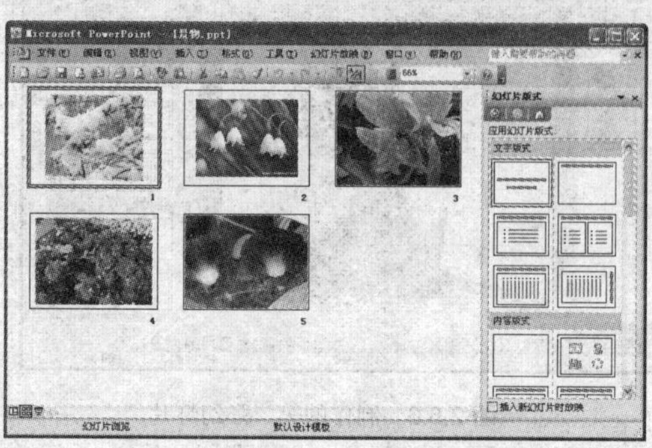

图 2.5.11 打开演示文稿

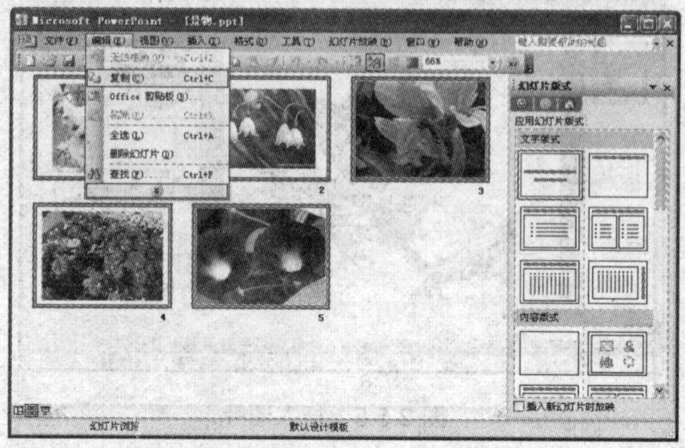

图 2.5.12 选择并复制幻灯片

（17）切换到“大自然”演示文稿中，选择 编辑(E) → 粘贴(P) Ctrl+V 命令，将复制的幻灯片粘贴到“大自然”演示文稿中，如图 2.5.13 所示。

（18）切换到普通视图下，选中右侧演示文稿中的第五张幻灯片，将其拖放至第一张幻灯片下方，如图 2.5.14 所示。

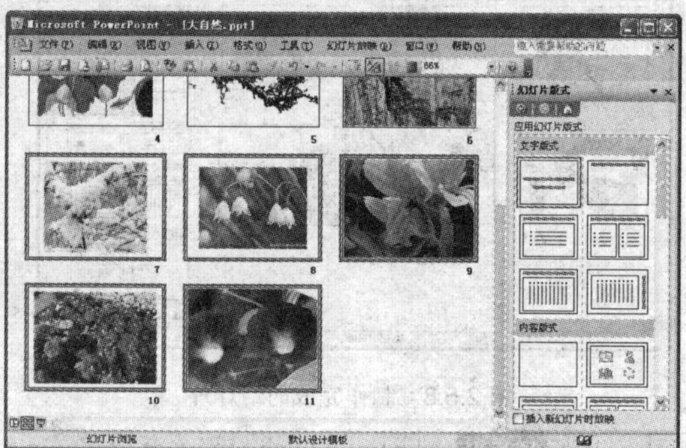

图 2.5.13 复制的幻灯片

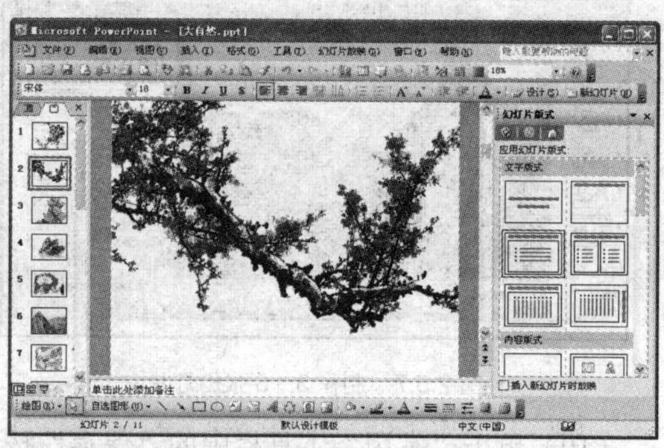

图 2.5.14 移动幻灯片

（19）选中第六张幻灯片，选择 编辑(E) → 删除幻灯片(D) 命令，将其删除。

（20）选择 视图(V) → 幻灯片浏览(D) 命令，将演示文稿切换到幻灯片浏览视图中，最终效果如图 2.5.1 所示。

# 本 章 小 结

本章主要介绍了创建演示文稿、打开演示文稿、保存演示文稿、管理幻灯片等内容。通过本章的学习，用户可以掌握演示文稿的基本操作方法，提高工作和办公效率。

# 实 训 练 习

## 一、填空题

1．在首次存盘时，会弹出________对话框。

2．普通视图中的 3 个窗格分别是_________、_________和_________。

3．在幻灯片浏览视图中，如果要选中不连续的几张幻灯片，在选中第一张幻灯片后按_________键，然后选择其他幻灯片。

4．在 PowerPoint 中，如果想插入一张与前一张幻灯片一模一样的幻灯片，可以选择“插入”菜单的_________命令。

**二、选择题**

1．在 PowerPoint 编辑状态下，可以进行幻灯片间移动和复制操作的视图方式为（　）。

A．幻灯片浏览　　B．幻灯片视图

C．幻灯片放映　　D．备注页

2．在幻灯片浏览视图中，按住“Ctrl”键并用鼠标拖动幻灯片，将完成幻灯片的（　）操作。

A．剪切　　B．移动

C．复制　　D．删除

3．用 PowerPoint 制作出来的文件称作（　）。

A．演示文稿　　B．幻灯片

C．放映文稿　　D．工作表

4．在演示文稿中新增一张幻灯片的正确方法是（　）。

A．选择“文件”菜单中的“新建”命令

B．选择“插入”菜单中的“新幻灯片”命令

C．在幻灯片编辑区右击，选择“插入幻灯片”命令

D．选择“编辑”菜单中的“新幻灯片”命令

**三、简答题**

1．建立演示文稿有几种方法？建立好的幻灯片能否改变其幻灯片的版式？

2．新建演示文稿时，使用菜单“新建”命令和工具栏上的“新幻灯片”按钮有什么区别？

3．怎样选择多张不连续的幻灯片？

**四、上机操作题**

1．利用“根据内容提示向导”新建一个演示文稿。

2．打开一个有多张幻灯片的演示文稿，对这些演示文稿进行复制、删除、移动操作。

3．在一个 PowerPoint 2003 应用程序窗口中，打开两个演示文稿，并将一个演示文稿中的幻灯片移动至另一个演示文稿中。

4．最后保存打开的演示文稿。

# 第 3 章　输入与编辑文本

创建了新的幻灯片之后，就需要在新幻灯片中添加内容，而文本则是幻灯片的主体内容。本章主要介绍如何在幻灯片中输入文本、编辑文本以及为文本添加批注和备注等内容。

## 知识要点

- 输入文本
- 编辑文本
- 添加项目符号和编号
- 添加批注和备注
- 添加超链接

## 3.1　输 入 文 本

输入文本包括在幻灯片窗格中输入文本、在大纲窗格中输入文本、在演示文稿中输入文本和制作摘要幻灯片等。

### 3.1.1　在幻灯片窗格中输入文本

在幻灯片窗格中输入文本包括在占位符中输入文本和使用文本框输入文本两种。

**1．在占位符中输入文本**

在幻灯片窗格中，占位符被虚线框和斜线框环绕，如图 3.1.1 所示。这些占位符已经被预先进行了格式化，具有特殊的字体和字号，在输入文本之后，用户可以自己调整占位符的大小，文本的字体及字号等。

在占位符中输入文本，其具体操作步骤如下：

（1）用鼠标单击要输入文本的占位符，占位符中将出现一个光标。

（2）直接在占位符中输入文本，如图 3.1.2 所示。

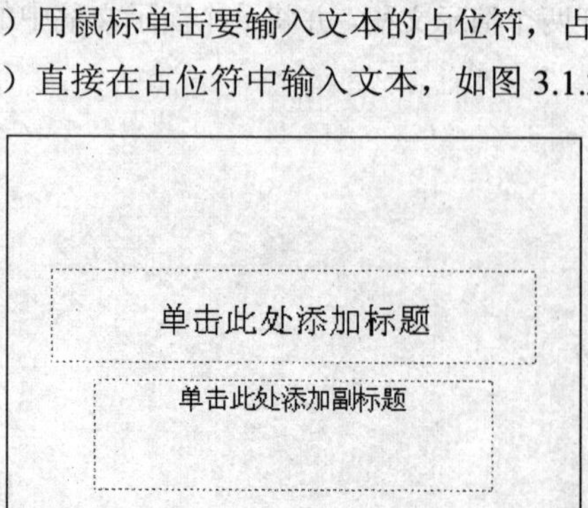


图 3.1.1　占位符

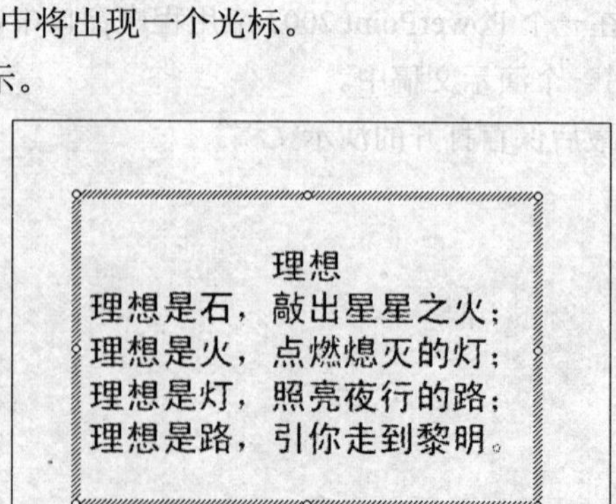


图 3.1.2　输入文本

（3）文本输入完成后，单击占位符外的任意位置，可使占位符的边框消失。

在占位符中输入特殊符号，其具体操作步骤如下：

（1）用鼠标单击要输入文本的占位符，占位符中将出现插入点。

（2）选择 插入(I) → 特殊符号(Y)... 命令，弹出 插入特殊符号 对话框，打开 特殊符号 选项卡，如图 3.1.3 所示。

（3）在列表框中选择需要的特殊符号，然后单击 确定 按钮，在幻灯片中插入特殊字符后的效果如图 3.1.4 所示。

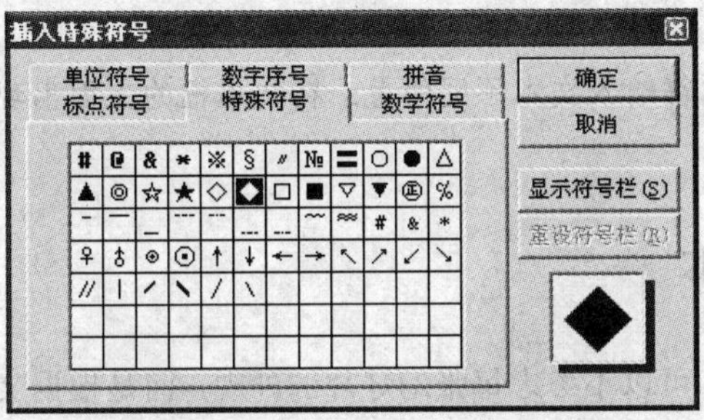


图 3.1.3 “插入特殊符号”对话框

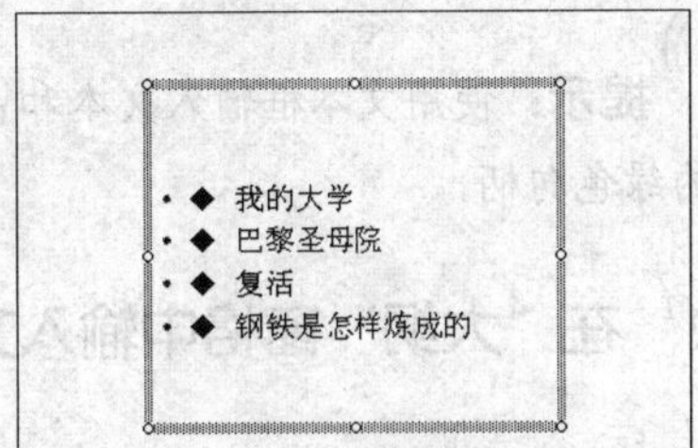


图 3.1.4 插入特殊符号

（4）特殊符号插入完成后，单击占位符外的任意位置，即可使占位符的边框消失。

移动和调整占位符的大小，其具体操作步骤如下：

（1）单击需要调整的占位符的边缘处，显示其控制点。

（2）移动鼠标，当光标变成↘或↔形状时，拖动鼠标即可改变占位符的大小；当光标变成✥形状时，拖动鼠标即可改变占位符的位置，如图 3.1.5 所示。

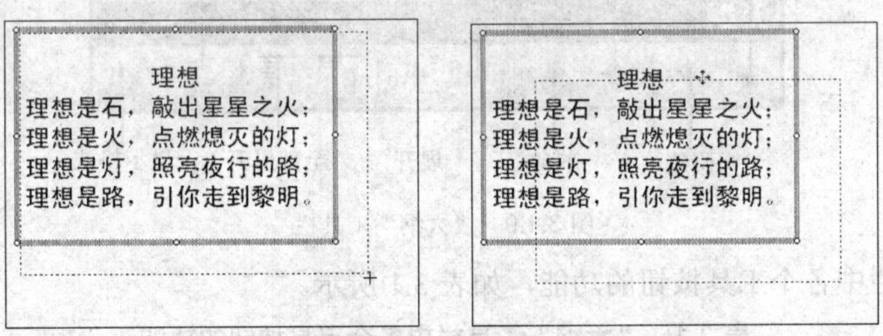


图 3.1.5 改变占位符大小和移动占位符

### 2. 在文本框中输入文本

在文本框中输入文本，其具体操作步骤如下：

（1）新建一张幻灯片，选择 视图(V) → 工具栏(T) → 绘图 命令，打开“绘图”工具栏，如图 3.1.6 所示。

图 3.1.6 “绘图”工具栏

（2）单击“绘图”工具栏中的“文本框”按钮，将鼠标放在幻灯片中，当光标变成↓形状时，拖动鼠标创建文本框，如图 3.1.7 所示。

（3）在文本框中直接输入文本即可，效果如图 3.1.8 所示。

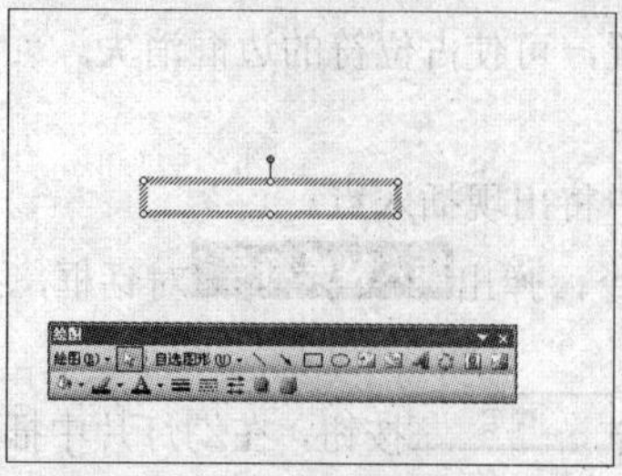

图 3.1.7　创建文本框

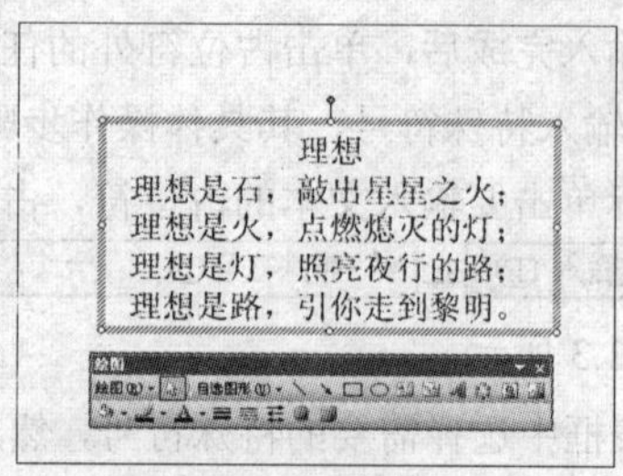


图 3.1.8　在文本框中输入文本

**提示：**使用文本框输入文本和占位符输入文本不同的是：在文本框的上面出现一个带有一条细线的绿色句柄。

## 3.1.2　在“大纲”窗格中输入文本

在“大纲”窗格中创建幻灯片的文本内容，可以不考虑每张幻灯片的外观，而是根据文本的内容设置其主次关系。利用“大纲”窗格编辑的文本更加直观。

### 1.“大纲”工具栏

选择 视图(V) → 工具栏(T) → 大纲 命令，打开“大纲”工具栏，如图 3.1.9 所示。

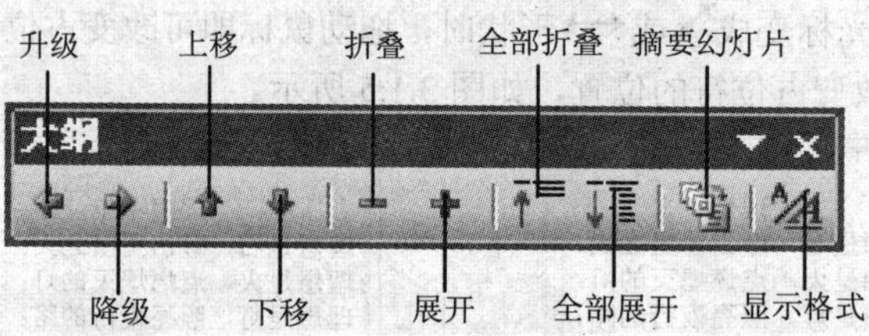


图 3.1.9　“大纲”工具栏

“大纲”工具栏中各个工具按钮的功能，如表 3.1 所示。

表 3.1　“大纲”工具栏中各个工具按钮的功能

| 按　钮 | 功能说明 |
|---|---|
| | 将幻灯片中的小标题升级为幻灯片标题，并产生以它为标题的新幻灯片 |
| | 使幻灯片标题降级为上一张幻灯片的小标题，该幻灯片消失，或使幻灯片的某一级小标题降为更低一级标题 |
| | 使当前的或所选幻灯片的标题或层次小标题上移一层，以改变幻灯片顺序或层次小标题之间的从属关系 |
| | 使当前的或所选幻灯片的标题或层次小标题下移一层，以改变幻灯片顺序或层次小标题之间的从属关系 |
| | 在“大纲”窗格中，只显示当前幻灯片的标题，隐去主体部分 |
| | 在“大纲”窗格中，显示当前幻灯片的标题和主体部分 |
| | 在“大纲”窗格中，只显示各幻灯片的标题，隐去主体部分 |
| | 在“大纲”窗格中，显示各幻灯片的标题和主体部分 |
| | 为选择的一组幻灯片创建一张摘要幻灯片，其标题为“摘要幻灯片”，其主体内容为该组幻灯片各标题组成的一组层次小标题 |
| | 在显示文本和显示格式化文本之间进行切换。在“大纲”窗格中，如果想使文字与幻灯片中的文字以相同的格式显示，则单击“显示格式”按钮 |

### 2．在“大纲”窗格中输入文本

（1）选择 文件(F) → 新建(N)... Ctrl+N 命令，新建一个空白幻灯片。

（2）选择 视图(V) → 普通(N) 命令，切换到“普通”视图方式。

（3）在“普通”视图方式中，调整“大纲”窗格的大小，如图 3.1.10 所示。

（4）在第一张幻灯片的后面输入演讲稿的标题，如图 3.1.11 所示。

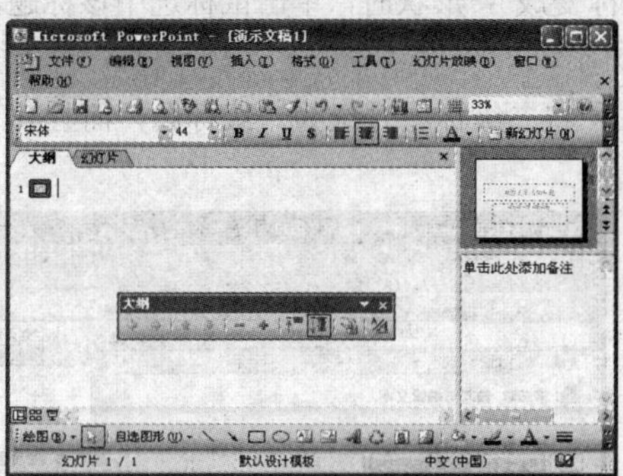

图 3.1.10　调整“大纲”窗格的大小

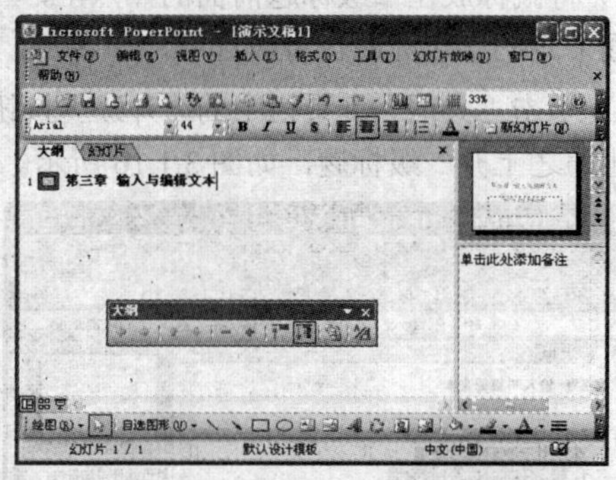


图 3.1.11　输入演讲稿标题

（5）按“Enter”键创建第二张幻灯片，在第二张幻灯片中输入一级标题，如图 3.1.12 所示。

（6）按快捷键“Ctrl+Enter”为第二张幻灯片创建二级标题，并在二级标题中输入文本内容，如图 3.1.13 所示。

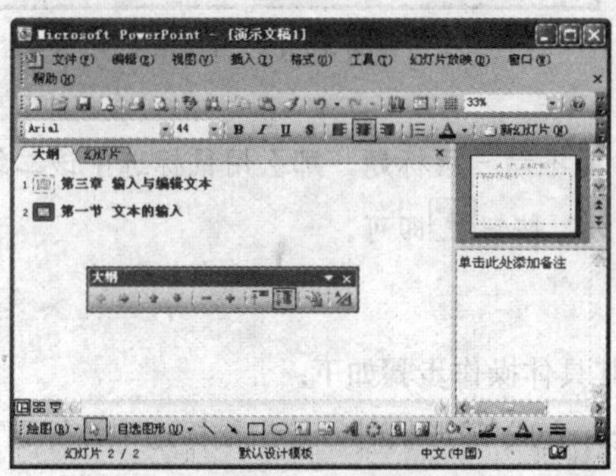


图 3.1.12　输入一级标题

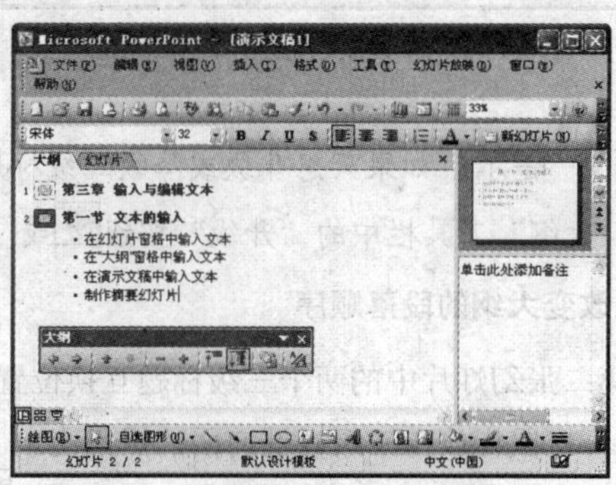


图 3.1.13　输入二级标题

（7）如果要在二级标题后面创建三级标题，在二级标题后按“Enter”键，然后单击“大纲”工具栏中的“降级”按钮，然后在三级标题中输入文本内容，如图 3.1.14 所示。

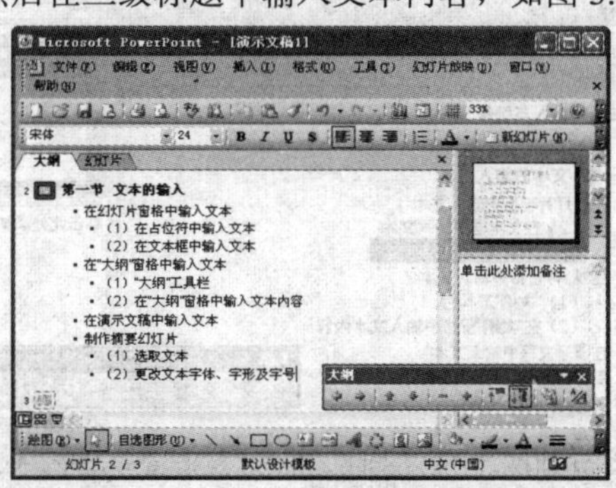


图 3.1.14　在三级标题中输入文本内容

（8）按照步骤（4）～（7）的方法，在“大纲”窗格中多创建几张幻灯片，以同样的方法编辑其文本即可。

### 3．改变大纲的段落级别

如果要将第一节的第一个二级标题升级为一个单独的幻灯片，将其作为主标题，其具体操作步骤如下：

（1）将鼠标放在二级标题前面的黑点上，当光标变成✥形状时，单击鼠标选中该标题，此时在二级标题下方的三级标题也将被选中，如图 3.1.15 所示。

（2）单击“大纲”工具栏中的“升级”按钮，将二级标题升级为一级标题，而且其下方的三级标题也随之上升一级标题，如图 3.1.16 所示。

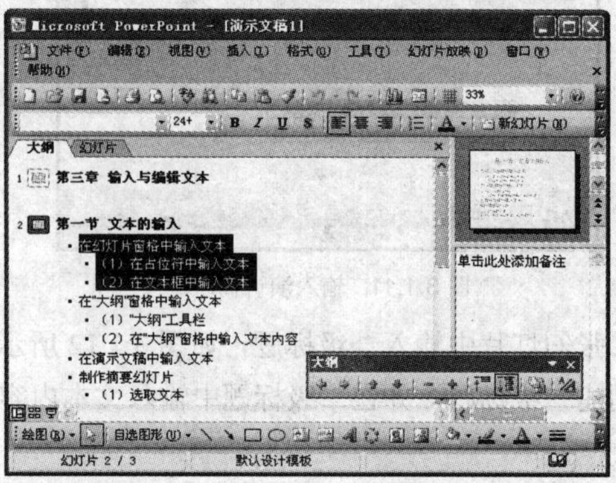


图 3.1.15 选中二级标题及其三级标题

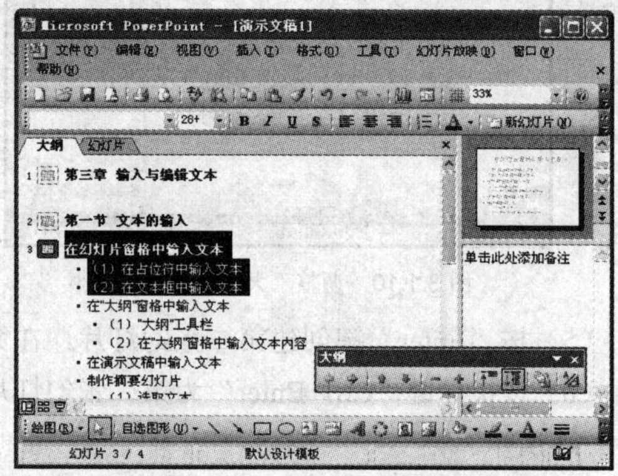


图 3.1.16 升级标题

**提示：**如果只想升级或降级二级标题，而不动三级标题，那么用鼠标选中该二级标题，并单击“大纲”工具栏中的“升级”按钮或“降级”按钮即可。

### 4．改变大纲的段落顺序

将第二张幻灯片中的两个三级标题互换位置，其具体操作步骤如下：

（1）将鼠标放在三级标题前面的黑点上，当光标变成✥形状时，单击鼠标选中该标题。

（2）单击“大纲”工具栏中的“下移”按钮，调整三级标题的先后顺序，效果如图 3.1.17 所示。

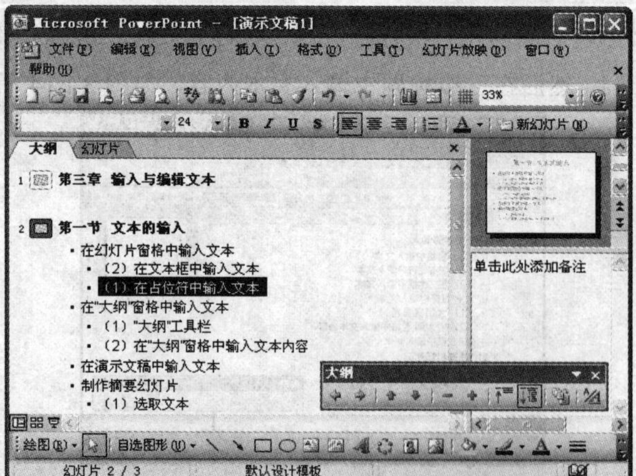


图 3.1.17 改变段落顺序

### 3.1.3　向演示文稿中插入文本

使用 PowerPoint 2003 应用程序可以在演示文稿中直接插入其他文件中的文本，例如，可以向演示文稿中导入 Word 文档。

#### 1. 导入大纲建立演示文稿

导入大纲建立演示文稿，其具体操作步骤如下：

（1）启动 PowerPoint 2003 应用程序，选择 文件(F) → 打开(O)... Ctrl+O 命令，弹出 打开 对话框，如图 3.1.18 所示。

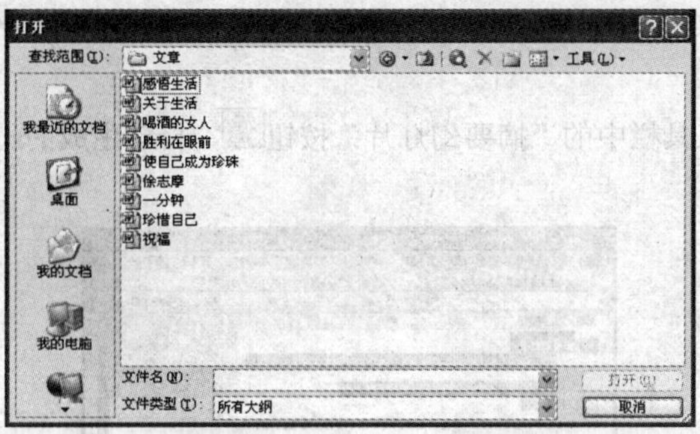


图 3.1.18　“打开”对话框

（2）在“文件类型”下拉列表中选择“所有大纲”选项。

（3）然后在“查找范围”下拉列表中选择需要插入的文档，单击 打开(O) 按钮，此时 PowerPoint 打开此文档，而且文档中每个标题都会以幻灯片的标题形式出现，如图 3.1.19 所示。

#### 2. 将 Word 文档直接发送到 PowerPoint 的“大纲”窗格

将 Word 文档直接发送到 PowerPoint 的“大纲”窗格，其具体操作步骤如下：

（1）在 Word 中打开需要导入到 PowerPoint 中的文档。

（2）选择 文件(F) → 发送(D) → Microsoft Office PowerPoint(P) 命令，此时 PowerPoint 2003 中将创建一个新的演示文稿，将 Word 文档中的内容发送到 PowerPoint“大纲”窗格中，如图 3.1.20 所示。

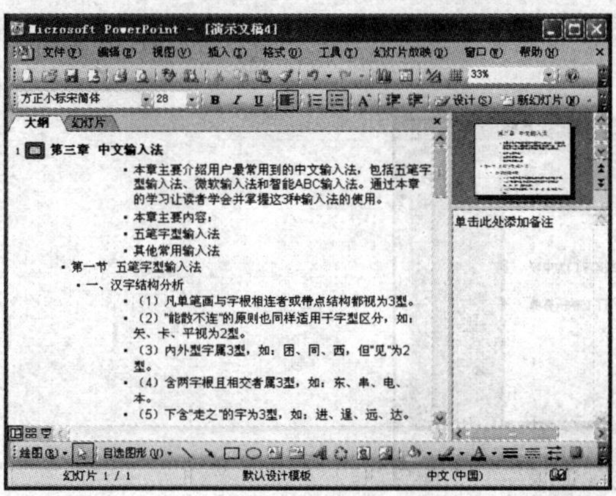


图 3.1.19　导入 Word 文档

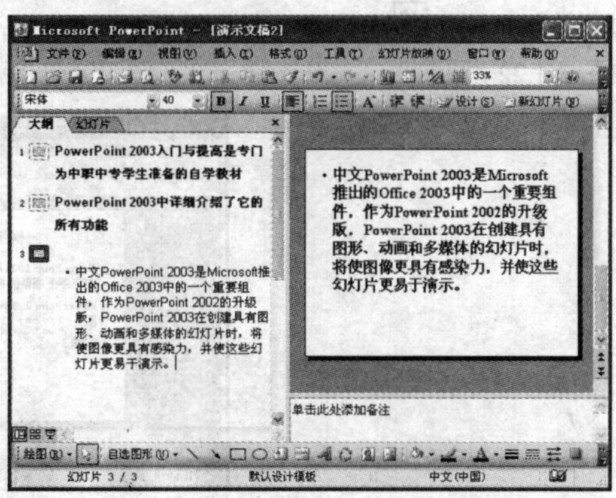


图 3.1.20　利用 Word 文档创建演示文稿

### 3.1.4 摘要幻灯片

在一个大型演讲中，可以涉及的内容很多，为了让听众能大体了解演讲的内容，可以在大型演示文稿前面制作一张摘要幻灯片。PowerPoint 应用程序可以根据一系列的幻灯片自动制作出摘要幻灯片，幻灯片的标题就作为摘要幻灯片的层次标题，最后可以将摘要幻灯片打印出来，在演讲开始前发给观众。

#### 1. 制作摘要幻灯片

制作摘要幻灯片，其具体操作步骤如下：

（1）打开一个演示文稿，并切换到“普通”视图方式，然后在“大纲”窗格中选择要制作摘要幻灯片组。

（2）单击“大纲”工具栏中的“摘要幻灯片”按钮，自动生成的幻灯片将插在所选幻灯片的最前面，如图 3.1.21 所示。

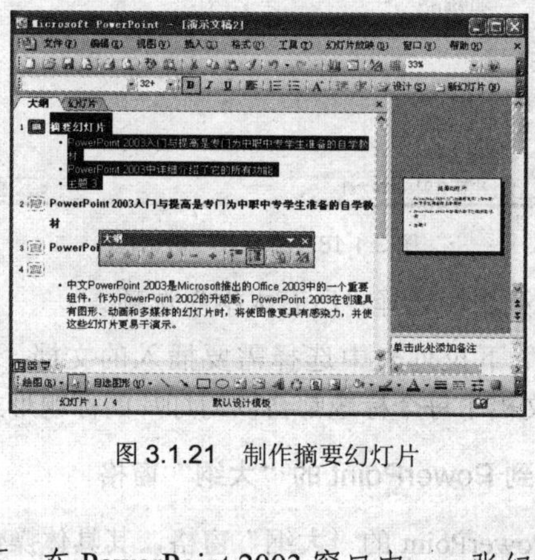

图 3.1.21 制作摘要幻灯片

**注意：**默认情况下，在 PowerPoint 2003 窗口中，一张幻灯片只能容下 8 个层次的标题，所以，当要制作摘要幻灯片的所有幻灯片超过 8 张时，会生成两张或两张以上的摘要幻灯片。

#### 2. 预览演示文稿大纲

在制作了摘要幻灯片后，为了观察它的整体效果，在“普通”视图方式下，单击“大纲”窗格中的“关闭”按钮，关闭“大纲”窗格，同时备注窗格也消失，PowerPoint 中将只显示幻灯片窗格，如图 3.1.22 所示。

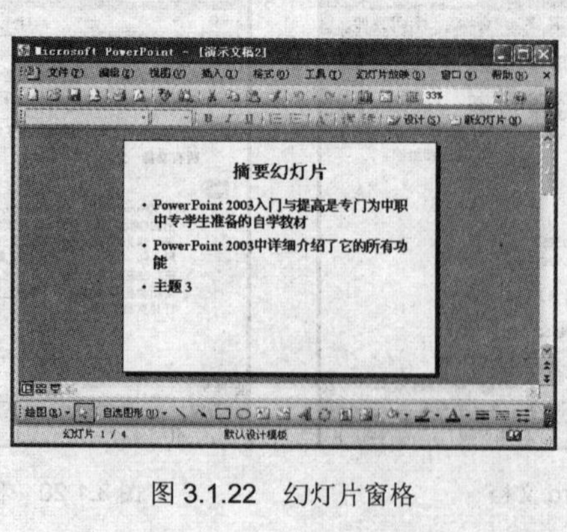


图 3.1.22 幻灯片窗格

**技巧：** 也可以通过单击 PowerPoint 2003 窗口下方的“幻灯片放映”按钮，放映幻灯片来观察它的效果。

# 3.2　编 辑 文 本

编辑文本包括在“幻灯片”窗格中编辑文本和在“大纲”窗格中编辑文本两种。编辑文本包括设置文本字体、字符间距等。

## 3.2.1　在“幻灯片”窗格中编辑文本

在“幻灯片”窗格中编辑文本包括设置文本框和文本内容两种。设置文本框包括为其添加边框和底纹、设置填充效果、调整文本框的大小、移动文本框、旋转文本框；设置文本内容包括设置文本的锁定点、设置字体格式等。

### 1. 为文本框添加边框和底纹

为文本框添加边框和底纹，其具体操作步骤如下：

（1）打开一个包含文本框的幻灯片，如图 3.2.1 所示。

（2）选中文本框，单击鼠标右键，从弹出的快捷菜单中选择 设置文本框格式(O)... 命令，弹出 设置文本框格式 对话框，如图 3.2.2 所示。

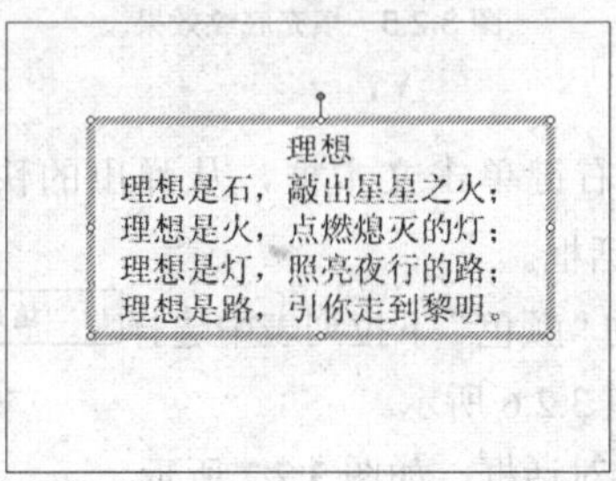


图 3.2.1　包含文本框的幻灯片

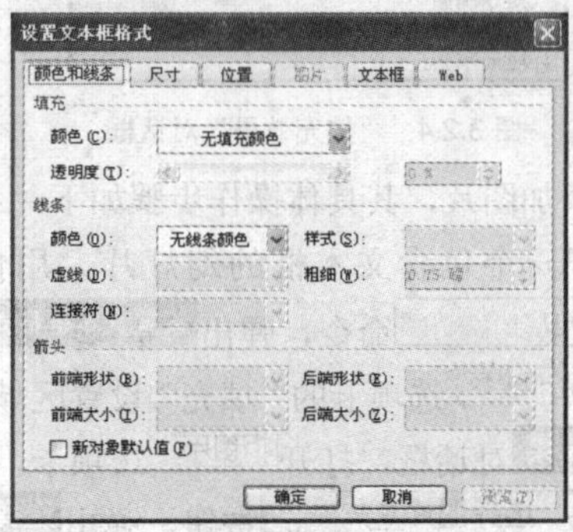


图 3.2.2　“设置文本框格式”对话框

（3）在 颜色和线条 选项卡的“填充”设置区域中的“颜色”下拉列表中选择颜色为“浅绿”；在“线条”设置区域中的“颜色”下拉列表中选择颜色为“深红”，然后单击 确定 按钮，文本框效果如图 3.2.3 所示。

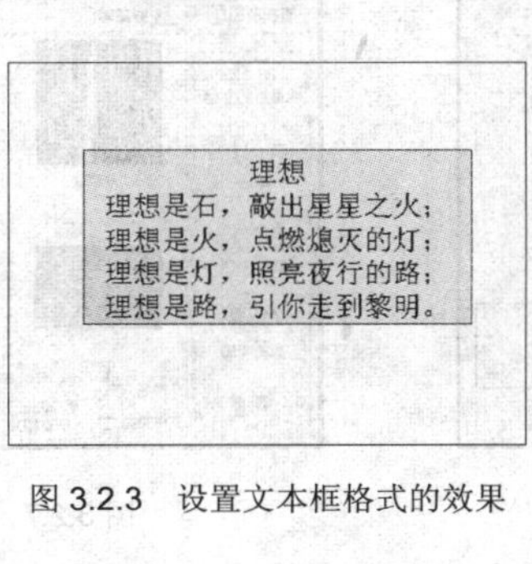


图 3.2.3　设置文本框格式的效果

### 2．设置填充效果

填充效果包括为文本框添加渐变色、纹理、图案和图片，下面介绍如何为文本框添加渐变色和图片。

为文本框添加渐变色，其具体操作步骤如下：

（1）打开一个包含文本框的幻灯片，用鼠标右键单击文本框，从弹出的快捷菜单中选择 设置文本框格式(O)... 命令，弹出 设置文本框格式 对话框。

（2）在 颜色和线条 选项卡的“填充”设置区域中的“颜色”下拉列表中选择 填充效果(F)... 选项，弹出 填充效果 对话框，如图 3.2.4 所示。

（3）打开 渐变 选项卡，在“颜色”选项组中选中 双色(T) 单选按钮，在“颜色 1（1）”下拉列表中选择颜色为“紫色”；在“颜色 2（2）”下拉列表中选择颜色为“白色”；在“透明度”微调框中调节颜色的透明度；在“底纹样式”选项组中选中 斜下(D) 单选按钮。

（4）设置完成后单击 确定 按钮，效果如图 3.2.5 所示。

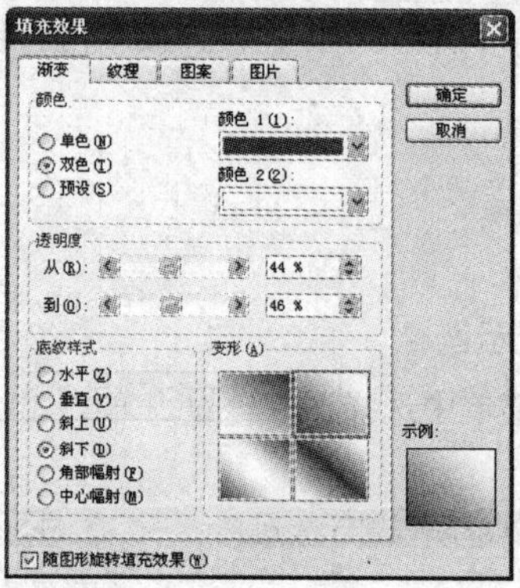


图 3.2.4 “填充效果”对话框

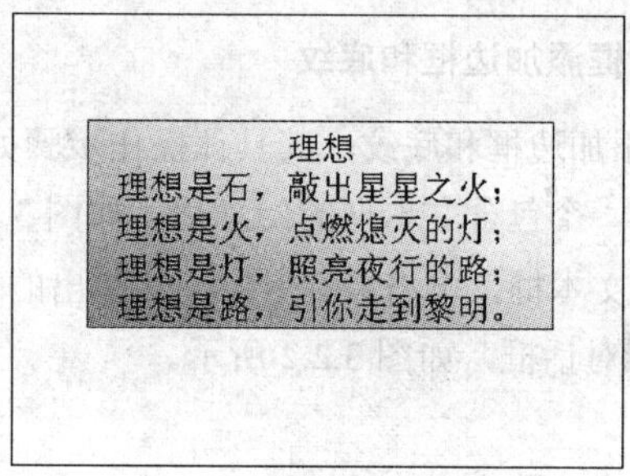


图 3.2.5 填充底纹效果

为文本框添加图片，其具体操作步骤如下：

（1）打开一个包含文本框的幻灯片，用鼠标右键单击文本框，从弹出的快捷菜单中选择 设置文本框格式(O)... 命令，弹出 设置文本框格式 对话框。

（2）在 颜色和线条 选项卡的“填充”设置区域中的“颜色”下拉列表中选择 填充效果(F)... 选项，弹出 填充效果 对话框，打开 图片 选项卡，如图 3.2.6 所示。

（3）单击 选择图片(L)... 按钮，弹出 选择图片 对话框，如图 3.2.7 所示。

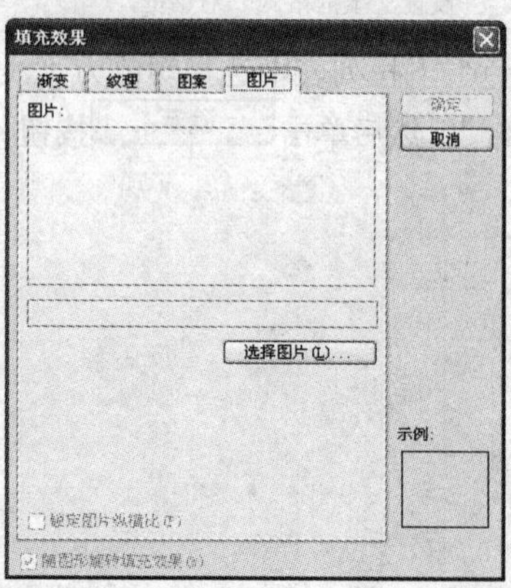


图 3.2.6 “图片”选项卡

图 3.2.7 “选择图片”对话框

（4）在“查找范围”下拉列表中选择需要插入的图片，单击 插入(S) 按钮，返回到 填充效果 对话框中，单击 确定 按钮，再返回到 设置文本框格式 对话框。

（5）在 设置文本框格式 对话框中的“填充”设置区域的“透明度”微调框中设置图片的透明度为“40%”，单击 确定 按钮，文本框效果如图 3.2.8 所示。

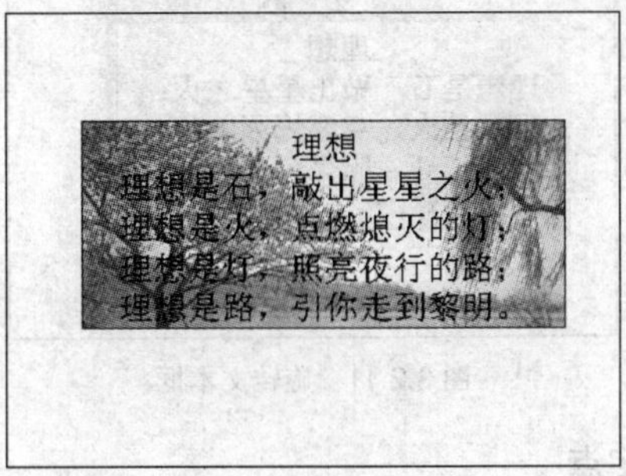


图 3.2.8　添加图片效果

提示：在 填充效果 对话框中，也可以通过 纹理 和 图案 选项卡为文本框添加纹理和图案效果。

### 3．调整文本框大小

调整文本框大小，其具体操作步骤如下：

（1）打开一个包含文本框的幻灯片，单击文本框，文本框的周围出现 8 个句柄，其中一个句柄上包含一个绿色控制点，如图 3.2.9 所示。

（2）将鼠标放在文本框的边缘处，当光标变成↘或↔形状时，拖动鼠标可改变文本框的大小，如图 3.2.10 所示。

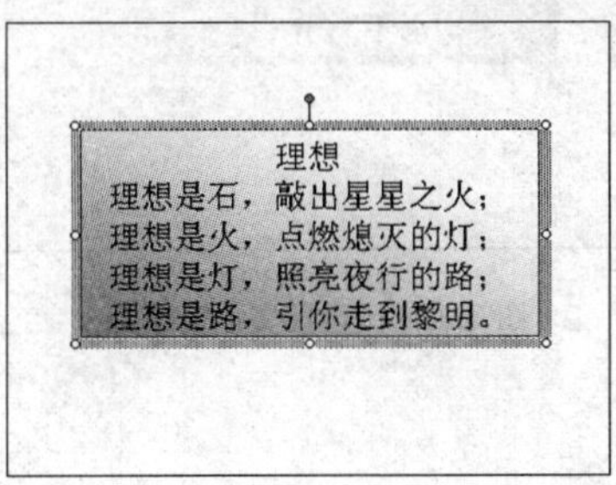


图 3.2.9　选中文本框

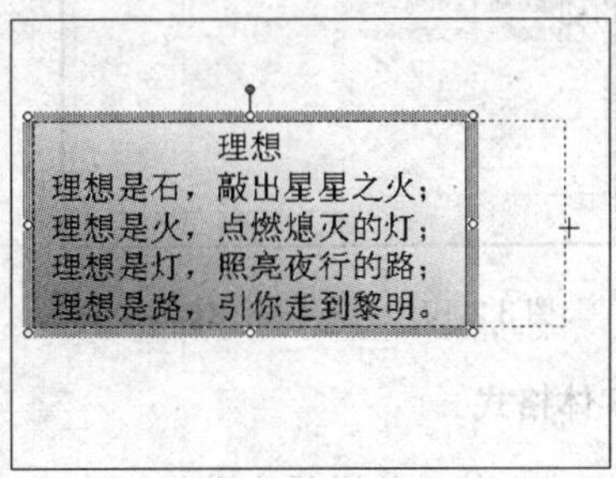


图 3.2.10　改变文本框大小

### 4．移动文本框

移动文本框，其具体操作步骤如下：

（1）在幻灯片中单击需要移动的文本框并将其选中。

（2）将鼠标放在文本框的边缘处，当光标变成✥形状时，拖动鼠标移动文本框，将文本框拖动至合适的位置后释放鼠标即可。

### 5．旋转文本框

旋转文本框，其具体操作步骤如下：

（1）在幻灯片中单击需要旋转的文本框，将其选中。

（2）将鼠标放在文本框的绿色控制点上，此时光标会变成圆形带箭头的形状，单击鼠标并拖动，即可旋转文本框，如图 3.2.11 所示。

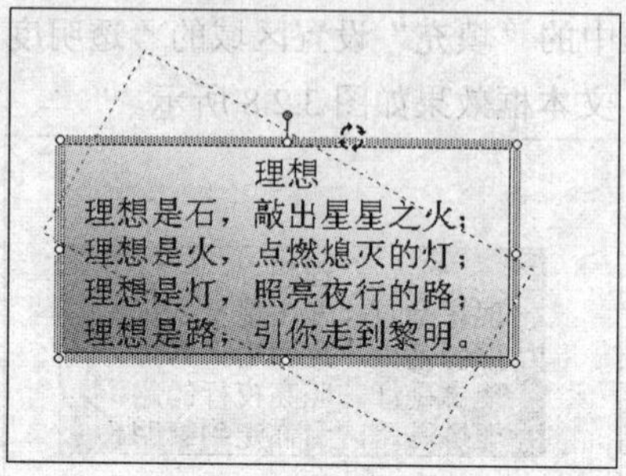


图 3.2.11 旋转文本框

### 6. 设置文本框内文本的锁定点

在文本框中输入文本后，默认情况下为右对齐，如果要让文本框顶部对齐、底部对齐或者底部居中等，就必须设置文本框内文本的锁定点，其具体操作步骤如下：

（1）用鼠标双击要设置锁定点的文本框，弹出 设置文本框格式 对话框，打开 文本框 选项卡，如图 3.2.12 所示。

（2）在“文本锁定点”下拉列表中选择“底部居中”选项；在“内部边距”微调框中调整文本与文本框边缘的距离，设置完成后单击 确定 按钮，文本框的效果如图 3.2.13 所示。

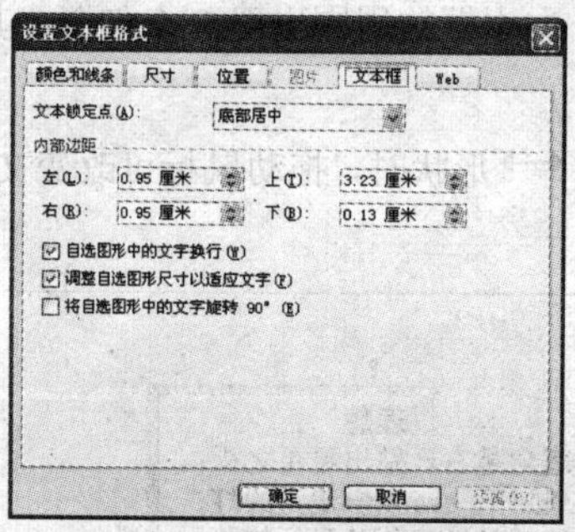


图 3.2.12 “文本框”选项卡

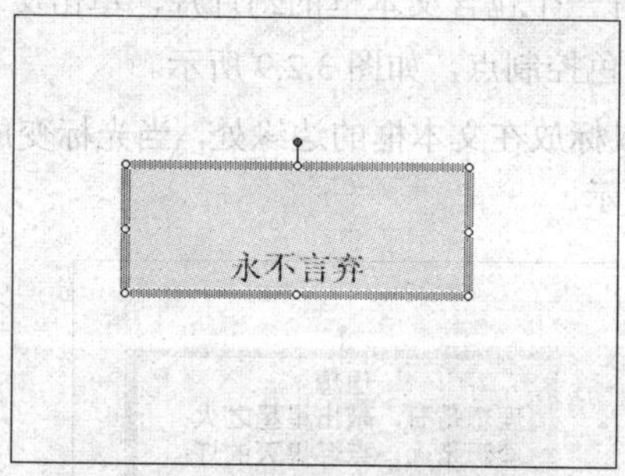


图 3.2.13 设置文本锁定点

### 7. 设置字体格式

设置字体格式，其具体操作步骤如下：

（1）在文本框中输入文本，并选中输入的文本内容，如图 3.2.14 所示。

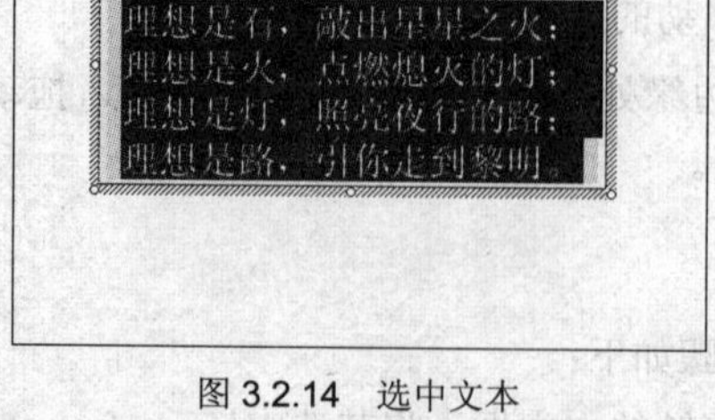


图 3.2.14 选中文本

（2）选择 格式(O) → A 字体(F)... 命令，弹出 字体 对话框，如图 3.2.15 所示。

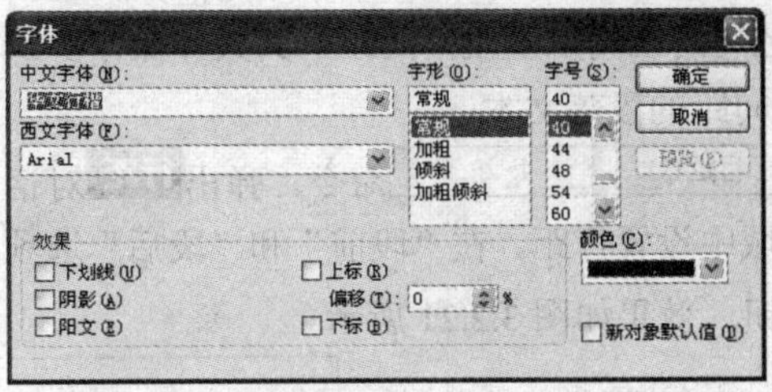


图 3.2.15　“字体”对话框

（3）在“中文字体”下拉列表中选择字体；在“字形”和“字号”列表框中选择字形和字号；在“颜色”下拉列表中选择字体的颜色；在“效果”选项区域中设置字体的下画线、阴影、上标和下标等。

（4）所有的设置完成后，单击 确定 按钮，效果如图 3.2.16 所示。

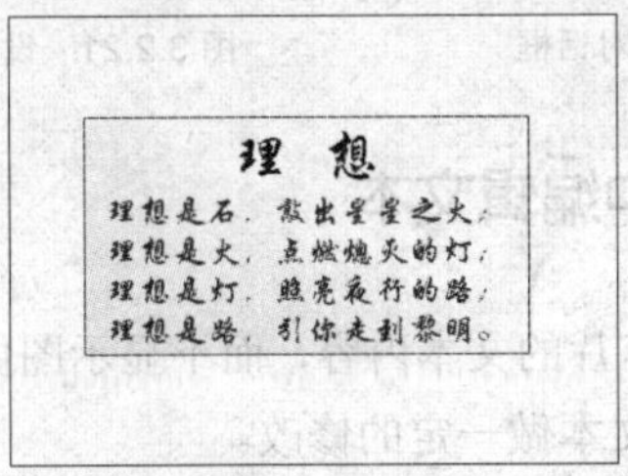


图 3.2.16　设置字体格式

## 8．设置对齐方式

如果要设置文本的对齐方式，其具体操作步骤如下：

（1）选取要对齐的文本。

（2）选择 格式(O) → 对齐方式(A) 命令，弹出如图 3.2.17 所示的下拉菜单，选择相应的段落对齐方式命令即可。

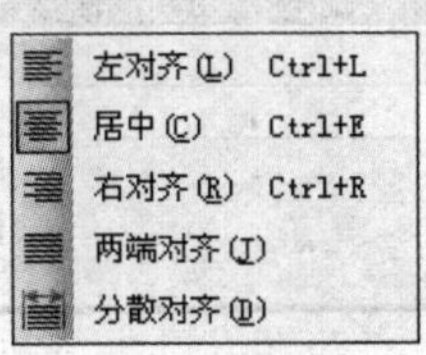


图 3.2.17　“文本对齐方式”下拉菜单

（3）如果要对字体设置对齐方式，则选择 格式(O) → 字体对齐方式(N) 命令，弹出如图 3.2.18 所示的下拉菜单，从中选择合适的字体对齐方式，效果如图 3.2.19 所示。

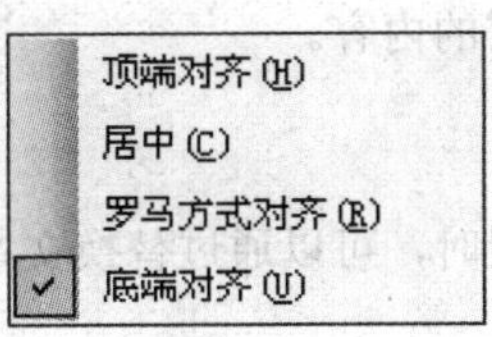


图 3.2.18　“字体对齐方式”下拉菜单

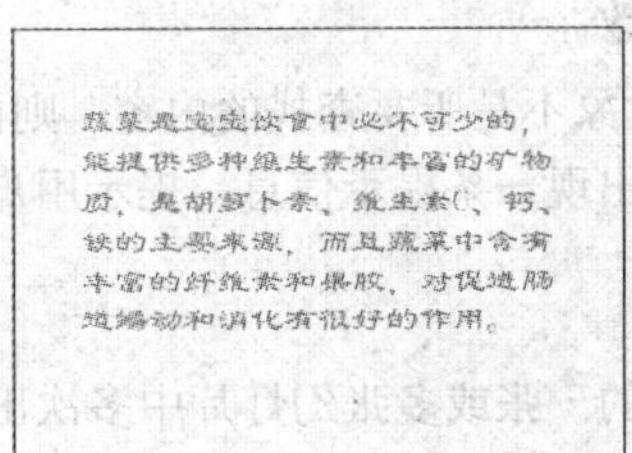

图 3.2.19　设置字体对齐方式

#### 9．设置行距和段落间距

如果设置段落中行与行之间的距离以及段落间距，其具体操作步骤如下：

（1）首先选取要设置行间距的段落文本。

（2）选择 格式(O) → 行距(S)... 命令，弹出 行距 对话框，如图 3.2.20 所示。

（3）在“行距”选项区域中设置行距，在“段前”和“段后”选项区域中设置段前和段后间距。

（4）单击 确定 按钮，效果如图 3.2.21 所示。

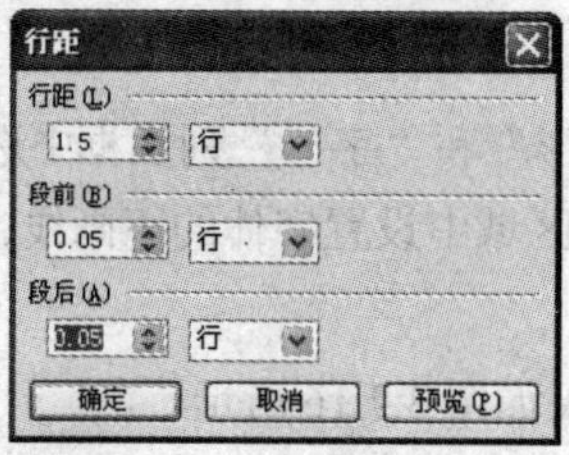


图 3.2.20 “段落”对话框

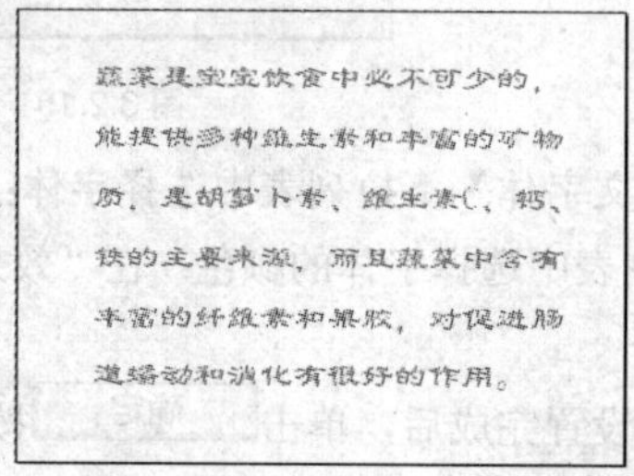


图 3.2.21 设置行距和段落间距效果

### 3.2.2 在“大纲”窗格中编辑文本

在“大纲”窗格中，只显示幻灯片的文本内容，而不显示图像、表格、幻灯片背景等，这样就可以更加直观地查看文本内容，并对文本做一定的修改。

#### 1．查找文本

如果在“大纲”窗格中发现一张或几张幻灯片中有相同的词或词组书写错误，可以通过查找文本进行查找并改正，查找文本的具体操作步骤如下：

（1）打开一个演示文稿，切换到“普通”视图中，打开“大纲”窗格。

（2）选择 编辑(E) → 查找(F)... Ctrl+F 命令，弹出 查找 对话框，如图 3.2.22 所示。

图 3.2.22 “查找”对话框

（3）在“查找内容”文本框中输入要查找的文本内容，单击 查找下一个(F) 按钮，系统会自动从光标所在处开始在所有的幻灯片中进行搜寻，并使所找到的第一个对象呈高亮显示，此时可以对输入错误的文本进行修改。

（4）如果该对象不是所要查找的内容，则再次单击 查找下一个(F) 按钮，如果没有找到所要查找的内容，屏幕上会出现一条提示信息，提示用户没找到所需的内容。

#### 2．替换文本

在同一个文本的一张或多张幻灯片中多次出现输入错误时，可以通过替换文本的方式进行修改，这样可以大大节省修改时间，其具体操作步骤如下：

（1）打开一个演示文稿，如图 3.2.23 所示。将幻灯片中的所有“星年”改为“新年”。

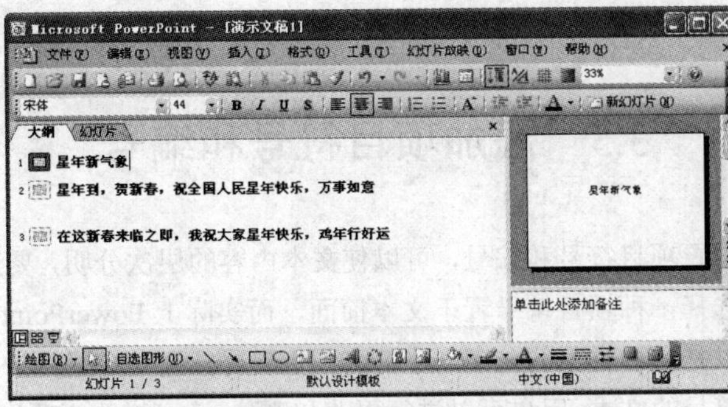

图 3.2.23 打开的“大纲”窗格

（2）在如图 3.2.22 所示的 查找 对话框中单击 替换(R)... 按钮，弹出 替换 对话框，如图 3.2.24 所示。

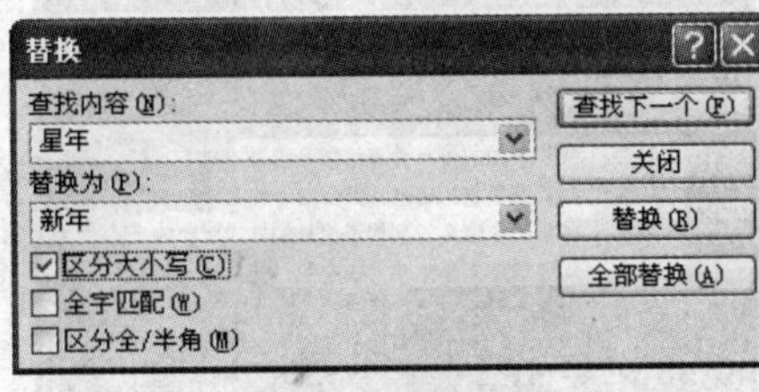


图 3.2.24 “替换”对话框

（3）在“查找内容”文本框中输入“星年”字样；在“替换为”文本框中输入“新年”字样。

（4）选中 区分大小写(C) 复选框，单击 全部替换(A) 按钮，幻灯片中所有的“星年”字样将被全部替换为“新年”，效果如图 3.2.25 所示。

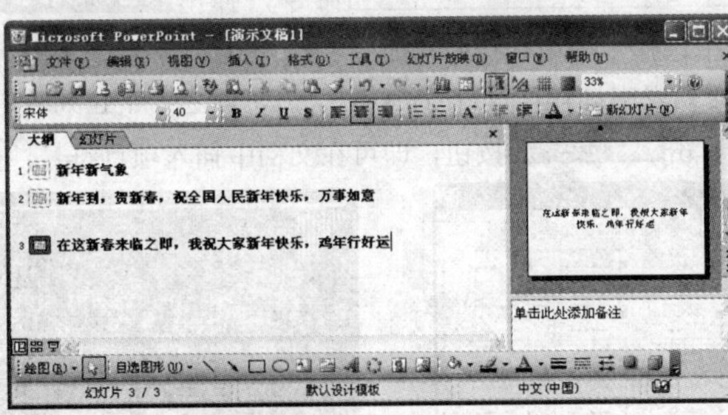

图 3.2.25 替换内容后的效果

**技巧：** 在 替换 对话框中，输入要替换的文本内容后，单击 全部替换(A) 按钮，系统会自动替换掉所有查找到的相关内容；若要逐一核实查找后的文本，要有选择性的替换内容，则依次单击 查找下一个(F) 按钮，核实后再单击 替换(R) 按钮。

### 3．删除文本

如果在编辑的过程中，要删除不需要的文本可以采用以下 3 种方法。

（1）选中要删除的文本，选择 编辑(E) → 剪切(T) Ctrl+X 命令。

（2）选中要删除的文本，单击鼠标右键，从弹出的快捷菜单中选择 剪切(T) Ctrl+X 命令即可。

（3）选中要删除的文本，然后按“Delete”键删除文本。

## 3.3 添加项目符号和编号

为幻灯片中的文本设置项目符号和编号，可以使文本内容的层次分明，要点突出，易于理解。在默认情况下，系统自动选择一种项目符号置于文本前面，而实际上 PowerPoint 2003 提供的项目符号是极其丰富的，不仅可以是各种类型的文字、字符和图形符号，还可以是用户自己创建的图像。

对已经设置了项目符号的文本，用户可以进行更改和删除，还可以改变项目和编号的颜色与大小。其具体操作步骤如下：

（1）在幻灯片中选中需要设置项目符号的文本，如图 3.3.1 所示。

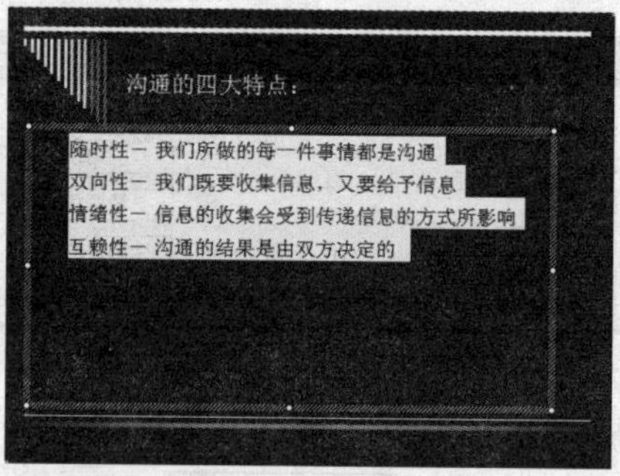


图 3.3.1 选中文本

（2）选择 格式(O) → 项目符号和编号(N)... 命令，弹出 项目符号和编号 对话框，默认打开 项目符号(B) 选项卡，从中选择一种项目符号，如图 3.3.2 所示。

（3）在“大小”下拉列表中选择项目符号的大小，在“颜色”下拉列表中选择项目符号的颜色。

（4）设置完成后，单击 确定 按钮，即可在文档中插入项目符号，如图 3.3.3 所示。

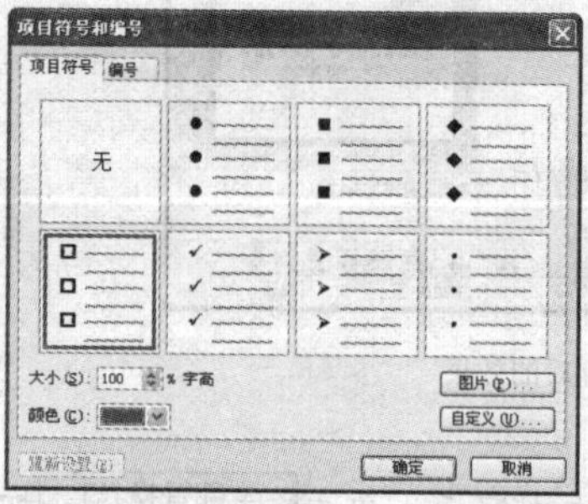


图 3.3.2 “项目符号和编号”对话框

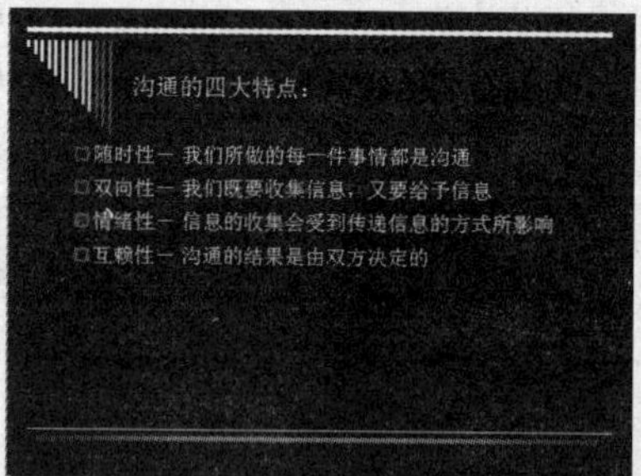


图 3.3.3 添加的项目符号

此外，用户还可以使用“格式”工具栏中的“编号”按钮和“项目符号”按钮来决定在文本中使用项目符号还是编号。

## 3.4 添加批注和备注

当演示文稿过多时，为了区分每个演示文稿的内容与用途，就需要对这些演示文稿添加批注和备注，这些批注可以提供一些补充说明或强调某些信息。

### 3.4.1 添加批注

在文档中添加批注，主要是为了对一些大型的演示文稿进行注释说明，其具体操作步骤如下：

（1）打开一个需要添加批注的幻灯片。

（2）选择 插入(I) → 批注(M) 命令，此时会在幻灯片的左上角出现一个批注文本框，如图3.4.1所示。

图3.4.1 批注文本框

（3）在文本框中输入要添加的内容，选择 批注(M) 命令后，会自动打开“审阅”工具栏，单击“插入批注”按钮也可以添加批注。

（4）输入完批注内容后，用鼠标单击幻灯片的其他位置，此时批注会缩小为一个图标，可以通过拖动小图标移动批注的位置，单击此图标，可以显示批注内容。

（5）如果想要修改批注的内容，单击“审阅”工具栏上的“编辑批注”按钮，或者在批注图标上双击，打开批注文本框然后修改内容即可。

（6）若要删除某个批注，选中该批注后，单击“审阅”工具栏上的“删除批注”按钮即可。

（7）如果有多个批注，可以单击“审阅”工具栏上的“前一项”按钮和“后一项”按钮进行切换。

### 3.4.2 添加备注

为幻灯片添加备注，在前面的章节中已经有所介绍，备注就相当于注释，它的作用是对幻灯片的内容进行注释，每一张幻灯片都有一个默认的“备注”窗格，如图3.4.2所示。打开“备注”窗格，然后在文本框中输入需要注释的内容即可。

图3.4.2 添加备注

# 3.5 添加超链接

在 PowerPoint 中提供了功能强大的超链接功能，使用它可以实现跳转到某张幻灯片、另一个演示文稿或某个网址。创建超链接的对象可以是任何对象，如文本、图形等。

## 3.5.1 利用“插入超链接”创建超级链接

为幻灯片中的对象插入超链接的具体操作步骤如下：

（1）在幻灯片视图中，选中要创建超链接的文本或图形对象。

（2）选择 插入(I) → 超链接(I)... Ctrl+K 命令，弹出 插入超链接 对话框，如图 3.5.1 所示。

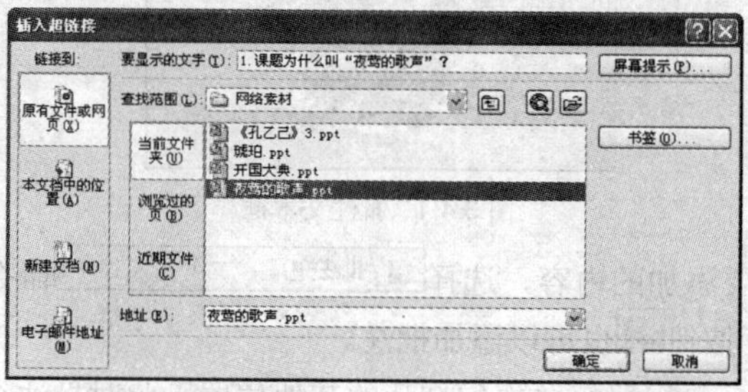


图 3.5.1 “插入超链接”对话框

**提示：** 在要创建超链接的文本或图形对象上单击鼠标右键，从弹出的快捷菜单中选择 超链接(H)... 命令，也可弹出 插入超链接 对话框。

（3）在 链接到: 选项区中选择链接的类型。选择“原有文件或网页”选项，可将系统中已创建的文件或网页设置链接地址，并可在“查找范围”区域中选择要链接的选项。选择“本文档中的位置”选项，可在当前演示文稿中选择某张幻灯片作为链接地址，如图 3.5.2 所示。

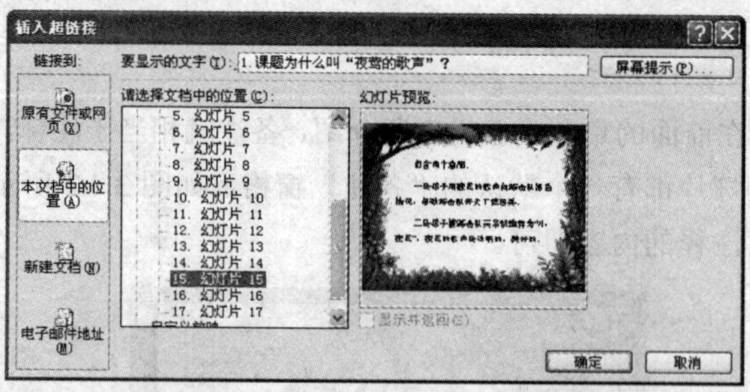


图 3.5.2 选择文档中的位置作为链接地址

（4）选择“新建文档”选项，用户可在“新建文档名称”文本框中输入文档名称；单击 更改(C)... 按钮，可对文档的存放路径进行编辑；在 何时编辑: 选项区中可设置编辑的时间。设置完成后，单击 确定 按钮即可。

（5）选择“电子邮件地址”选项，用户可在该对话框中输入电子邮件地址以及主题，单击 确定 按钮后，即可将该电子邮件地址作为链接地址。

（6）将链接选项设置好后，单击 确定 按钮，如图 3.5.3 所示为插入文本超链接时的效果。

图 3.5.3　插入的超链接

### 3.5.2　使用"动作按钮"创建超级链接

使用"动作按钮"创建超级链接的步骤如下：

（1）在幻灯片视图中，选中要创建超级链接的对象。

（2）选择 幻灯片放映(D) → 动作按钮(I) 命令，从弹出的菜单列表中选择一种动作按钮，如图 3.5.4 所示。

（3）当鼠标指针变为十字形状时，拖动鼠标在幻灯片中绘制一个动作按钮，如图 3.5.5 所示。

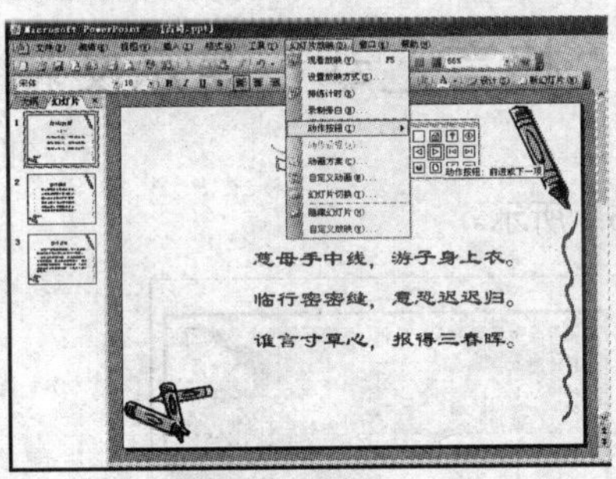


图 3.5.4　选择动作按钮

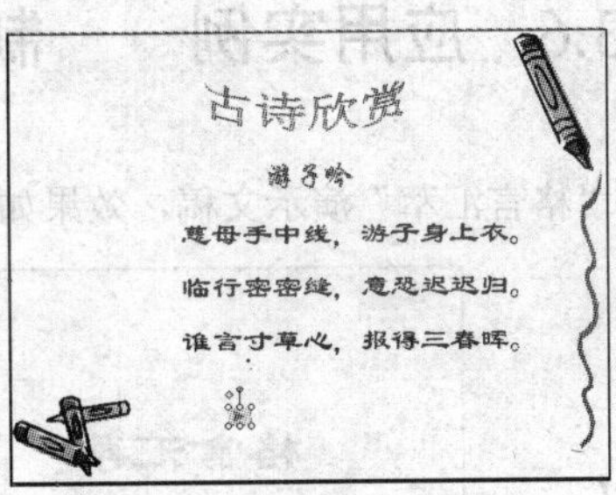


图 3.5.5　添加的动作按钮

（4）随即系统弹出 动作设置 对话框，如果要使用单击鼠标启动跳转，请单击 单击鼠标 选项卡，如图 3.5.6 所示；如果使用鼠标移过启动跳转，请单击 鼠标移过 选项卡。

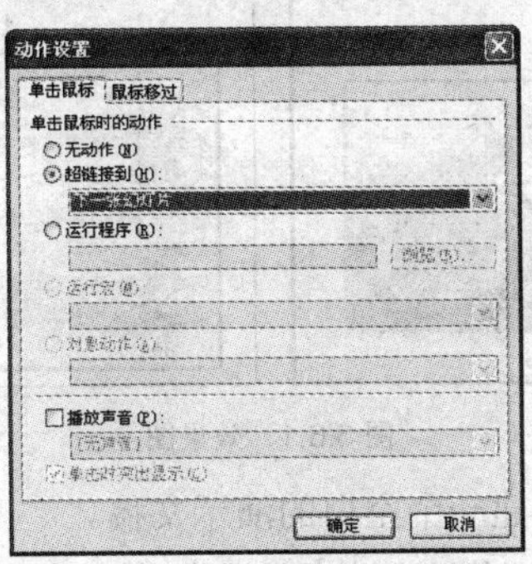


图 3.5.6　"动作设置"对话框

（5）单击 超链接到(H): 单选按钮，从弹出的下拉列表框中可以选择链接到指定 Web 页、本幻灯片的其他张或其他文件等选项。

（6）设置完成后，单击 确定 按钮。

**提示**：“动作按钮”在自选图形里面也有，作用是一样的，如图 3.5.7 所示。

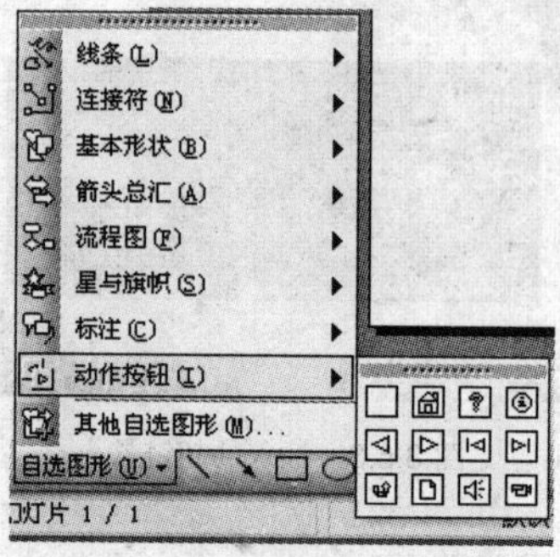


图 3.5.7　自选图形中的“动作按钮”

### 3.5.3　利用“动作设置”创建超链接

在幻灯片视图中，选中要创建超级链接的对象。选择 幻灯片放映(D) → 动作设置(A)... 命令，弹出 **动作设置** 对话框。其设置方法与 3.5.2 节中动作设置方法相同，在此不再讲述。

## 3.6　应用实例——制作“格言汇萃”演示文稿

本例制作“格言汇萃”演示文稿，效果如图 3.6.1 所示。

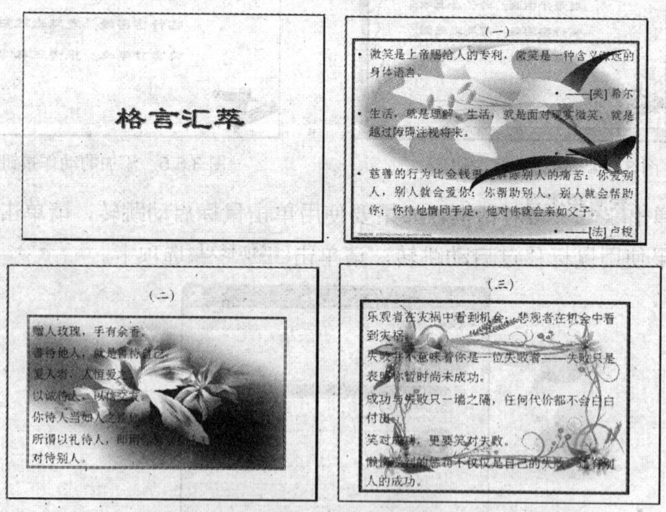


图 3.6.1　效果图

（1）启动 PowerPoint 2003，新建一个空白的演示文稿。

（2）在标题占位符中输入文本“格言汇萃”，删除副标题占位符。

（3）选中标题文本，选择 格式(O) → A 字体(F)... 命令，弹出 **字体** 对话框。在“中文字体”下拉列表中选择“隶书”，设置字形为“常规”，字号为“60”，在“效果”栏中选中 ☑阴影(A) 复选框，如图 3.6.2 所示。

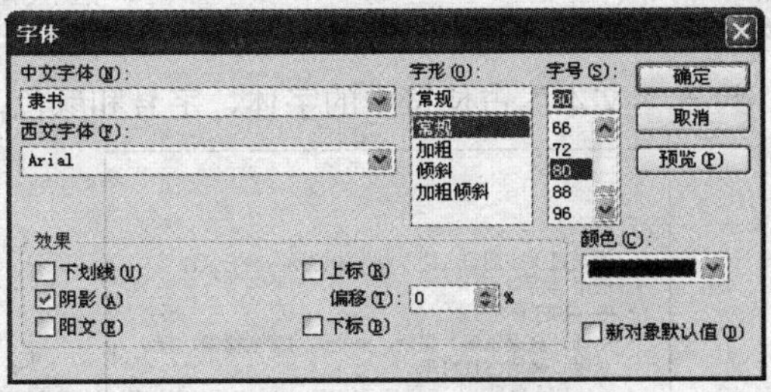


图 3.6.2 “字体”对话框

（4）在“颜色”下拉列表中选择 其他颜色(M)... 命令，弹出 颜色 对话框。在 标准 选项卡中选择一种颜色，如图 3.6.3 所示。

（5）单击 确定 按钮返回到 字体 对话框中，再单击 确定 按钮，效果如图 3.6.4 所示。

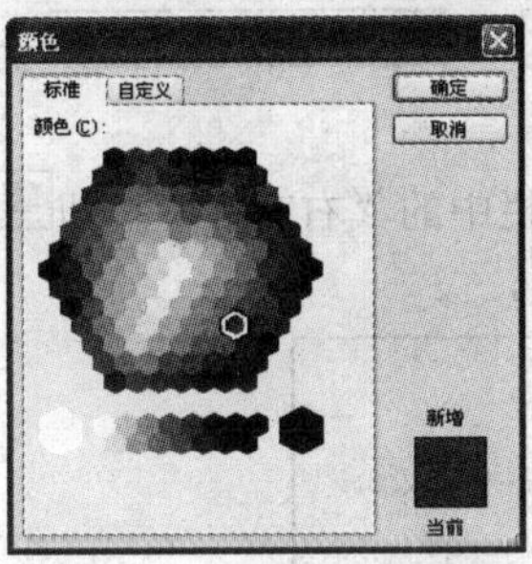


图 3.6.3 “颜色”对话框

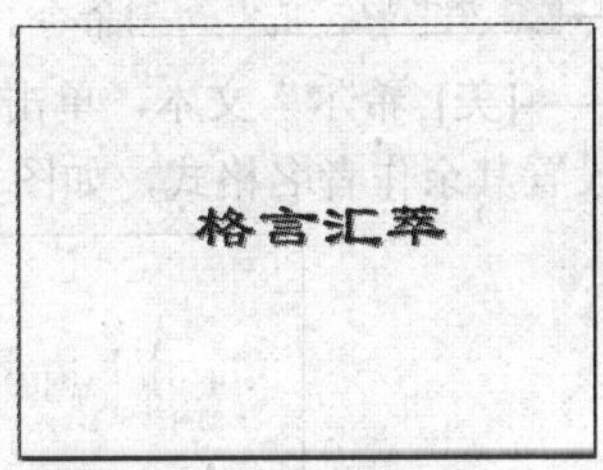


图 3.6.4 设置字体效果

（6）单击“常用”工具栏中的 新幻灯片(N) 按钮，新建一个幻灯片。

（7）在“幻灯片版式”任务窗格中，选择“标题和文本”，如图 3.6.5 所示。

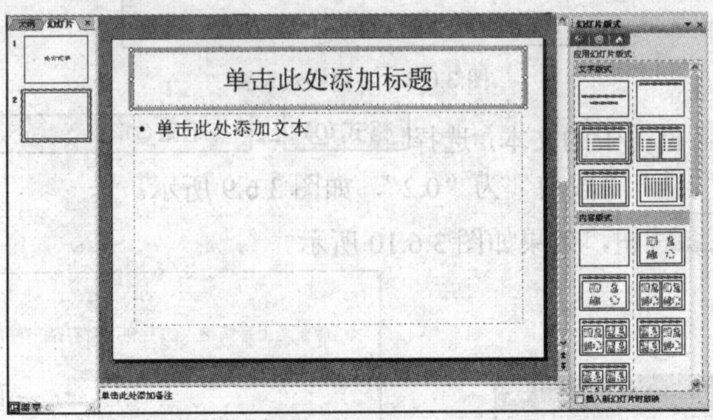


图 3.6.5 选择幻灯片版式

（8）在“标题”和“文本”占位符中分别输入文本，如图 3.6.6 所示。

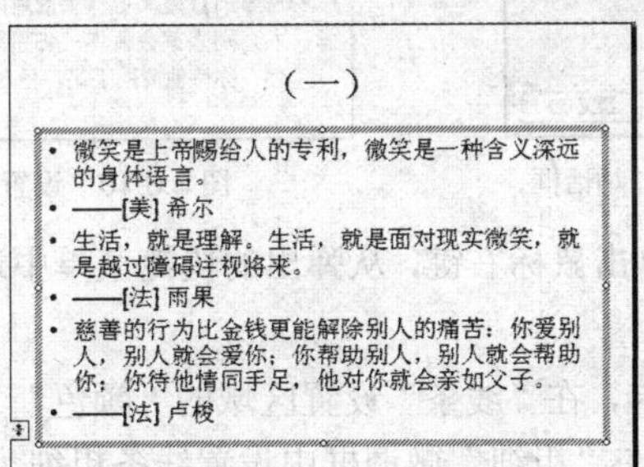


图 3.6.6 在占位符中输入文本

（9）选中标题文本，在“格式”工具栏中设置其字体为“华文楷体”、字号为“32”，字体颜色为“蓝色”。以同样的方法，设置“文本”占位符中的字体、字号和颜色，效果如图 3.6.7 所示。

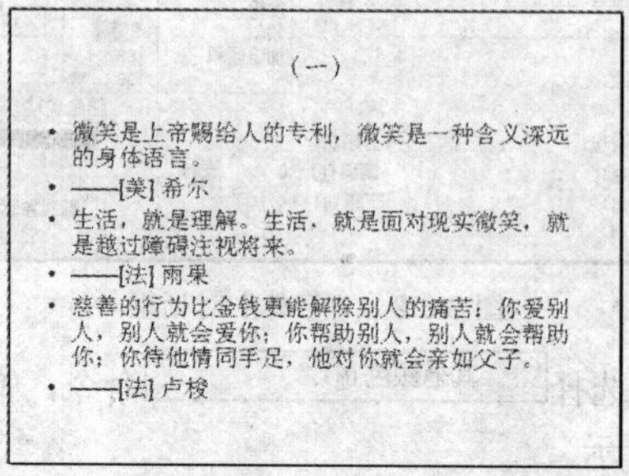


图 3.6.7　设置文本效果

（10）选中“文本”占位符，选择 格式(O) → 两端对齐(J) 命令和 格式(O) → 字体对齐方式(N) → 居中(C) 命令。

（11）选中“——[美] 希尔”文本，单击格式工具栏中的“右对齐”按钮，使作者名居中对齐。以同样的方法设置其余作者名格式，如图 3.6.8 所示。

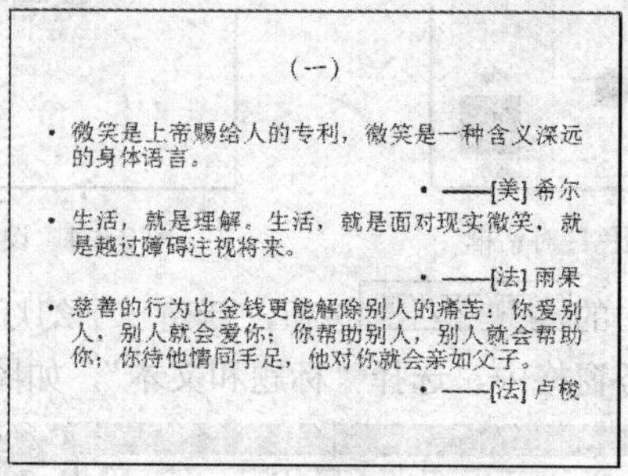


图 3.6.8　字体格式设置

（12）选中“文本”占位符中的文本，选择 格式(O) → 行距(S)... 命令，弹出 行距 对话框。设置“行距”为“1.3”，“段前”为“0.2”，如图 3.6.9 所示。

（13）单击 确定 按钮，效果如图 3.6.10 所示。

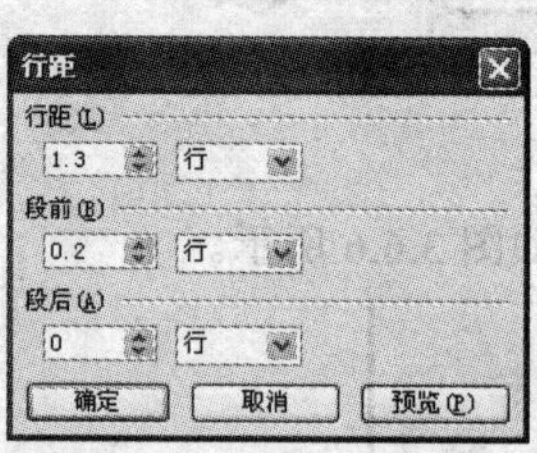


图 3.6.9　“行距”对话框

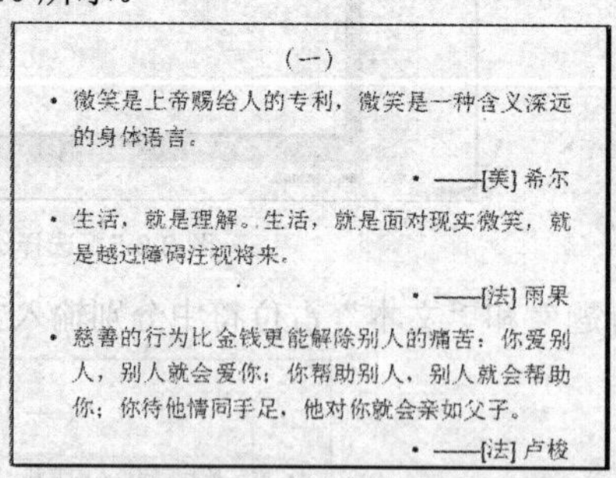


图 3.6.10　设置段间距效果

（14）在“文本”占位符中单击鼠标右键，从弹出的快捷菜单中选择 设置占位符格式(O)... 命令，弹出 设置文本框格式 对话框。

（15）打开 颜色和线条 选项卡，在“线条”设置区域的“颜色”下拉列表中选择“深红”；在“样式”下拉列表中选择一种样式；在“粗细”微调框中设置线条粗细为“6 磅”，如图 3.6.11 所示。

（16）在“填充”区域的“颜色”下拉列表中选择 填充效果(F)... 选项，弹出 填充效果 对话框框，打开"图片"选项卡，如图 3.6.12 所示。

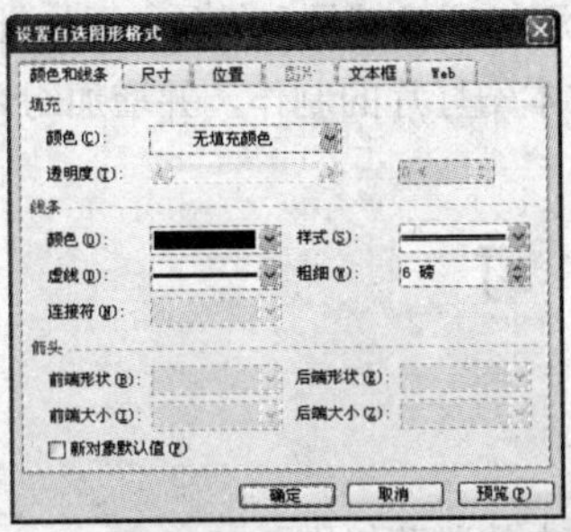

图 3.6.11 "设置自选图形格式"对话框

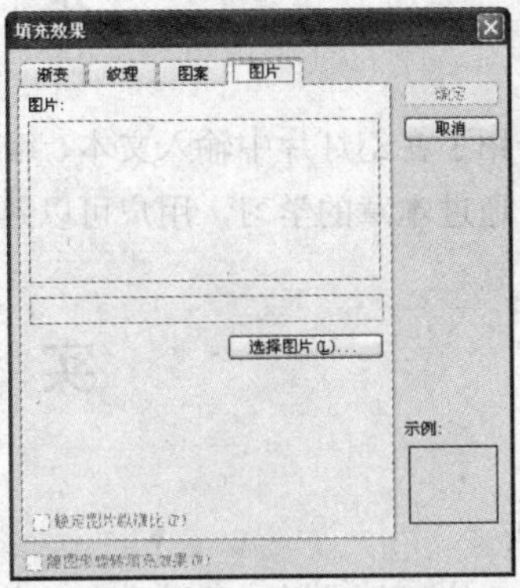

图 3.6.12 "填充效果"对话框

（17）单击"选择图片(L)..."按钮，弹出"选择图片"对话框，在"查找范围"下拉列表中选择需要插入的图片，单击"插入(S)"按钮返回"填充效果"对话框。

（18）单击"确定"按钮，再返回到"设置文本框格式"对话框。单击"确定"按钮返回幻灯片中，调整占位符的大小和位置，效果如图 3.6.13 所示。

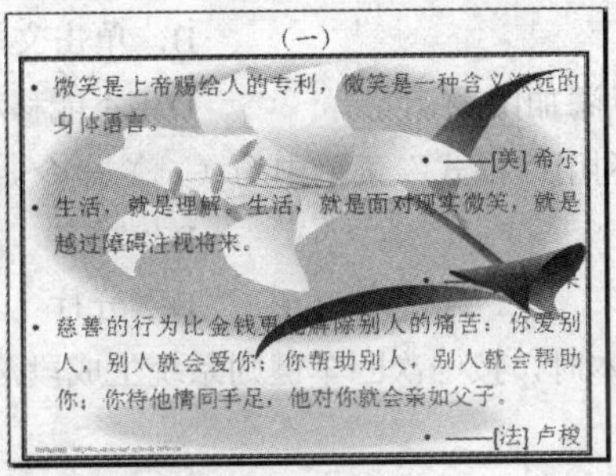

图 3.6.13 给占位符添加边框和填充效果

（19）按下"Ctrl+M"键插入一张新幻灯片，删除"文本"占位符。

（20）单击"绘图"工具栏中的"文本框"按钮，拖动鼠标在幻灯片中绘制一个横排文本框，然后在其中输入文本，设置其字体、字号、颜色和段落间距，效果如图 3.6.14 所示。

（21）选中文本框，单击鼠标右键，从弹出的快捷菜单中选择"设置文本框格式(O)..."命令，弹出"设置文本框格式"对话框。打开"颜色和线条"选项卡，设置其边框和填充效果，如图 3.6.15 所示。

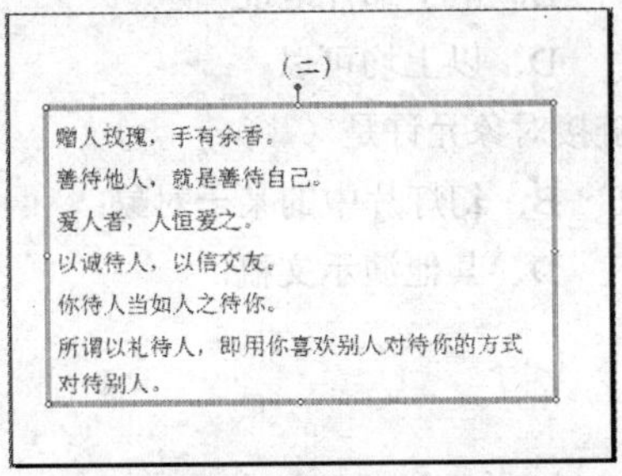

图 3.6.14 在文本框中输入文本

图 3.6.15 设置文本框边框和填充效果

（22）用同样的方法制作其余幻灯片，最终效果如图 3.6.1 所示。

## 本 章 小 结

本章主要介绍了在幻灯片中输入文本、编辑文本、添加项目符号和编号、添加批注和备注、添加超链接等内容。通过本章的学习，用户可以熟练掌握文本幻灯片的制作，并增加幻灯片的可读性。

## 实 训 练 习

### 一、填空题

1．通过________工具栏，可以改变“大纲”窗格中的段落级别。

2．在“大纲”窗格中，输入一级标题后按________快捷键可以创建二级标题。

3．在 PowerPoint 中，只有在________视图下，“超级链接”功能才起作用。

### 二、选择题

1．下列关于占位符的叙述中，正确的是（　）。

A．不能删除占位符　　B．单击文本占位符即可在其中添加文字

C．单击图表占位符可以添加图表　　D．不能移动占位符的位置

2．行距和段落间距的设置利用“格式”菜单中的（　）命令。

A．字体　　B．对齐

C．行距　　D．分行

3．在 PowerPoint 中输入文本时，按一次回车键则系统生成段落。如果是在段落中另起一行，需要按（　）键。

A．Ctrl+Enter　　B．Shift+Enter

C．Ctrl+Shift+Enter　　D．Ctrl+Shift+Del

4．幻灯片中占位符的作用是（　）。

A．表示文本长度　　B．限制插入对象的数量

C．表示图形大小　　D．为文本、图形预留位置

5．在幻灯片中插入的超级链接，可以链接到（　）。

A．Internet 上的 Web 页　　B．电子邮件地址

C．本地磁盘上的文件　　D．以上均可以

6．在幻灯片的“动作设置”对话框中设置的超链接对象允许是（　）。

A．下一张幻灯片　　B．幻灯片中的某一对象

C．一个应用程序　　D．其他演示文稿

### 三、简答题

1．在幻灯片中输入文本有哪几种方法？

2．如何设置文本框的边框和底纹？

3．怎样在幻灯片中添加图片项目符号？

4．怎样为幻灯片中的对象添加超链接？

**四、上机操作题**

1．启动 PowerPoint 2003 应用程序，进行如下操作：

（1）创建一个空白幻灯片。

（2）在占位符中输入文本。

（3）在绘制的文本框中输入内容，然后设置文本框的边框和底纹，设置字体格式，并对相关文本添加项目符号和编号。

2．制作一个期末学习总结演示文稿，要求：第一页作为目录，说明这学期所学课程，表现形式自拟；后面的内容通过超级链接形式来表现，要求至少 10 个页面，每一张的内容就是课程相关的复习内容，但表现方式不能完全一样。

# 第 4 章　在幻灯片中插入图形对象

PowerPoint 2003 提供了大量实用的剪贴画，使用它们可以丰富幻灯片的版面效果，除此之外，用户还可以从本地磁盘插入或从网络上复制需要的图片，制作图文并茂的幻灯片。自选图形、艺术字、组织结构图和相册的插入，也可用来表现演示文稿的特定主题。

## 知识要点

- 自选图形的绘制与编辑
- 插入与编辑图片
- 插入与编辑艺术字
- 插入组织结构图
- 插入相册

## 4.1　自选图形的绘制与编辑

使用“绘图”工具栏可以在幻灯片中绘制自选图形，本节主要介绍自选图形的绘制与编辑。

### 4.1.1　使用“绘图”工具栏

在默认状态下，“绘图”工具栏显示在 PowerPoint 2003 窗口的最下边，如图 4.1.1 所示。也可以选择 视图(V) → 工具栏(T) → 绘图 命令，打开“绘图”工具栏。

图 4.1.1　“绘图”工具栏

“绘图”工具栏中各个按钮的名称和功能如表 4.1 所示。

表 4.1　“绘图”工具栏各按钮的名称和功能

| 按　钮 | 名　称 | 功　能 |
|---|---|---|
| 绘图(R) ▾ | 绘图按钮 | 由对齐、重合移动图形对象等命令组成 |
|  | 选择对象按钮 | 用于选择幻灯片中的文本、图形对象和图表对象等 |
| 自选图形(U) ▾ | 自选图形按钮 | 插入自选图形，如线条、箭头、连接符等 |
|  | 直线按钮 | 绘制直线 |
|  | 箭头按钮 | 绘制带箭头的直线 |
|  | 矩形按钮 | 绘制矩形或者正方形 |
|  | 椭圆按钮 | 绘制椭圆或者圆形 |
|  | 文本框按钮 | 绘制文本框 |
|  | 竖排文本框按钮 | 绘制竖排文本框 |

续表

| 按　钮 | 名　称 | 功　能 |
|---|---|---|
| | 插入艺术字按钮 | 插入带有特殊效果的文字 |
| | 插入组织结构图和其他图示 | 创建组织结构图或者循环、射线、棱锥、维恩或目标图 |
| | 插入剪贴画按钮 | 插入剪辑库中的剪贴画 |
| | 插入图片按钮 | 插入已有的图片或其他类型的对象 |
| | 填充颜色按钮 | 添加、更改或者清除填充颜色或填充效果 |
| | 线条颜色按钮 | 添加、更改或者清除对象的线条颜色 |
| | 字体颜色按钮 | 设置所选文字的字体颜色 |
| | 线型按钮 | 设置选定对象的线形和线宽等 |
| | 虚线框按钮 | 设置用于所选图形或者边框的虚线或虚点线类型 |
| | 箭头样式按钮 | 设置所选箭头形状 |
| | 阴影按钮 | 为所选对象设置阴影效果 |
| | 三维效果按钮 | 为所选对象设置三维效果 |

**1．绘制直线、箭头**

在幻灯片中绘制自选图形的方法基本上是一致的，如果要绘制直线，单击“绘图”工具栏中的“直线”按钮，将鼠标放在幻灯片中，此时鼠标指针变成十形状，单击鼠标并拖动即可绘制直线，如图 4.1.2 所示。

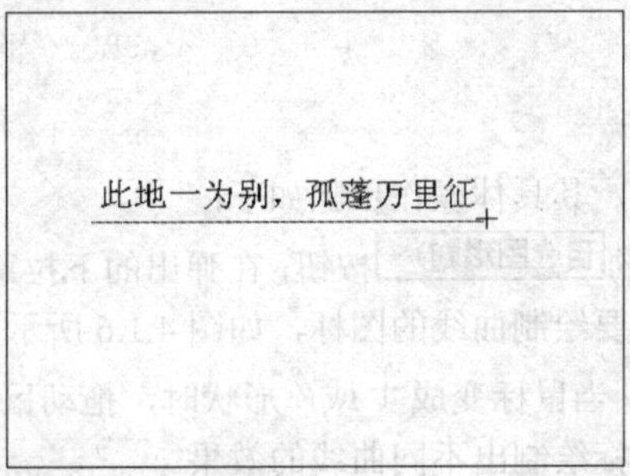


图 4.1.2　绘制直线

绘制箭头的方法与绘制直线的方法是一致的，单击“绘图”工具栏中的“箭头”按钮，将鼠标放在幻灯片中，当鼠标指针变成十形状，单击鼠标并拖动，可绘制箭头。双击绘制的箭头，可弹出**设置自选图形格式**对话框，如图 4.1.3 所示。在“箭头”设置区域的“后端形状”下拉列表中可以选择箭头的形状，如图 4.1.4 所示为箭头修改前和修改后的样式比较。

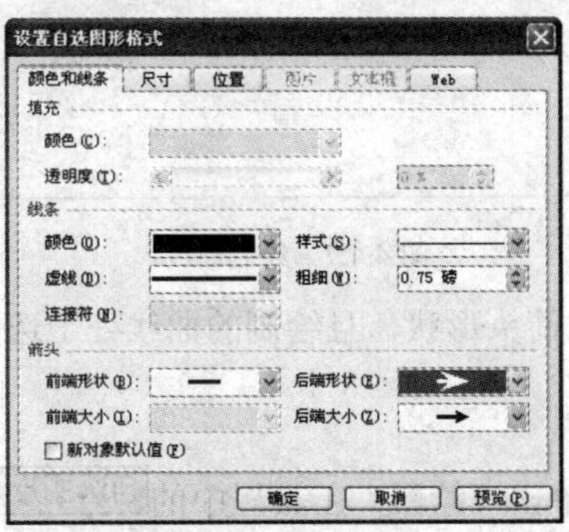


图 4.1.3　“设置自选图形格式”对话框

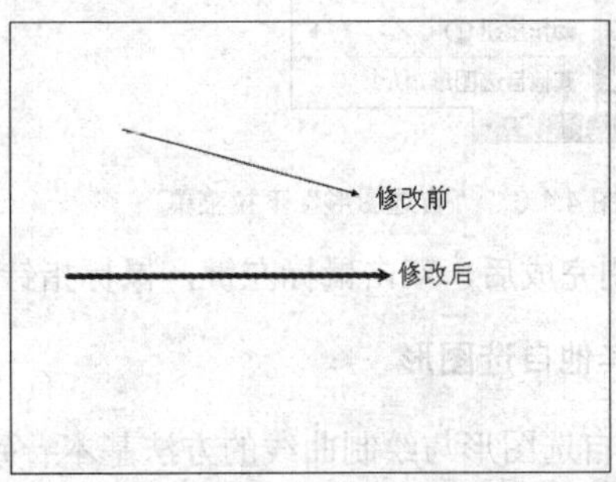


图 4.1.4　修改箭头样式

无论是绘制直线还是箭头，在拖动鼠标时，按住“Shift”键只能绘出 15° 倍数的直线，而不是任意角度的直线；如果按住“Ctrl”键，则绘出的直线以按下鼠标左键的位置为中心向两端延伸；如果按“Ctrl+Shift”快捷键，绘出的直线不仅以左键的位置为中心向两端延伸，而且角度只能是

15°的倍数。

### 2．绘制矩形、圆

在幻灯片中绘制矩形和绘制圆的方法是相同的，单击“绘图”工具栏中的“矩形”按钮，或“椭圆”按钮，将鼠标放在幻灯片中，此时鼠标指针会变成十形状，单击鼠标并拖动，可以绘制出矩形、正方形、椭圆或圆形，如图 4.1.5 所示。

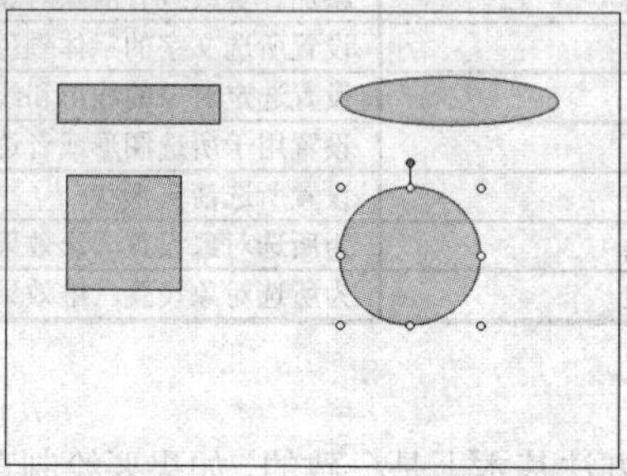

图 4.1.5　绘制矩形和圆形

在绘制矩形时，按住“Shift”键拖动鼠标可绘制正方形；在绘制圆形时，按住“Shift”键拖动鼠标可绘制圆形。

### 3．绘制曲线

如果要在幻灯片中绘制曲线，其具体操作步骤如下：

（1）单击“绘图”工具栏中的 自选图形(U) ▾ 按钮，在弹出的下拉菜单中选择 线条(L) ▸ 命令，然后在其子菜单中选择需要绘制曲线的图标，如图 4.1.6 所示。

（2）将鼠标放在幻灯片中，当鼠标变成十或✎形状时，拖动鼠标绘制曲线，如图 4.1.7 所示，从图中可看到选择不同的曲线图标绘制出不同曲线的效果。

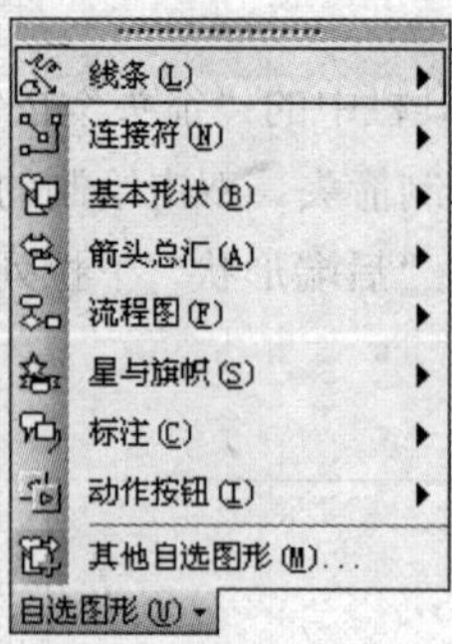


图 4.1.6　“自选图形”下拉菜单

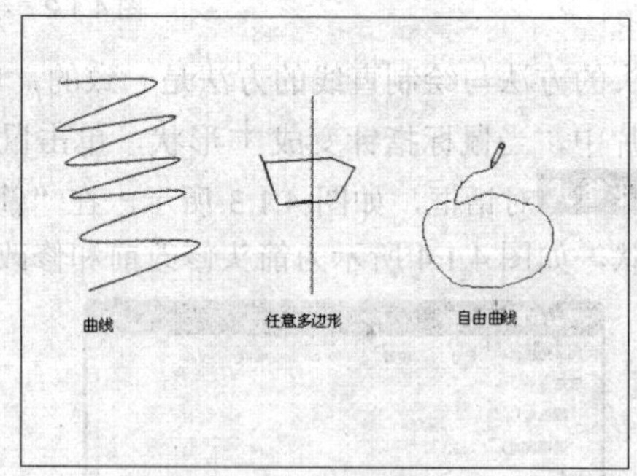


图 4.1.7　绘制曲线

（3）绘制完成后，双击鼠标左键，鼠标指针变成箭头形状，且绘制的曲线处于选中状态。

### 4．绘制其他自选图形

绘制其他自选图形与绘制曲线的方法基本一致，单击“绘图”工具栏中的 自选图形(U) ▾ 按钮，从弹出的下拉菜单中选择需要绘制的图形，然后将鼠标放在幻灯片中，当鼠标指针变成十形状时，拖动鼠标绘制所需的图形，也可以通过“自选图形”下拉菜单绘制“线条”“连接符”“基本形状”“箭头总汇”“流程图”“星与旗帜”“标注”“动作按钮”以及其他自选图形。如图 4.1.8 所示是通过“自选图形”下拉菜单中的命令图标绘制的自选图形。

图 4.1.8　绘制自选图形

## 4.1.2　修饰自选图形对象

自选图形绘制完成后，用户还可以对其进行个性化调整和设置。下面将介绍如何编辑与修饰自选图形。

### 1．选定自选图形

如果修改或移动自选图形，首先必须选定图形，选定自选图形的方法有以下 3 种。

（1）选定一个图形，可以单击图形，使该图形的四周出现控制点。

（2）选定多个图形，先按住“Shift”键，然后分别单击需要选定的图形即可。

（3）如果要选定集中在一起的图形，单击“绘图”工具栏中的“选择对象”按钮，然后拖动鼠标框选图形，在拖动时会出现一个虚线框，当要选定的图形全部被框住时，松开鼠标左键即可。

### 2．设置颜色和线条

如果要改变自选图形的填充颜色或边框颜色，其具体操作步骤如下：

（1）选定要改变填充颜色和边框颜色的自选图形。

（2）单击鼠标右键，从弹出的快捷菜单中选择 设置自选图形格式(O)... 命令，弹出 **设置自选图形格式** 对话框，如图 4.1.9 所示。

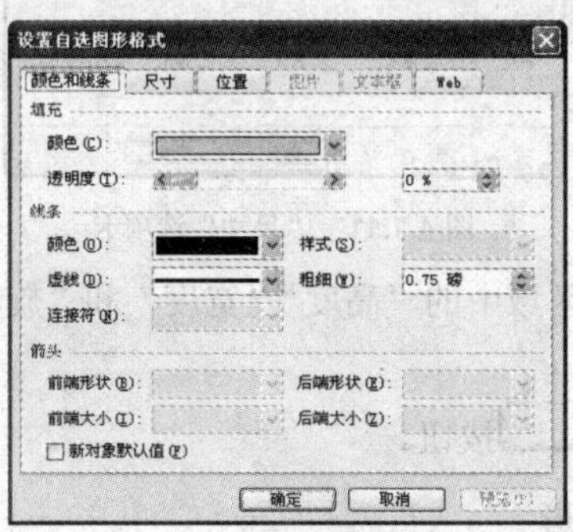


图 4.1.9　“设置自选图形格式”对话框

（3）打开 颜色和线条 选项卡，在“填充”设置区域的“颜色”下拉列表中选择自选图形的填充颜色；在“线条”设置区域的“颜色”下拉列表中选择自选图形的边框颜色。

（4）设置完成后单击 确定 按钮即可。

在自选图形中添加图片效果，其具体操作步骤如下：

（1）选定要添加图片的图形，弹出设置自选图形格式对话框。

（2）在“填充”设置区域的“颜色”下拉列表中选择填充效果(F)...选项，弹出填充效果对话框。

（3）打开图片选项卡，单击选择图片(L)...按钮，然后在弹出的选择图片对话框中选择需要插入的图片，单击插入(S)按钮。

（4）返回到填充效果对话框，单击确定按钮，再返回到设置自选图形格式对话框，再单击确定按钮，添加图片后的效果如图 4.1.10 所示。

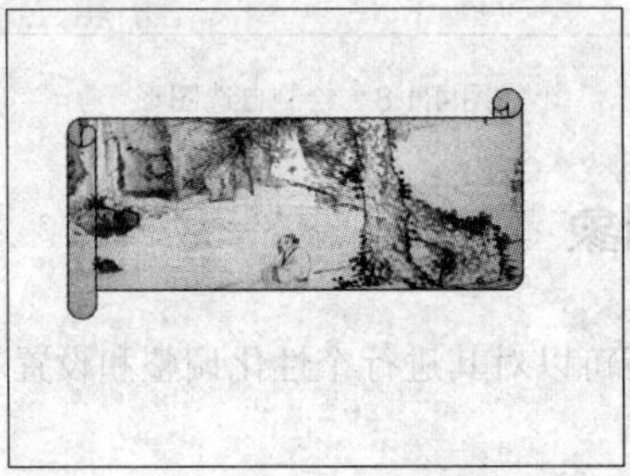

图 4.1.10　在自选图形中添加图片效果

### 3．设置大小

同样可以在设置自选图形格式对话框中设置自选图形的大小，其具体操作步骤如下：

（1）选定要设置大小的自选图形。

（2）单击鼠标右键，从弹出的快捷菜单中选择设置自选图形格式(O)...命令，弹出设置自选图形格式对话框，打开尺寸选项卡，如图 4.1.11 所示。

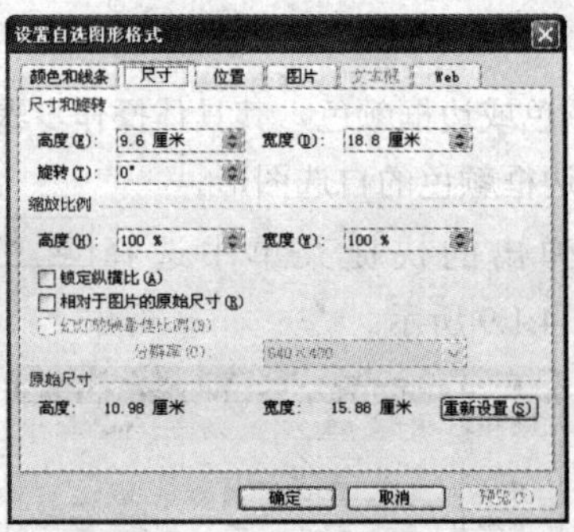


图 4.1.11　“尺寸”选项卡

（3）在“尺寸和旋转”设置区域中的“高度”“宽度”和“旋转”微调框中设置数值，调整自选图形的高度、宽度以及旋转角度。

（4）设置完成后单击确定按钮。

### 4．剪切、复制和粘贴自选图形

自选图形也可以像图形对象一样进行剪切、复制和粘贴等基本操作，其具体操作步骤如下：

（1）选中要进行剪切、复制和粘贴等操作的自选图形。

（2）选择编辑(E)→复制(C) Ctrl+C/剪切(T) Ctrl+X命令，复制或剪切自选图形。

（3）单击要粘贴的位置，选择编辑(E)→粘贴(P) Ctrl+V命令，粘贴自选图形，如

图 4.1.12 所示。

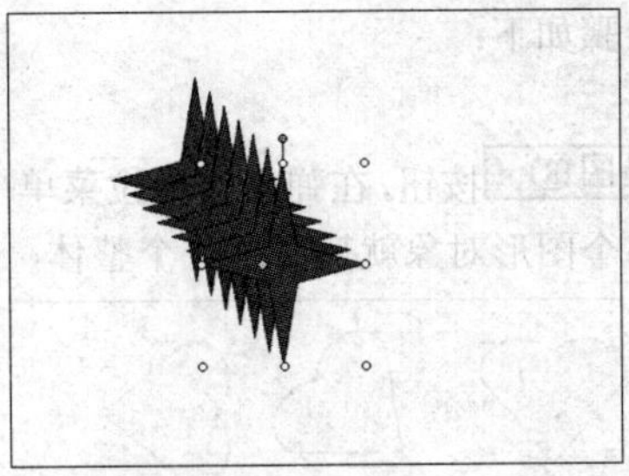

图 4.1.12　图形的副本

**技巧**：复制自选图形的快捷键为“Ctrl+C”，剪切自选图形的快捷键为“Ctrl+X”，粘贴自选图形的快捷键为“Ctrl+V”。

**5．阴影和三维效果**

在制作幻灯片的过程中，为了使绘制的自选图形具有立体效果，可以在幻灯片中为其设置阴影和三维效果，其具体操作步骤如下：

（1）选定要设置阴影或三维效果的图形。

（2）如果要设置阴影，单击“绘图”工具栏中的“阴影样式”按钮，弹出如图 4.1.13 所示的阴影列表框，在该列表框中选择需要的阴影样式。也可以选择 阴影设置(S)... 选项，打开“阴影设置”工具栏，在该工具栏中设置阴影效果，如图 4.1.14 所示。

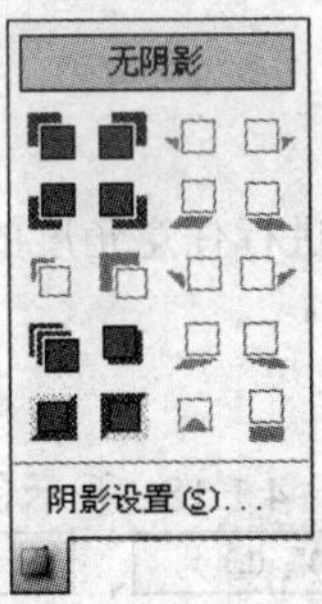


图 4.1.13　阴影列表框

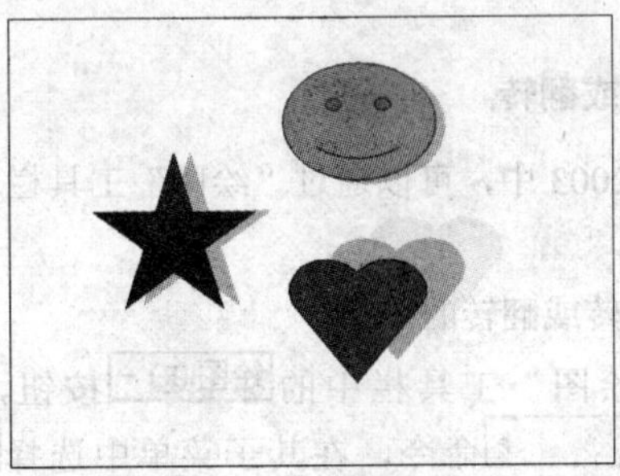

图 4.1.14　设置的阴影效果

（3）如果要设置三维效果，单击“绘图”工具栏中的“三维效果样式”按钮，弹出如图 4.1.15 所示的三维样式列表框，在该列表框中选择需要的三维样式。也可以选择 三维设置(3)... 选项，打开“三维设置”工具栏，在该工具栏中设置三维立体效果，如图 4.1.16 所示。

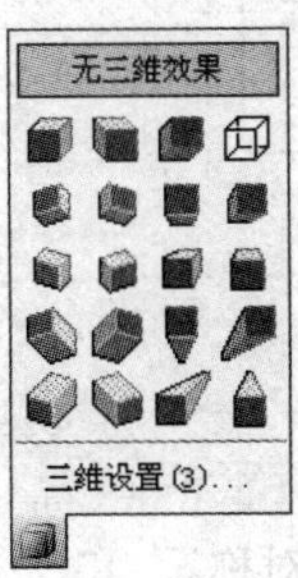


图 4.1.15　三维样式列表框

图 4.1.16　三维立体效果

### 6. 组合和取消组合图形对象

组合图形对象，其具体操作步骤如下：

（1）选中要组合的图形对象。

（2）单击“绘图”工具栏中的 绘图(R) 按钮，在弹出的下拉菜单中选择 组合(G) 命令，组合图形对象后，原来的多个图形对象就变成了一个整体，如图 4.1.17 所示。

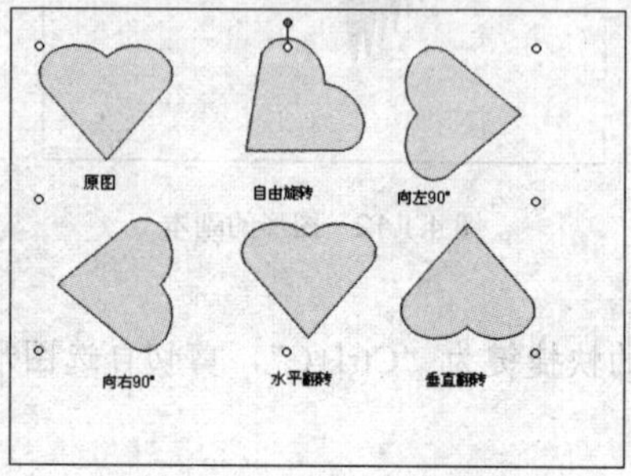


图 4.1.17 组合后的效果

**提示**：对于组合后的图形对象，可以像处理单一的图形一样进行旋转、翻转、添加阴影、填充等操作。

取消组合图形对象，其具体操作步骤如下：

（1）单击组合后的图形对象。

（2）单击“绘图”工具栏中的 绘图(R) 按钮，在弹出的下拉菜单中选择 取消组合(U) 命令即可。

### 7. 图形的旋转或翻转

在 PowerPoint 2003 中，可以通过“绘图”工具栏对自选图形进行任意角度的旋转，具体操作步骤如下：

（1）选定要旋转或翻转的图形。

（2）单击“绘图”工具栏中的 绘图(R) 按钮，弹出如图 4.1.18 所示的下拉菜单，选择 旋转或翻转(P) 命令，在其子菜单中选择 向左旋转 90°(L)、向右旋转 90°(R)、水平翻转(H) 或 垂直翻转(V) 命令，旋转或翻转图形。

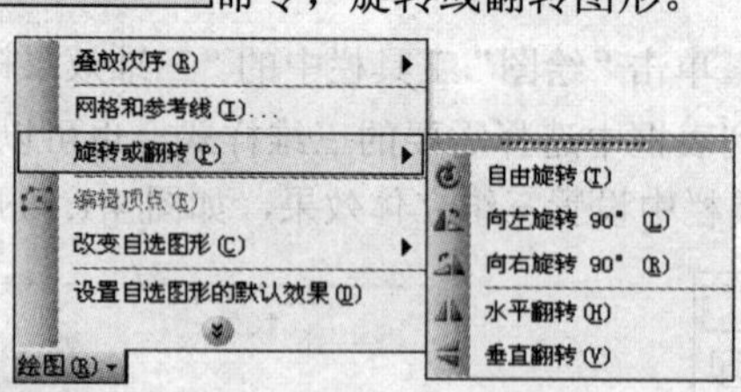


图 4.1.18 “旋转或翻转”下拉菜单

自由旋转(T) 命令：可以自由旋转图形。

向左旋转 90°(L) 命令：将图形逆时针旋转 90°。

向右旋转 90°(R) 命令：将图形顺时针旋转 90°。

水平翻转(H) 命令：使翻转后的图形对象与原图以 Y 轴对称。

垂直翻转(V) 命令：使翻转后的图形对象与原图以 X 轴对称。

（3）如果要同时旋转或翻转多个图形对象，可以按住“Shift”键，选中要进行旋转或翻转的所有图形对象，最后选择相应的命令，同时旋转或翻转多个图形对象，如图 4.1.19 所示为旋转和翻转的效果。

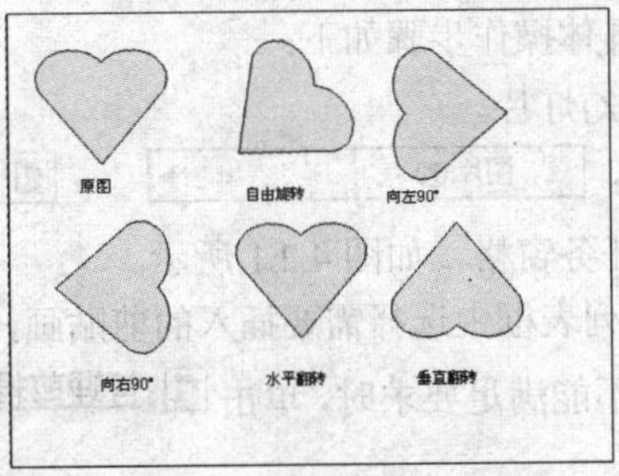


图 4.1.19　旋转和翻转效果

### 8. 图形对象的叠放次序

在同一区域中绘制多个图形对象时，后绘制的图形将覆盖前面的图形。如果要改变图形对象的叠放次序，其具体操作步骤如下：

（1）选定要叠放次序的图形对象。

（2）单击“绘图”工具栏中的“绘图(D)”按钮，在弹出的下拉菜单中选择“叠放次序(R)”命令，然后根据需要选择相应的命令，如图 4.1.20 所示。

（3）如果要将图形对象置于顶层，选择“置于顶层(T)”命令；如果要将图形对象置于底层，选择“置于底层(K)”命令，如图 4.1.21 所示。

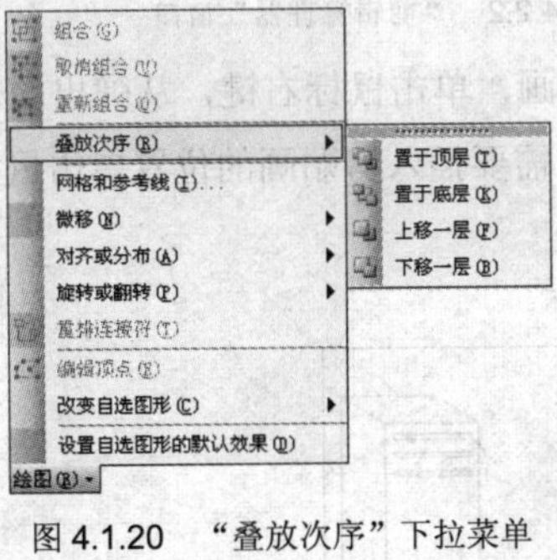


图 4.1.20　“叠放次序”下拉菜单

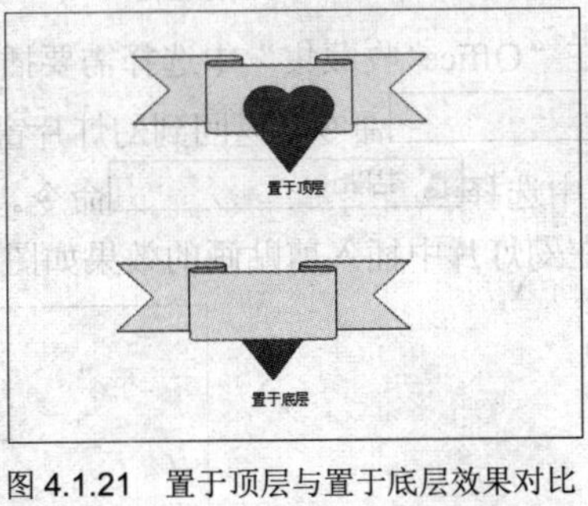


图 4.1.21　置于顶层与置于底层效果对比

（4）如果在一个区域中重叠了两个以上的图形对象，可以选择“上移一层(F)”或“下移一层(B)”命令，逐层移动图形对象。

## 4.2　插入与编辑图片

在演示文稿中插入图片，可以使演示文稿图文并茂，更加生动形象地阐述其主题和要表达的思想。需要注意的是，在插入图片时，要充分考虑幻灯片的主题，使图片和主题和谐一致。

### 4.2.1　插入图片

下面主要介绍如何在幻灯片中插入剪贴画中的图片和来自文件的图片。

### 1. 插入剪贴画

PowerPoint 2003 附带的剪贴画库内容非常丰富，所有的图片都经过专业设计。这些图片设计精美、构思巧妙，能够表达不同的主题，适合于制作各种不同风格的演示文稿。

在幻灯片中插入剪贴画，其具体操作步骤如下：

（1）打开需要插入剪贴画的幻灯片。

（2）选择 插入(I) → 图片(P) → 剪贴画(C)... 命令，打开 剪贴画 任务窗格，如图 4.2.1 所示。

（3）在“结果类型”下方的列表框中选择需要插入的剪贴画，选中该图片即可。

（4）如果列表框中的剪贴画不能满足要求时，单击 管理剪辑... 超链接，打开 剪辑管理器 窗口，如图 4.2.2 所示。

图 4.2.1 “剪贴画”任务窗格

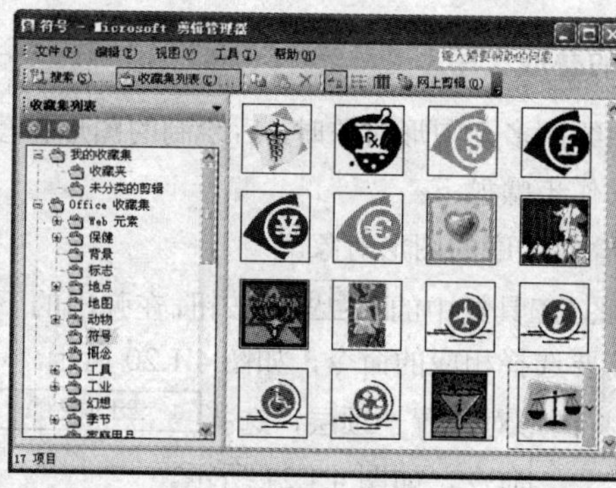


图 4.2.2 “剪辑管理器”窗口

（5）在“Office 收藏集”中选择需要插入的剪贴画，单击鼠标右键，从弹出的快捷菜单中选择 复制(C) 命令，返回到幻灯片窗格中，在需要插入剪贴画的位置单击鼠标右键，从弹出的快捷菜单中选择 粘贴(P) 命令。

（6）在幻灯片中插入剪贴画的效果如图 4.2.3 所示。

图 4.2.3 插入剪贴画效果

### 2. 插入来自文件的图片

用户除了插入 PowerPoint 2003 附带的剪贴画之外，还可以插入本地磁盘中的现有图片。这些图片可以是 Windows 的标准 BMP 位图，也可以是其他应用程序创建的图片，从互联网上下载的或通过扫描仪及数码相机输入的图片。

插入来自文件的图片，其具体操作步骤如下：

（1）打开需要插入图片的幻灯片。

（2）选择 插入(I) → 图片(P) → 来自文件(F)... 命令，弹出 插入图片 对话框，如图 4.2.4 所示。

图 4.2.4　“插入图片”对话框

（3）在“查找范围”下拉列表中选择需要插入的图片，单击 插入(S) 按钮，效果如图 4.2.5 所示。

图 4.2.5　插入图片效果

## 4.2.2　编辑图片

当图片插入到演示文稿之后，用户可以调整其位置、大小，也可以根据需要对其进行裁剪，调整对比度和亮度，添加边框，设置透明色等操作。

### 1. “图片”工具栏

选择 视图(V) → 工具栏(T) 命令，或者用鼠标右键单击插入的图片，从弹出的快捷菜单中选择 显示“图片”工具栏(L) 命令，打开“图片”工具栏，如图 4.2.6 所示。

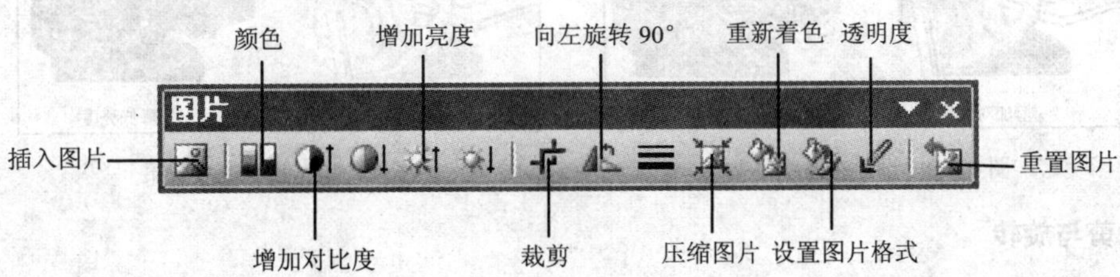


图 4.2.6　“图片”工具栏

“图片”工具栏中部分工具按钮的作用如下：

“插入图片”按钮：单击该按钮将打开“插入图片”对话框。

“颜色”按钮：单击该按钮将打开“自动”“灰度”“黑白”和“冲蚀”4 个选项，可为图片设置不同的颜色效果。

“裁剪”按钮：使用该工具按钮可以删除图片的多余部分。

“压缩图片”按钮：该工具按钮可以对图片进行压缩，减小文件大小，以节省硬盘空间或减少下载时间。

“图片重新着色”按钮：可以更改插入到演示文稿中的图形颜色。

“设置透明色”按钮：单击该按钮，可以让图片中的某种颜色区域透明显示。

“重设图片”按钮：单击该按钮，可删除插入图片后所做的所有设置，还原到刚插入时的状态。

### 2．设置图片颜色

单击“图片”工具栏中的“颜色”按钮，弹出如图 4.2.7 所示的下拉列表，选择 自动(A) 、 灰度(G) 、 黑白(B) 或 冲蚀(W) 选项，对选中的图片进行简单的颜色设置，其中灰度的效果如图 4.2.8 所示。

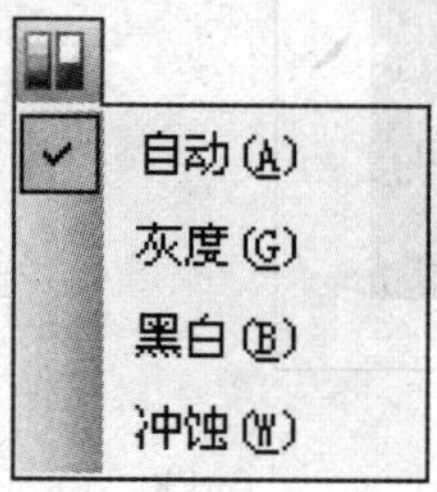


图 4.2.7 “颜色”下拉列表

图 4.2.8 灰度效果

### 3．设置图片对比度和亮度

选中一张图片，分别单击“图片”工具栏上的“增加对比度”按钮、“降低对比度”按钮、“增加亮度”按钮和“降低亮度”按钮，对图片进行对比度和亮度设置，如图 4.2.9 和图 4.2.10 所示。

图 4.2.9 设置对比度效果

图 4.2.10 设置亮度效果

### 4．裁剪与旋转

选中图片，单击“图片”工具栏中的“裁剪”按钮，此时被选中的图片周围出现由 8 个较粗的黑色短线组成的裁剪标志，鼠标指针变成 形状，按住鼠标左键拖动即可裁剪图片，如图 4.2.11

所示。

选中图片，单击“图片”工具栏中的“向左旋转 90°”按钮，旋转图片，如图 4.2.12 所示。

图 4.2.11　裁剪图片

图 4.2.12　旋转图片

## 5. 压缩图片

由于图片的存储空间很大，为了节省硬盘空间或减少下载时间，可以对插入的图片进行压缩，以减小文件的大小。一般情况下，用于 Web 或屏幕放映的图像，分辨率可为 96 dpi（点每英寸）；用于打印的图像，分辨率可为 200 dpi。

单击“图片”工具栏中的“压缩图片”按钮，将弹出压缩图片对话框，如图 4.2.13 所示。用户可以根据自己的需要对演示文稿中的图片进行压缩。

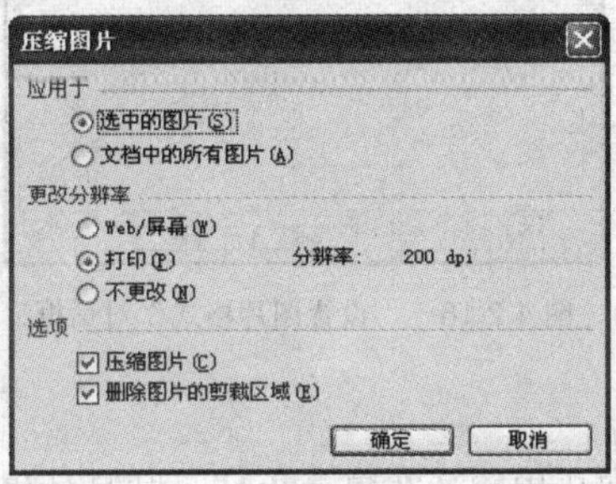


图 4.2.13　“压缩图片”对话框

## 6. 重新着色

在 PowerPoint 2003 中，可以对演示文稿中的 Windows 原文件（.wmf）等矢量图形进行重新着色设置，其具体操作步骤如下：

（1）选定要重新着色的图片。

（2）单击“图片”工具栏中的“重新着色”按钮，弹出图片重新着色对话框，如图 4.2.14 所示。

图 4.2.14　“图片重新着色”对话框

（3）在“更改为”列表框中重新选择颜色，设置完成后单击确定按钮，效果如图 4.2.15 所示。

图 4.2.15 重新着色效果

### 7. 设置图片格式

双击插入的图片或单击“图片”工具栏中的“设置图片格式”按钮，弹出设置图片格式对话框，如图 4.2.16 所示，在该对话框中可以设置图片的颜色、尺寸、对比度及亮度等，用户可以根据自己的需要在颜色和线条、尺寸或位置等选项卡中对图片进行精确设置。

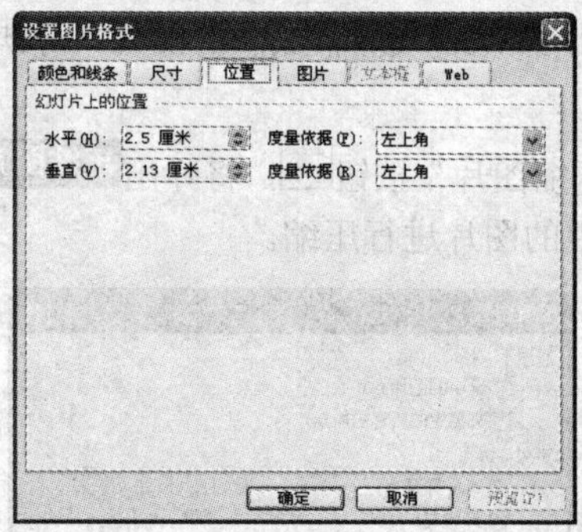


图 4.2.16 “设置图片格式”对话框

### 8. 设置透明度

为图片设置透明度，即可将图片周围的背景色去掉，其具体操作步骤如下：

（1）选定要设置透明度的图片。

（2）单击“图片”工具栏中的“设置透明度”按钮，将鼠标移至图片处，当鼠标指针变成形状时，单击鼠标即可，如图 4.2.17 所示。

图 4.2.17 设置透明度

## 4.3 插入与编辑艺术字

通过字体的格式化操作可以将文本设置为不同的字体，但这远远不能满足演示文稿对文本艺术性的设计需求，这时使用艺术字往往能够达到强烈的视觉冲击效果。

### 4.3.1　插入艺术字

在幻灯片中插入艺术字，其具体操作步骤如下：

（1）打开需要插入艺术字的幻灯片。

（2）选择 插入(I) → 图片(P) → 艺术字(W)... 命令，或者单击“绘图”工具栏上的“插入艺术字”按钮，弹出 艺术字库 对话框，如图 4.3.1 所示。

图 4.3.1　“艺术字库”对话框

（3）在“请选择一种‘艺术字’样式”列表框中选择一种样式（见图 4.3.1），单击 确定 按钮，弹出 编辑“艺术字”文字 对话框，在“文字”文本框中输入要插入的艺术字，在“字体”下拉列表中选择字体样式，在“字号”下拉列表中选择字号大小，如图 4.3.2 所示。

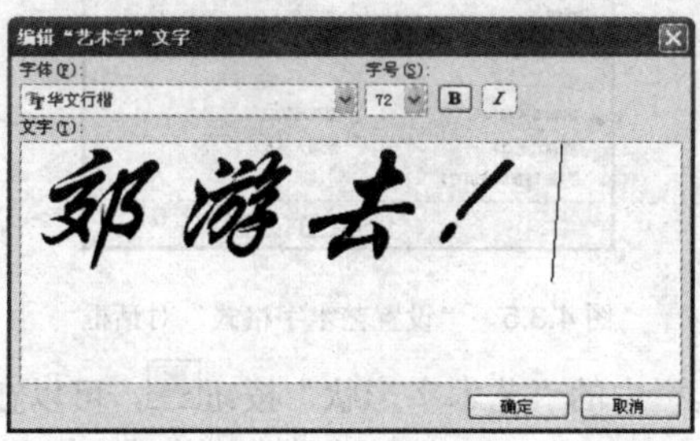


图 4.3.2　“编辑‘艺术字’文字”对话框

（4）设置完成后单击 确定 按钮，效果如图 4.3.3 所示。

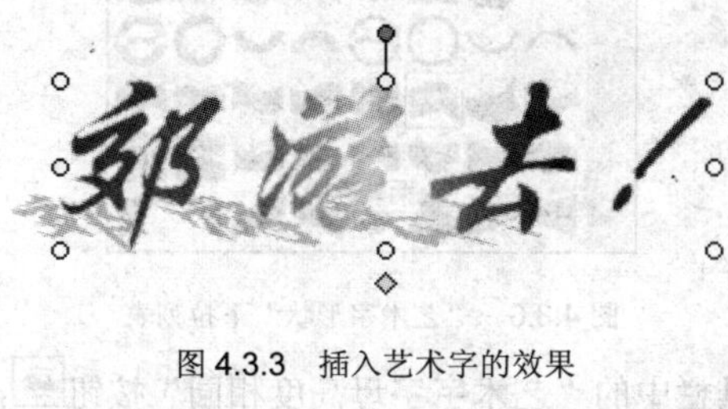


图 4.3.3　插入艺术字的效果

### 4.3.2　编辑艺术字

艺术字是一种特殊的图形文字，常被用来表现幻灯片的标题文字。用户既可以像对普通文字一样设置其字号、加粗、倾斜等效果，也可以像图形对象那样设置它的边框、填充等属性，还可以对其进行大小调整、旋转或添加阴影、三维效果等。

在插入艺术字后，会自动打开“艺术字”工具栏，也可以通过选择 视图(V) → 工具栏(T) → 艺术字 命令，打开该工具栏，如图 4.3.4 所示。

图 4.3.4 “艺术字”工具栏

（1）单击“艺术字”工具栏中的“插入艺术字”按钮，弹出 艺术字库 对话框，可以在幻灯片中插入艺术字。

（2）单击“艺术字”工具栏中的 编辑文字(X)... 按钮，弹出 编辑“艺术字”文字 对话框，可以在该对话框中修改插入的艺术字。

（3）单击“艺术字”工具栏中的“艺术字库”按钮，弹出 艺术字库 对话框，可以为已经插入的艺术字重新选择样式。

（4）单击“艺术字”工具栏中的“设置艺术字格式”按钮，弹出 设置艺术字格式 对话框，如图 4.3.5 所示，可以在该对话框中设置艺术字的颜色、尺寸及位置等。

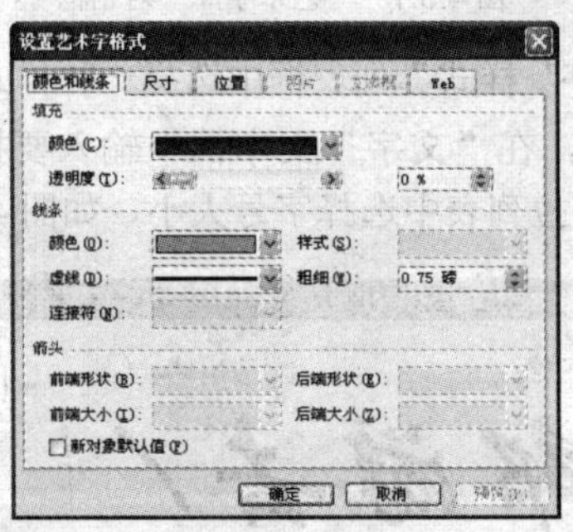


图 4.3.5 “设置艺术字格式”对话框

（5）单击“艺术字”工具栏中的“艺术字形状”按钮，可以在其下拉列表中选择一种艺术字形状，如图 4.3.6 所示。

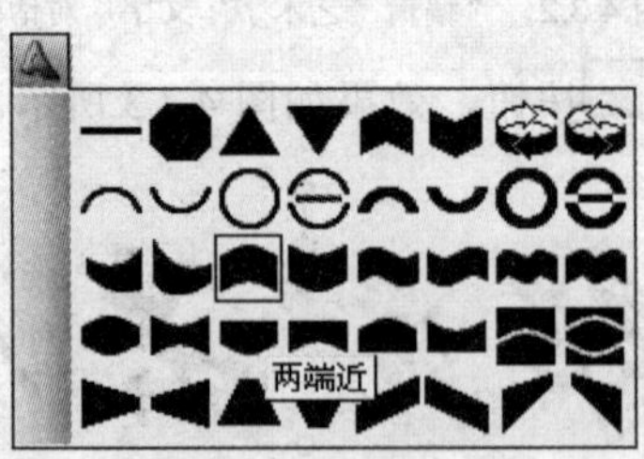


图 4.3.6 “艺术字形状”下拉列表

（6）单击“艺术字”工具栏中的“艺术字字母高度相同”按钮，将使选中的艺术字中所有字母的高度相同。

（7）单击“艺术字”工具栏中的“艺术字竖排文字”按钮，将使选中的艺术字变成竖排文字。

（8）单击“艺术字”工具栏中的“艺术字对齐方式”按钮，在其下拉列表中选择艺术字的对齐方式，如图 4.3.7 所示。

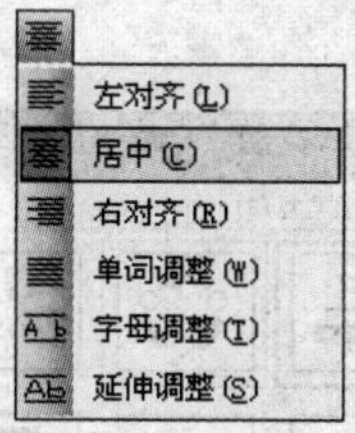


图 4.3.7　“艺术字对齐方式”下拉列表

（9）单击“艺术字”工具栏中的“艺术字字符间距”按钮，在其下拉列表中选择一种艺术字符的间隔状态。

通过“艺术字”工具栏设置的艺术字效果，如图 4.3.8 所示。

图 4.3.8　设置艺术字效果

## 4.4　插入组织结构图

有时用户要采用一些形象的表示结构、层次、关系的图形来表明某单位或部门的结构层次。一般要在幻灯片中插入组织结构图，以体现文稿的结构特性。组织结构图是 PowerPoint 中一种常用的图形对象，它可以清楚地展示组织结构的各种信息。

### 4.4.1　添加组织结构图

添加组织结构图包括利用幻灯片版式创建组织结构图和通过命令插入组织结构图。

**1．利用幻灯片版式创建组织结构图**

利用幻灯片版式创建组织结构图，其具体操作步骤如下：

（1）启动 PowerPoint 2003 应用程序，创建一个包含有组织结构图的幻灯片，如图 4.4.1 所示。

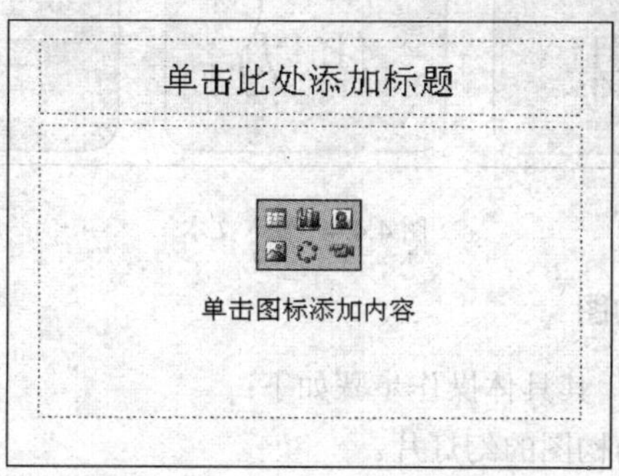


图 4.4.1　包含组织结构图的幻灯片

（2）在包含有组织结构图的占位符中，单击“插入结构图或其他图示”按钮，弹出图示库对话框，如图 4.4.2 所示。

图 4.4.2 “图示库”对话框

（3）在“选择图示类型”列表框中选择一种结构图类型，单击 确定 按钮，在幻灯片中插入组织结构图的效果如图 4.4.3 所示。

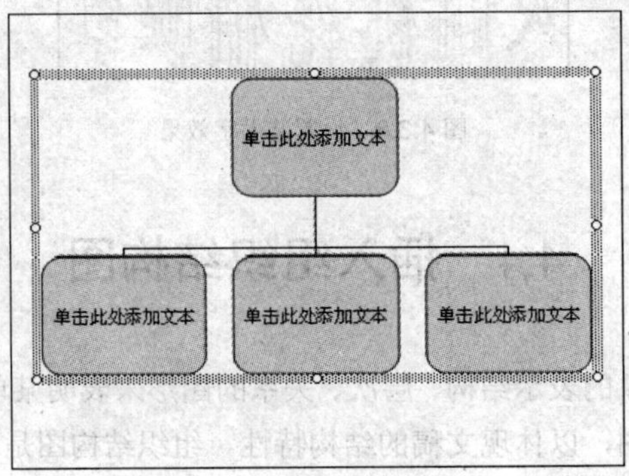


图 4.4.3 插入组织结构图

（4）单击“单击此处添加文本”文本框，并在其中输入文本，如图 4.4.4 所示。

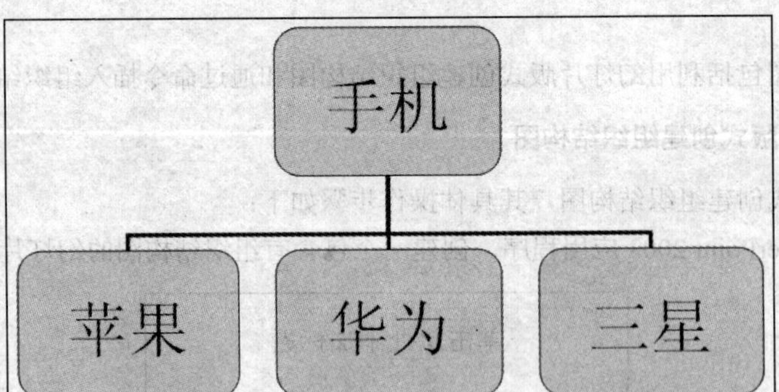


图 4.4.4 输入文本

**2．通过命令创建组织结构图**

通过命令创建组织结构图，其具体操作步骤如下：

（1）打开需要插入组织结构图的幻灯片。

（2）选择 插入(I) → 图示(G)... 命令，弹出 图示库 对话框，在“选择图示类型”列表框中选择一种结构图类型，单击 确定 按钮插入组织结构图。

## 4.4.2　编辑组织结构图

编辑组织结构图包含添加组织结构图、设置组织结构图的大小及位置、更改组织结构图样式。

### 1．添加组织结构图

制作一些比较复杂的组织结构图时，就需要对一些简单的组织结构图添加文本框，使其满足用户的要求，添加组织结构图的具体操作步骤如下：

（1）打开一个简单的组织结构图，如图 4.4.5 所示。

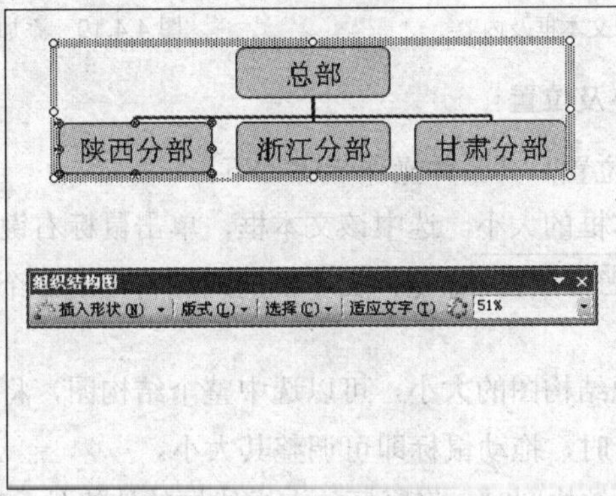


图 4.4.5　打开的一个组织结构图

（2）打开“组织结构图”工具栏，如图 4.4.6 所示。

图 4.4.6　“组织结构图”工具栏

（3）在如图 4.4.5 所示的组织结构图中选中“陕西分部”文本框，单击“组织结构图”工具栏中的 插入形状(N) 按钮，在其下拉菜单中选择 下属(S) 命令，在该文本框下方插入新文本框，如图 4.4.7 所示。

（4）在新添加的文本框中输入内容，效果如图 4.4.8 所示。

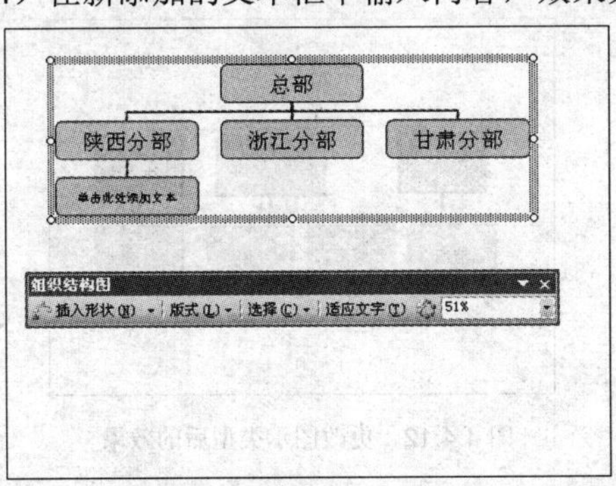


图 4.4.7　添加文本框

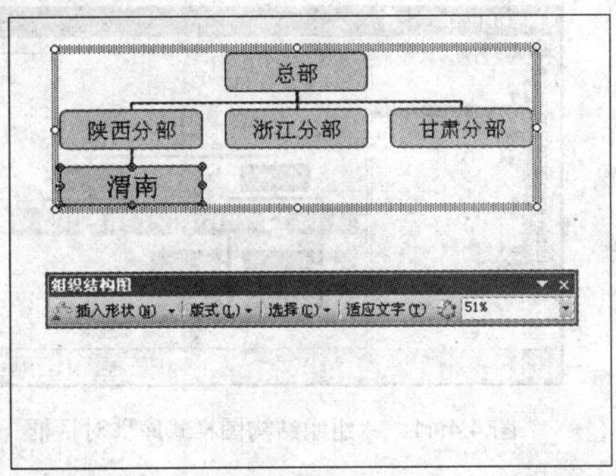


图 4.4.8　输入文本

（5）选中新添加的文本框，单击“组织结构图”工具栏中的 插入形状(N) 按钮，在其下拉菜单中选择 同事(C) 命令，在该文本框的旁边新添加文本框，并在其中输入内容，效果如图 4.4.9 所示。

（6）以同样的方法在其他文本框的下方添加新文本框，并输入内容，效果如图 4.4.10 所示。

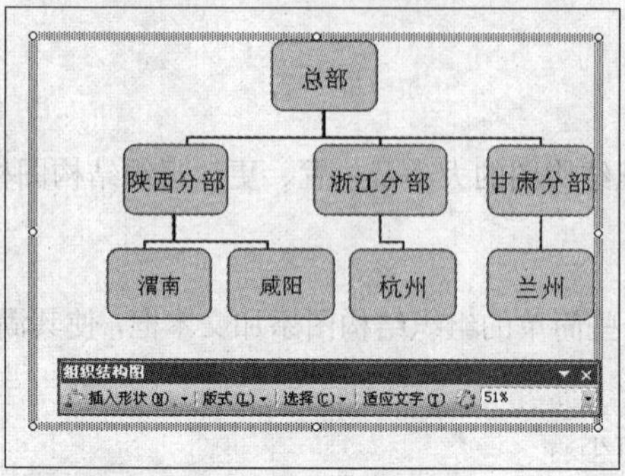


图 4.4.9　添加同事的文本框及内容

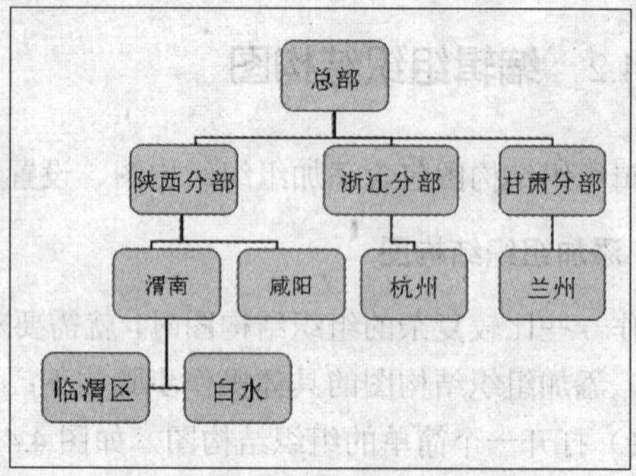


图 4.4.10　添加组织结构图效果

### 2．调整组织结构图的大小及位置

调整组织结构图的大小及位置，其具体操作步骤如下：

（1）如果要调整单个文本框的大小。选中该文本框，单击鼠标右键，从弹出的快捷菜单中选择 版式(L) → 自动版式(A) 命令，文本框的周围将出现 8 个控制点，像拖动其他文本框一样，对其进行拖动即可。

（2）如果要调整整个组织结构图的大小，可以选中整个结构图，将鼠标放在虚线框的边缘处，当鼠标指针变成↔、↘或↗时，拖动鼠标即可调整其大小。

（3）如果要移动整个组织结构图时，将鼠标放在虚线框的边缘处，当鼠标指针变成✥时拖动鼠标即可。

### 3．更改组织结构图的类型

更改组织结构图类型，其具体操作步骤如下：

（1）打开一个需要更改组织结构图类型的幻灯片。

（2）单击“组织结构图”工具栏中的“自动套用格式”按钮，弹出 组织结构图样式库 对话框，如图 4.4.11 所示。

（3）在“选择图示样式”列表框中选择需要的样式，在其右侧的文本框中可以预览其效果，单击 确定 按钮，更改图示类型后的效果如图 4.4.12 所示。

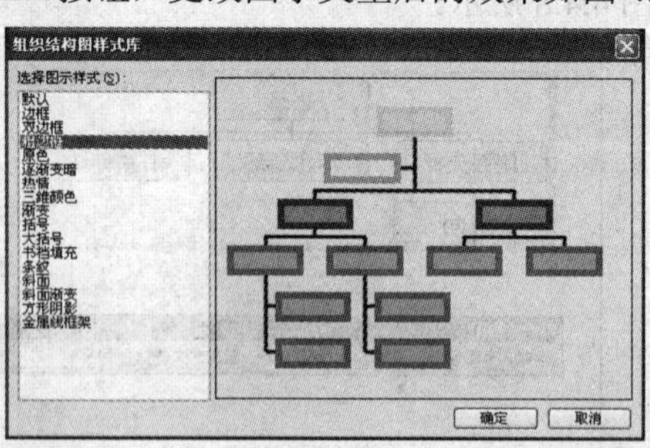


图 4.4.11　“组织结构图样式库”对话框

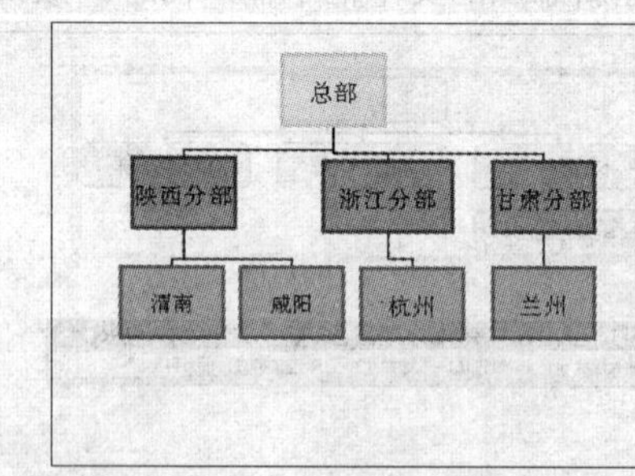


图 4.4.12　更改图示类型后的效果

## 4.5 插 入 相 册

PowerPoint 2003 相册是可以创建用来显示个人或公司照片的演示文稿，还可以设置引人注目的幻灯片切换方式、彩色背景以及主题、特定版式等。

可以通过从硬盘、扫描仪或数码相机向 PowerPoint 2003 演示文稿中添加用户喜爱的图片来创建相册。将图片添加到相册中后，可以添加标题、调整顺序和版式、在图片周围添加相框，甚至可以应用主题，以便进一步自定义相册的外观。

## 4.5.1　新建相册

新建相册的具体操作步骤如下：

（1）插入(I) → 图片(P) → 新建相册(P)... 命令，弹出相册对话框，如图 4.5.1 所示。

（2）单击 文件/磁盘(F)... 按钮，弹出插入新图片对话框，如图 4.5.2 所示。

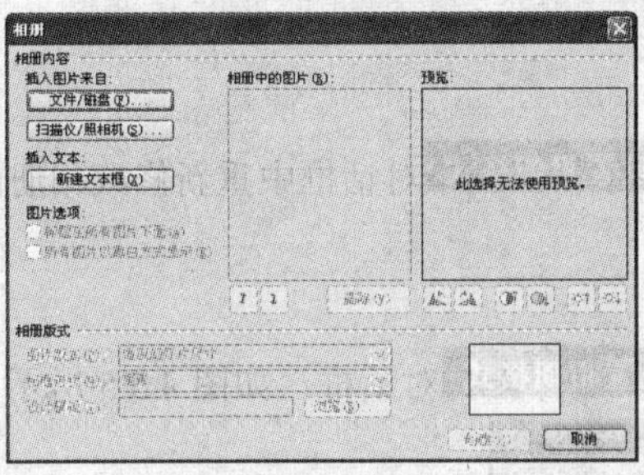

图 4.5.1　“相册”对话框

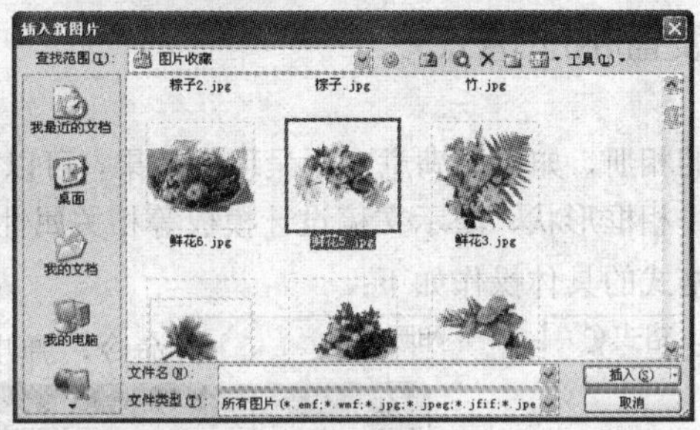

图 4.5.2　“插入新图片”对话框

（3）单击“查找范围”右侧的下拉按钮，定位到相片所在的文件夹。选中需要制作成相册的图片，然后单击 插入(S) 按钮返回相册对话框。

（4）单击“相册版式”右侧的下拉按钮，在随后出现的“相框形状”下拉列表中选择“圆角矩形”选项，如图 4.5.3 所示。

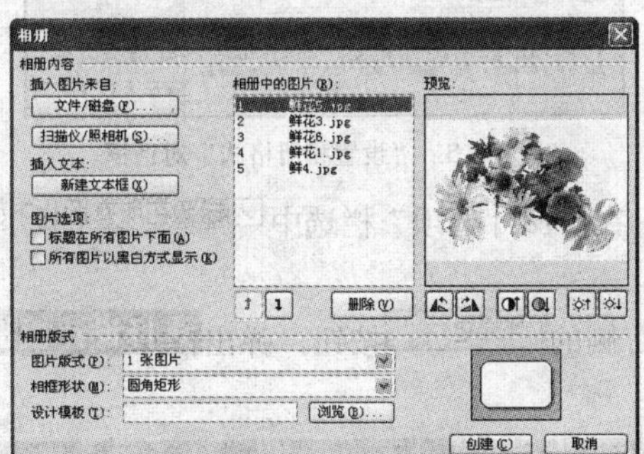


图 4.5.3　设置相册版式

**提示：** 在选中相片时，按住“Shift”键或“Ctrl”键，可以一次性选中多个连续或不连续的图片文件。用户在插入相册的过程中可以更改图片的先后顺序、调整图片的色彩明暗对比与旋转角度，以及设置图片的版式和相框形状等。

（5）设置完成后，单击 创建(C) 按钮，PowerPoint 会自动帮助用户重新整理相册，如图 4.5.4 所示。

图 4.5.4 创建的相册

## 4.5.2 设置相册格式

对于建立的相册，如果不满意它所呈现的效果，可以在**设置相册格式**对话框中重新修改相册的顺序、图片版式、相框形状、演示文稿设计模板等相关属性。

设置相册格式的具体操作如下：

（1）选择 格式(O) → 相册(P)... 命令，弹出**设置相册格式**对话框，如图 4.5.5 所示。

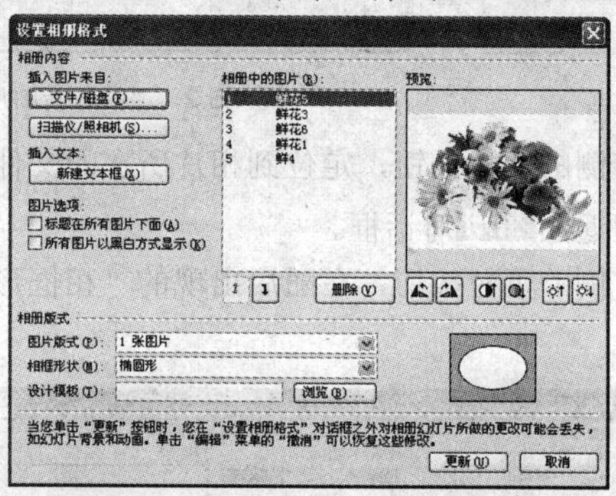


图 4.5.5 “设置相册格式”对话框

（2）选择相册中的图片，在“图片选项”栏选中☑标题在所有图片下面(A)复选框，可为每张图片添加名称。

（3）单击“设计模板”右侧的 浏览(B)... 按钮，弹出**选择设计模板**对话框，从中选择所需要的模板，如图 4.5.6 所示。

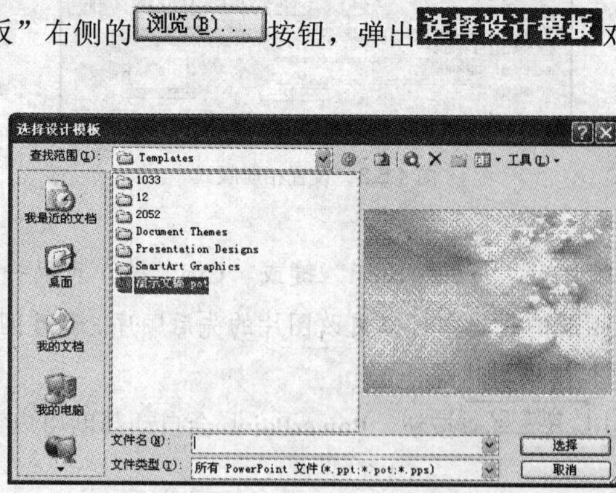


图 4.5.6 “选择设计模板”对话框

（4）单击 选择 按钮返回到 设置相册格式 对话框，单击 更新(U) 按钮，即可为相册添加设计模板，如图 4.5.7 所示。

图 4.5.7　更改相册格式后的效果

## 4.6　应用实例——“人与自然”演示文稿

本例制作一个“人与自然”的演示文稿，效果如图 4.6.1 所示。

图 4.6.1　效果图

（1）启动 PowerPoint 2003 应用程序，创建一个空演示文稿，删除占位符。

（2）单击“绘图”工具栏中的“插入艺术字”按钮，弹出 艺术字库 对话框，从中选择第 2 行第 5 列的艺术字样式，如图 4.6.2 所示。

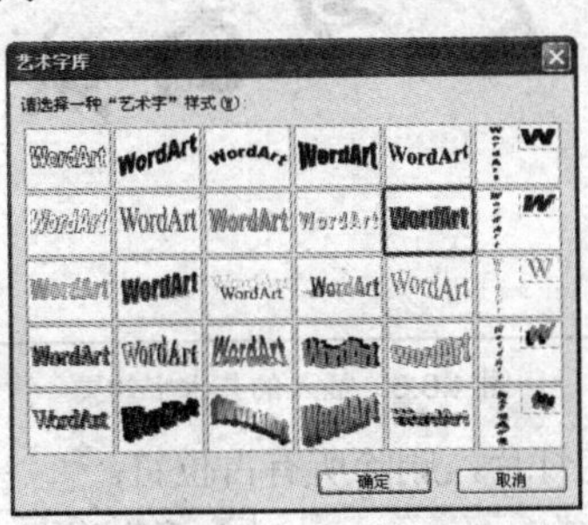


图 4.6.2　“艺术字库”对话框

（3）单击确定按钮，打开编辑“艺术字”文字对话框，在“文字”栏中输入“人”，在“字体”下拉列表中选择“华文行楷”，字号为“96”，如图 4.6.3 所示。

（4）单击确定按钮，在幻灯片中插入了艺术字，如图 4.6.4 所示。

图 4.6.3 “编辑‘艺术字’文字”对话框

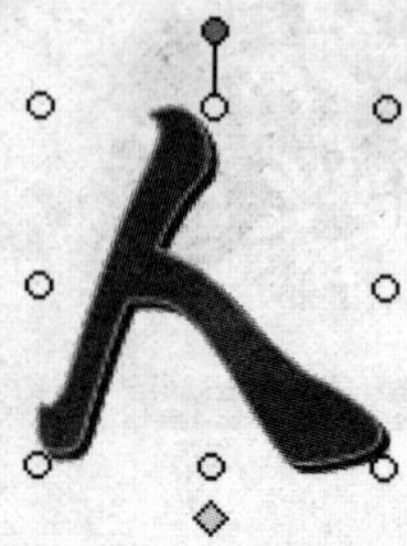


图 4.6.4 插入的艺术字

（5）在插入的艺术字上单击鼠标右键，从弹出的快捷菜单中选择设置艺术字格式(O)...命令，弹出设置艺术字格式对话框。在“填充”和“线条”颜色下拉列表中分别选择“红色”，如图 4.6.5 所示。

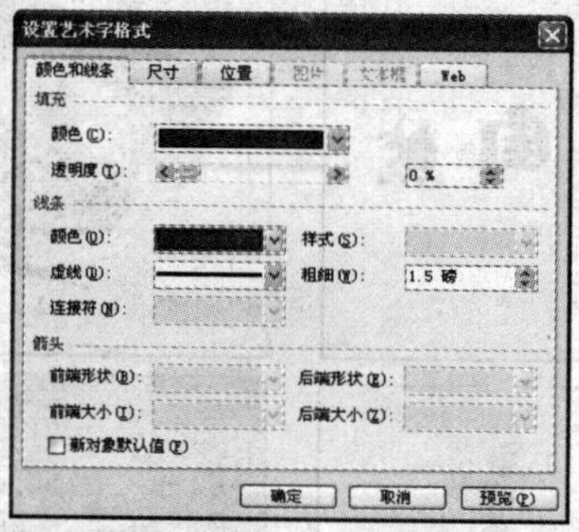


图 4.6.5 “设置艺术字格式”对话框

（6）单击确定按钮返回幻灯片中。

（7）按住“Ctrl”键拖动艺术字“人”，将其复制三份。双击复制的艺术字，在弹出的编辑“艺术字”文字对话框将“人”分别改为“与”“自”“然”。

（8）重复步骤（5）的操作，将艺术字填充为不同的颜色，并调整其位置，效果如图 4.6.6 所示。

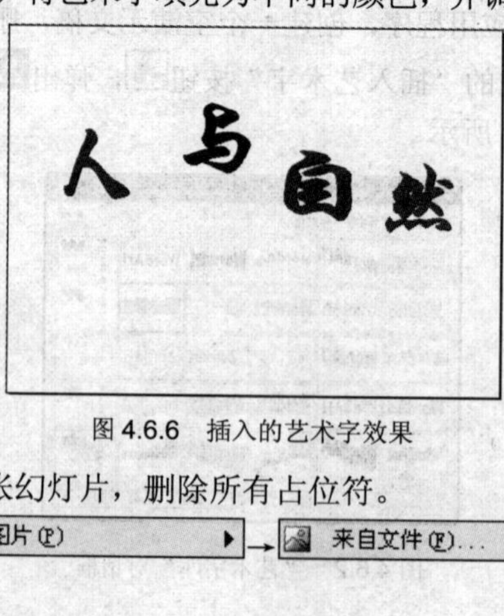


图 4.6.6 插入的艺术字效果

（9）按“Ctrl+M”新建一张幻灯片，删除所有占位符。

（10）选择插入(I)→图片(P)→来自文件(F)...命令，弹出插入图片对话框，在“查找范围”下拉列表中选择需要的图片，单击 插入(S) 按钮，效果如图 4.6.7 所示。

图 4.6.7　插入图片

（11）将鼠标指针放到图片的右上角，当鼠标指针变为形状时，向左下方拖动鼠标至图片为合适大小，按住绿色旋转柄将图片旋转一定的角度。

（12）单击“绘图”工具栏中的“竖排文本框”按钮，拖动鼠标在幻灯片中绘制一个竖排文本框，并在其中输入相应的文本，设置其字体、字号，调整文本框的大小，如图 4.6.8 所示。

图 4.6.8　添加文本框效果

（13）按“Ctrl+M”插入第 3 张幻灯片，删除占位符。

（14）选择 插入(I) → 图片(P) → 剪贴画(C)... 命令，打开“剪贴画”任务窗格。在“搜索文字”栏中输入“自然”，单击 搜索 按钮，可搜索到与自然相关的图片，如图 4.6.9 所示。

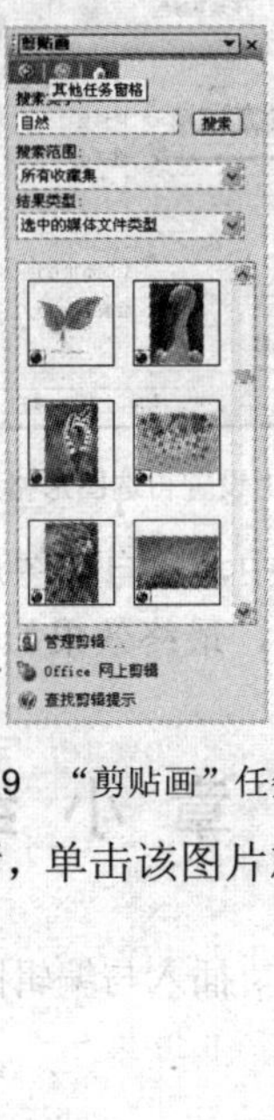


图 4.6.9　“剪贴画”任务窗格

（15）在任务窗格中找到需要的图片后，单击该图片就会添加到幻灯片中，调整图片的大小和位置，如图 4.6.10 所示。

图 4.6.10　插入的剪贴画

（16）单击“绘图”工具栏中的 自选图形(U)▾ 按钮，在弹出的下拉菜单中选择 标注(C) ▸ 命令，在其子菜单中单击“云形标注”按钮。

（17）拖动鼠标在幻灯片中绘制自选图形，然后在绘制的自选图形中输入文本，设置其字体为“隶书”，字号为“28”，效果如图 4.6.11 所示。

图 4.6.11　在自选图形中输入文本

（18）在绘制的自选图形上单击鼠标右键，从弹出的快捷菜单中选择 设置自选图形格式(O)... 命令，弹出 **设置自选图形格式** 对话框。选择 颜色和线条 选项卡，设置“填充”颜色为“无填充颜色”，“线条”颜色为“浅橙色”，如图 4.6.12 所示。

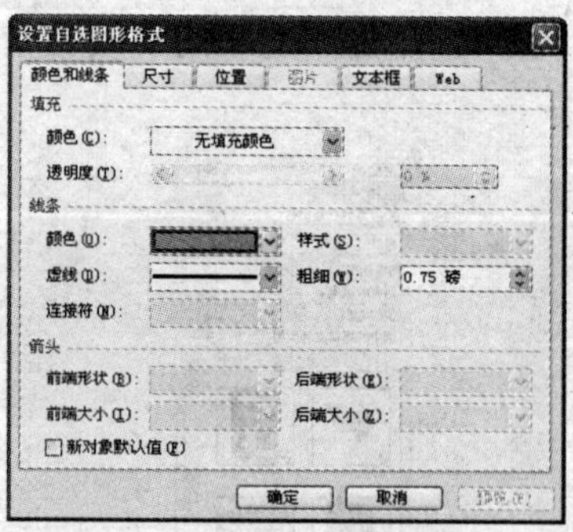


图 4.6.12　“设置自选图形格式”对话框

（19）单击 确定 按钮返回幻灯片中，将自选图形旋转一定的角度并调整其位置。

（20）用同样的方法制作第 4 张幻灯片，最终效果如图 4.6.1 所示。

## 本 章 小 结

本章主要介绍了自选图形的绘制与编辑、插入与编辑图片、插入与编辑艺术字、插入组织结构图和插入相册等内容。通过本章的学习，用户可以制作出图文并茂、具有说服力的演示文稿。

## 实训练习

### 一、填空题

1．在绘制圆形时，按住＿＿＿＿＿键拖动鼠标即可。

2．选定图形对象时，如选择多个图形，需要按下＿＿＿＿＿键，再用鼠标单击要选定的图形。

3．改变图形对象大小时，如果要以图形对象中心为基点进行缩放，要按下＿＿＿＿＿键。

4．单击“图片”工具栏中的＿＿＿＿＿按钮，可以设置图片为“设置透明色”。

5. 如果对于建立的相册效果不满意，可以在＿＿＿＿＿对话框中重新修改相册的顺序、图片版式、相框形状、演示文稿设计模板等相关属性。

6. 组织结构图就是描绘一个组织结构的示意图，组织结构图是由＿＿＿＿＿和＿＿＿＿＿组成的。

### 二、选择题

1．在幻灯片视图方式下不可直接插入（　）对象。

A．文本框　　B．艺术字
C．文本　　D．Word 表格

2．改变图形对象大小时，如果要保持图形的比例，在拖动拐角句柄的同时要按下（　）键。

A．Ctrl　　B．Ctrl+Shift
C．Shift　　D．Tab

3．在组织结构图中，如果要为某个部件添加分支，则应选择（　）按钮。

A．经理　　B．同事
C．部下　　D．分支

### 三、简答题

1．怎样设置自选图形的格式？

2．怎样在幻灯片中添加艺术字？

3．简述在 PowerPoint 2003 中创建相册的方法。

### 四、上机操作题

1．启动 PowerPoint 2003 应用程序，创建一个空白幻灯片，并执行以下操作：

（1）在幻灯片中绘制自选图形，并为部分自选图形添加阴影和三维效果。

（2）在幻灯片中插入图片和艺术字。

（3）在幻灯片中插入组织结构图。

2．创建一个家庭相册，要求如下：

（1）将照相机中的照片添加到电子相册中。

（2）设置图片版式为“2 张图片（带标题）”，相框状形为“扇形相角”。

（3）应用模板设计该相册。

# 第 5 章　在幻灯片中插入表格和图表

表格和图表是一种简明扼要的表达方式，其结构严谨、效果直观。在 PowerPoint 中可以快速创建表格和图表，本章主要介绍表格的操作、图表的操作。

**知识要点**

- 表格的操作
- 图表的操作

## 5.1　表格的操作

本节主要介绍如何在幻灯片中创建表格、编辑表格和设置表格的格式。

### 5.1.1　创建表格

创建表格有 3 种方式，分别为利用“插入表格”按钮创建表格、利用菜单命令创建表格以及利用“表格和边框”工具栏绘制表格。

**1．利用“插入表格”按钮创建表格**

利用“插入表格”按钮创建表格，其具体操作步骤如下：

（1）打开要插入表格的幻灯片。

（2）单击“常用”工具栏中的“插入表格”按钮，弹出其示意表格。

（3）用鼠标在示意表格中拖动，以选定表格的行数和列数，如图 5.1.1 所示。

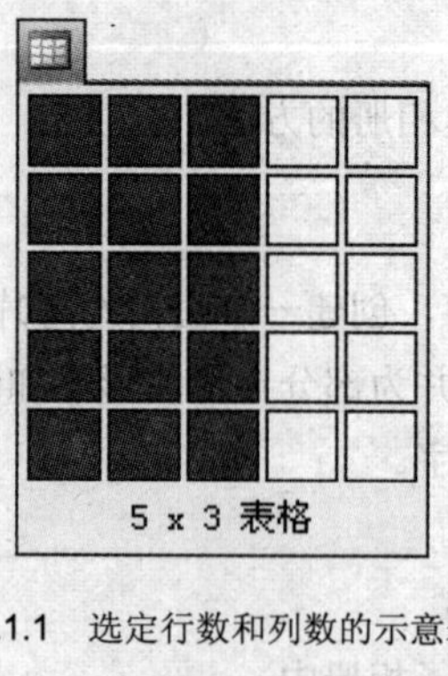


图 5.1.1　选定行数和列数的示意表格

（4）在拖动鼠标选定表格时，示意表格的下方会显示出当前选定的行数和列数，如：“5×3 表格”，“5”表示表格的行数；“3”表示表格的列数，即在幻灯片中插入 5 行 3 列的表格。

（5）选定表格的行数和列数之后，松开鼠标左键，此时在幻灯片中插入表格的效果如图 5.1.2 所示。

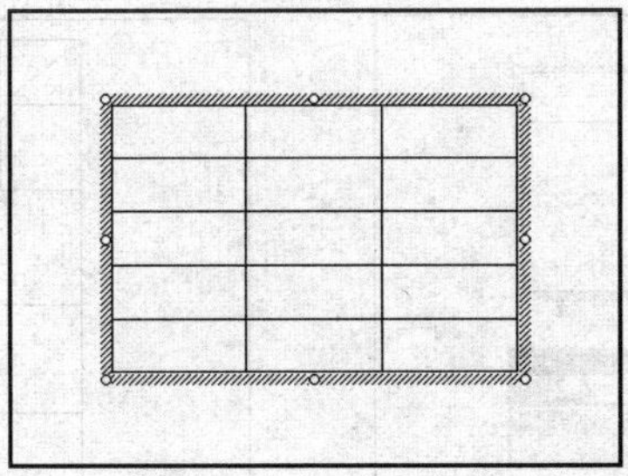

图 5.1.2　创建表格

### 2. 利用菜单命令创建表格

如果在幻灯片中插入表格的行数和列数很多时，可以通过菜单命令来执行，其具体操作步骤如下：

（1）打开需要插入表格的幻灯片。

（2）选择 表格(A) → 插入(I) → 表格(T)... 命令，弹出 **插入表格** 对话框，如图 5.1.3 所示。

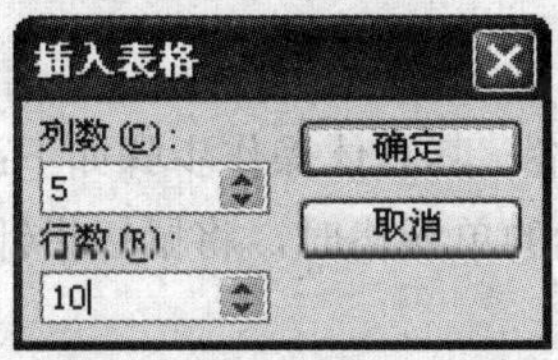


图 5.1.3　“插入表格”对话框

（3）在“列数”和“行数”文本框中分别输入插入表格的列数和行数。

（4）设置完成后单击 确定 按钮，即可在幻灯片中插入表格。

### 3. 利用“表格和边框”工具栏绘制表格

利用以上两种方法只能插入比较固定的表格样式，如果需要插入比较复杂的表格，可以利用“表格和边框”工具栏绘制表格，其具体操作步骤如下：

（1）打开需要绘制表格的幻灯片。

（2）单击“常用”工具栏中的“表格和边框”按钮，打开“表格和边框”工具栏，如图 5.1.4 所示。

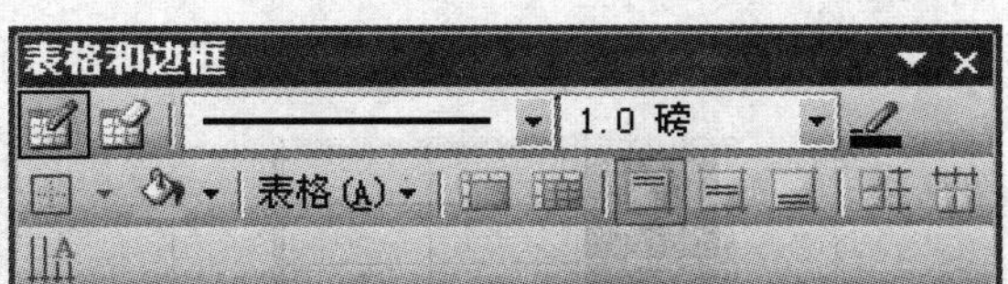


图 5.1.4　“表格和边框”工具栏

（3）将鼠标移至幻灯片中，鼠标指针变成形状，像绘制矩形框一样，在幻灯片中拖动鼠标，绘制表格的外边框。

（4）然后拖动鼠标指针在表格内部绘制横线、竖线、斜线，如图 5.1.5 所示。

（5）如果绘制出现了错误，单击“表格和边框”工具栏中的“擦除”按钮，然后将鼠标移动至绘制错误的表格线上，单击鼠标即可。

（6）如图 5.1.6 所示的是通过“表格和边框”工具栏绘制的表格。

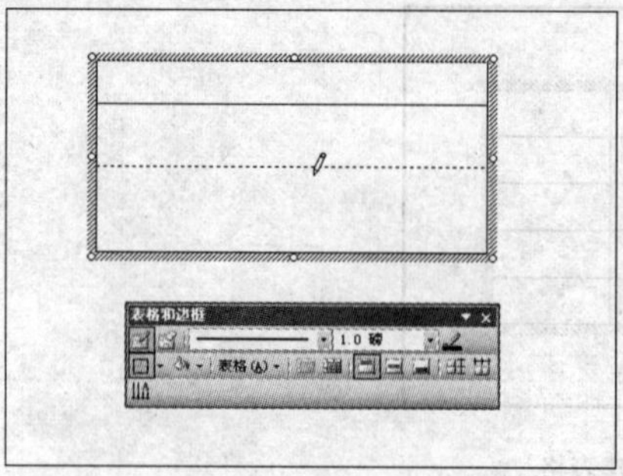

图 5.1.5　绘制表格

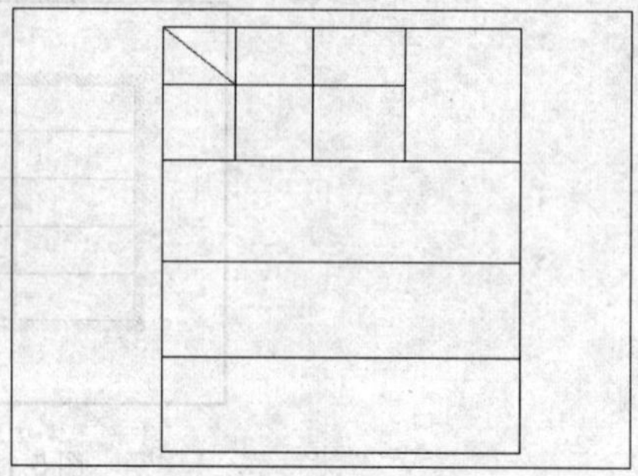

图 5.1.6　绘制表格效果

## 5.1.2　编辑表格

在创建表格之后，便可以在表格中输入内容，但有时为了某种需要，还要对表格进行一些编辑，如插入或删除行以及合并单元格等。

### 1. 选定单元格

编辑表格之前，首先要选定单元格，其具体操作步骤如下：

（1）选定一个单元格或多个连续的单元格时，将鼠标指针放在要选定的单元格内部，然后拖动鼠标即可，如图 5.1.7 所示。

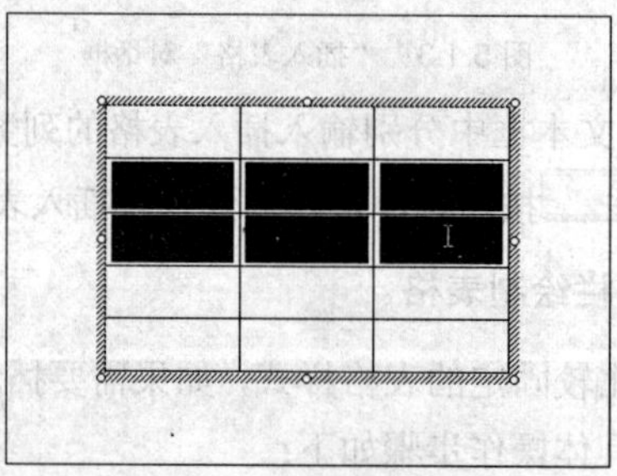

图 5.1.7　选定单元格

（2）如果要选定整列的单元格时，将鼠标放在要选定单元格的最上方，当鼠标指针变成⬇形状时单击鼠标即可，如图 5.1.8 所示。

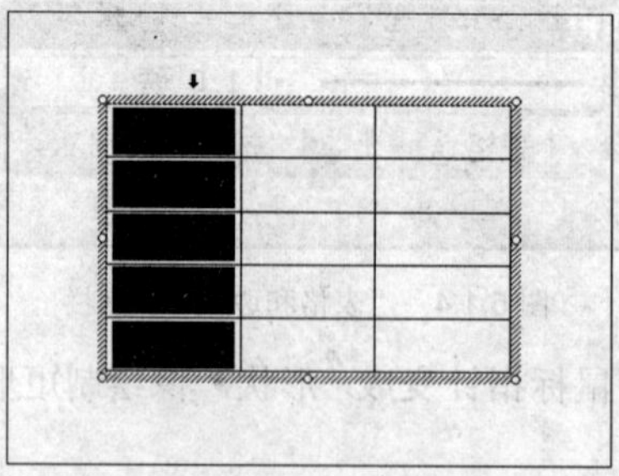

图 5.1.8　选定整列单元格

### 2. 插入或删除行

（1）插入行。选定要插入新行的位置，单击鼠标右键，从弹出的快捷菜单中选择插入行(I) 命令即可，如图 5.1.9 所示。

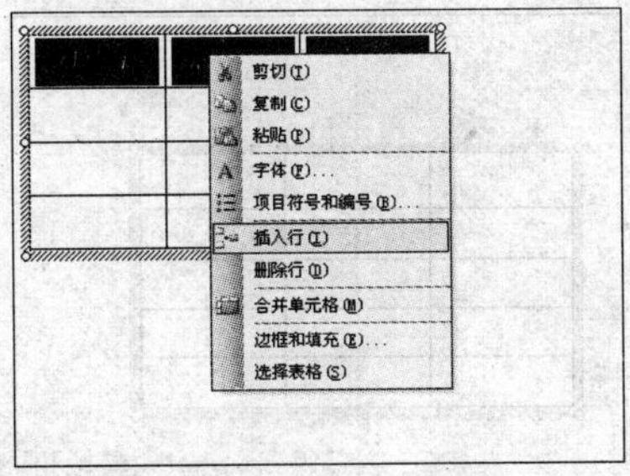


图 5.1.9　选择“插入行”命令

（2）删除行。选定要删除的行，单击鼠标右键，从弹出的快捷菜单中选择 删除行(D) 命令即可。

**3．插入或删除列**

（1）插入列。选定要插入新列的位置，单击鼠标右键，从弹出的快捷菜单中选择 插入列(I) 命令。

（2）删除列。选定要删除的列，单击鼠标右键，从弹出的快捷菜单中选择 删除列(D) 命令即可。

**4．合并单元格**

合并单元格就是将相邻的多个单元格合并成一个单元格，其具体操作步骤如下：

（1）选定要合并的多个单元格。

（2）单击鼠标右键，从弹出的快捷菜单中选择 合并单元格(M) 命令，合并单元格后的效果如图 5.1.10 所示。

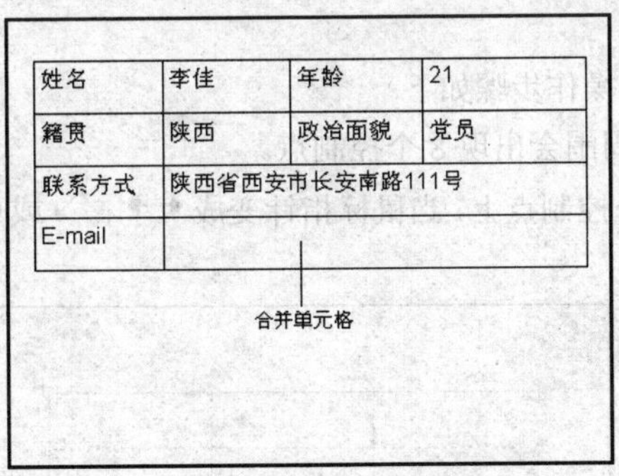


图 5.1.10　合并单元格后的效果

### 5.1.3　设置表格的格式

设置表格的格式主要包括调整列宽、行高以及为表格添加边框和底纹等，使表格更加美观和实用。

**1．调整表格列宽**

调整表格列宽，其具体操作步骤如下：

（1）将鼠标指针放在要调整列宽的边框线上，直到鼠标指针变成双向箭头。

（2）按住鼠标左键拖动，当出现一条虚线时，左右拖动鼠标，如图 5.1.11 所示。

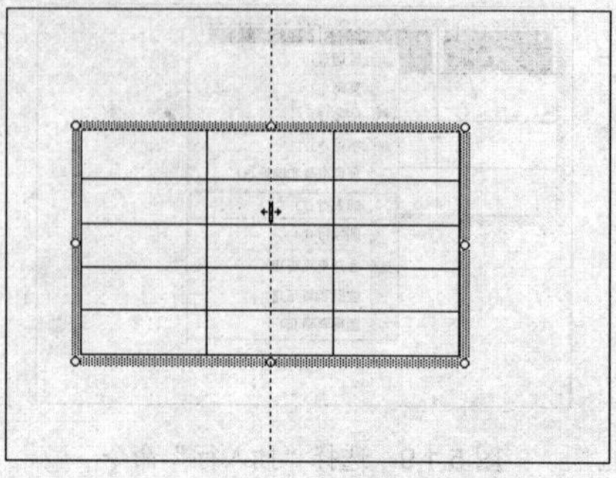

图 5.1.11 调整列宽

（3）拖动至所需的位置后，松开鼠标左键，这时边框左右两边的宽度将发生变化，而整个表格的宽度不变。

**技巧**：如果在按住“Ctrl”键的同时拖动表格的边框线，则会改变边框左边一列的宽度，边框右边的各列发生均匀变化，而整个表格的宽度不变；如果在按住“Shift”键的同时拖动表格的边框线，不仅可以改变边框左边一列的宽度，并使整个表格的宽度跟着变化。

### 2．调整表格行高

调整表格行高与调整列宽的方法一致，其具体操作步骤如下：

（1）将鼠标指针指向要调整行高的下边框线上，直到鼠标指针变成双向箭头。

（2）按住鼠标左键拖动，当出现一条虚线时，向上或向下拖动鼠标。

（3）拖动至所需的位置后，松开鼠标左键即可。

### 3．改变表格的大小

改变表格的大小，其具体操作步骤如下：

（1）选定表格，表格的周围会出现 8 个控制点。

（2）将鼠标放在其中一个控制点上，当鼠标指针变成↔、⤡或⤢时拖动鼠标即可，如图 5.1.12 所示。

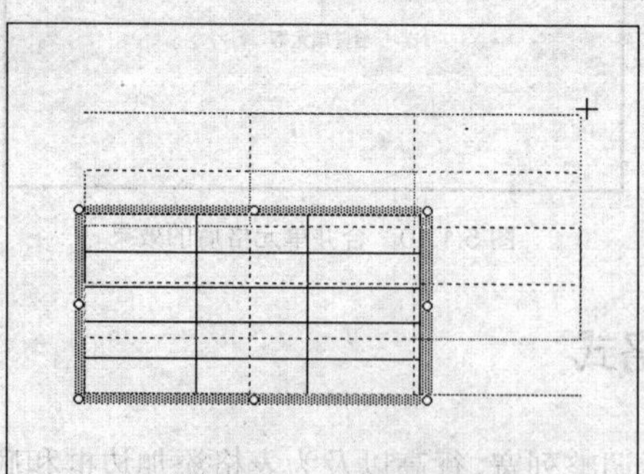

图 5.1.12 改变表格大小

### 4．移动表格位置

移动表格位置，其具体操作步骤如下：

（1）选定要移动的表格，表格的周围会出现 8 个控制点。

（2）将鼠标放在表格的边缘处，当鼠标指针变成✥形状时拖动鼠标，移动表格的位置，如图 5.1.13 所示。

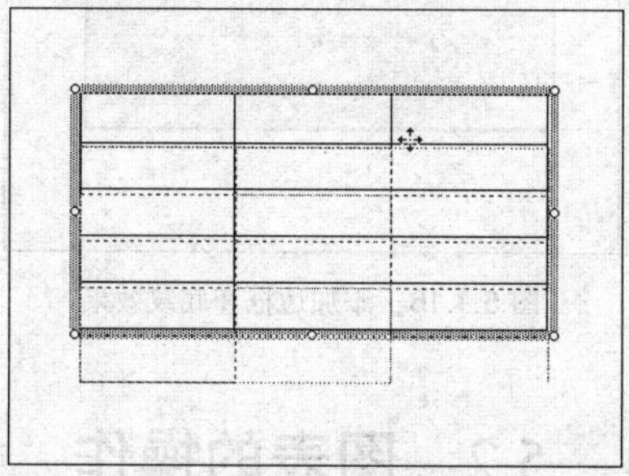

图 5.1.13　移动表格

### 5．为表格添加边框和底纹

为表格添加边框和底纹，其具体操作步骤如下：

（1）选定要添加边框和底纹的表格。

（2）单击鼠标右键，从弹出的快捷菜单中选择 边框和填充(B)... 命令，弹出 设置表格格式 对话框，如图 5.1.14 所示。

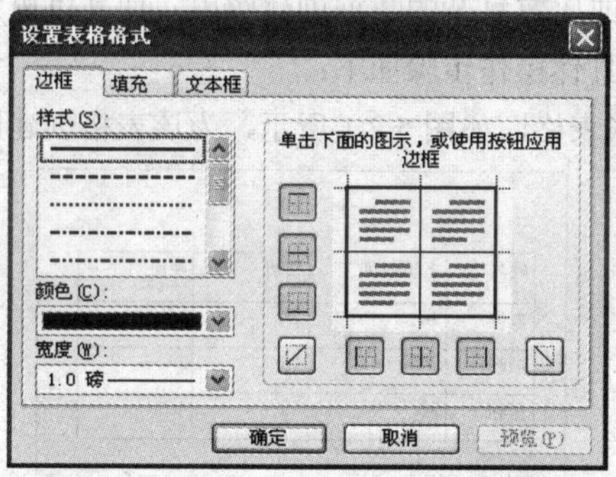


图 5.1.14　“设置表格格式”对话框

（3）在“样式”列表框中选择表格外边框和内边框的线条样式；在“颜色”下拉列表中选择边框颜色；在“宽度”下拉列表中选择线条宽度，然后单击“单击下面的图示，或使用按钮应用边框”下方的按钮，分别为表格的外边框和内边框设置样式。

（4）打开 填充 选项卡，如图 5.1.15 所示，在“填充颜色”下拉列表中选择表格的底纹颜色。

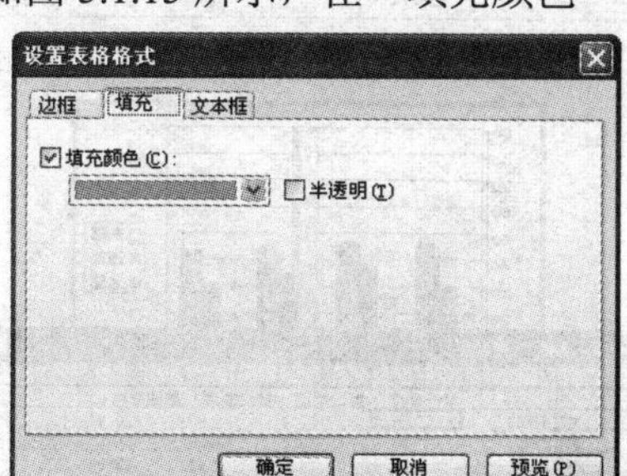


图 5.1.15　“填充”选项卡

（5）设置完成后单击 确定 按钮，表格效果如图 5.1.16 所示。

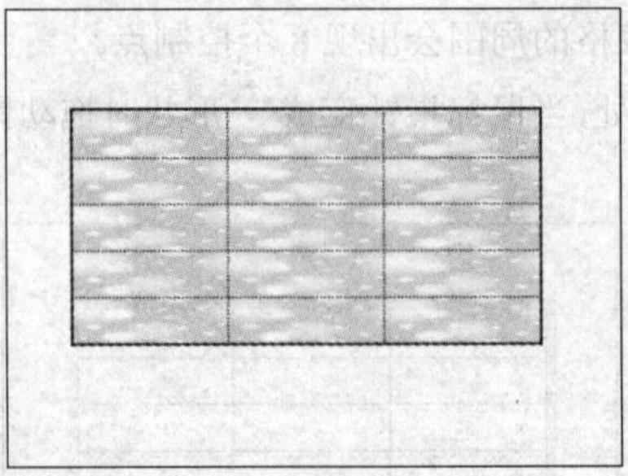

图 5.1.16　添加边框和底纹效果

# 5.2　图表的操作

图表具有直观的效果，它可以将数据以柱形、饼图、散点图等形式生动地表现出来，便于查看和分析。

## 5.2.1　插入图表

在幻灯片中，可以对表格或比较复杂的数据创建图表，使其以更加直观的方式表现出来。

在幻灯片中插入图表，其具体操作步骤如下：

（1）在幻灯片中打开一张表格，如图 5.2.1 所示，为该表格创建图表。

| 姓名 | 上班时间 | 白班 | 晚班 |
|---|---|---|---|
| 李佳 | 26 | 14 | 12 |
| 刘晓 | 24 | 10 | 14 |
| 王利 | 26 | 15 | 11 |

图 5.2.1　打开表格

（2）单击“常用”工具栏中的“插入图表”按钮，在幻灯片中创建的默认图表如图 5.2.2 所示。

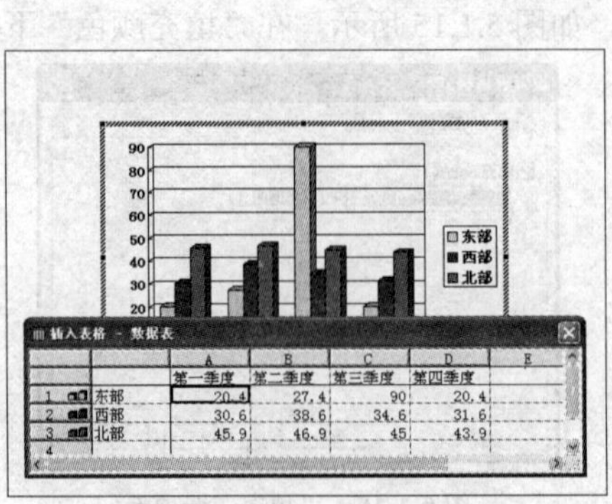


图 5.2.2　创建默认图表

（3）在 插入表格 － 数据表 对话框中输入如图 5.2.1 所示的表格，如图 5.2.3 所示。

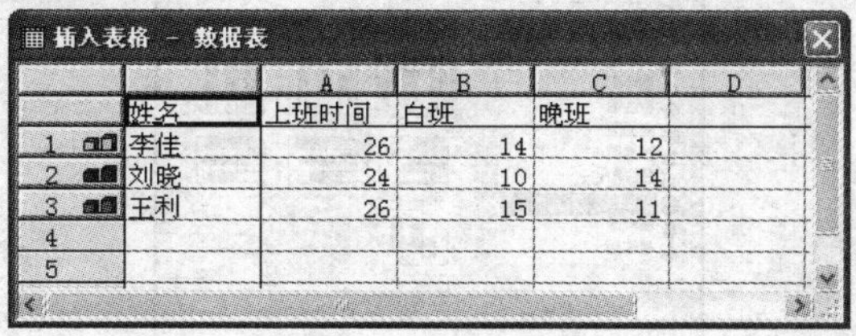

插入表格 － 数据表

| | | A | B | C | D |
|---|---|---|---|---|---|
| | 姓名 | 上班时间 | 白班 | 晚班 | |
| 1 | 李佳 | 26 | 14 | 12 | |
| 2 | 刘晓 | 24 | 10 | 14 | |
| 3 | 王利 | 26 | 15 | 11 | |
| 4 | | | | | |
| 5 | | | | | |

图 5.2.3　输入表格

（4）输入完成后，用鼠标单击幻灯片的其他位置，创建的图表如图 5.2.4 所示。

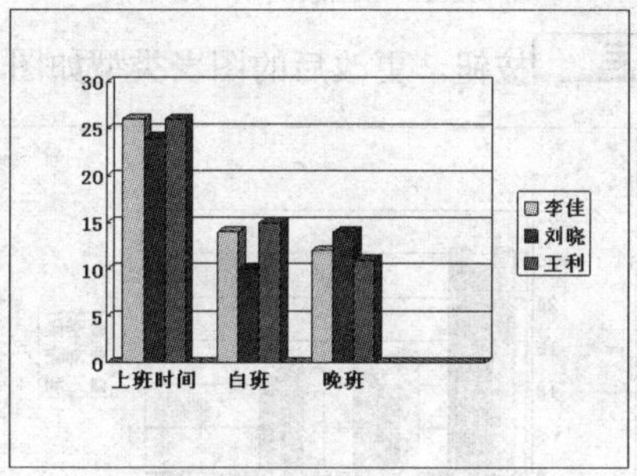


图 5.2.4　创建图表

## 5.2.2　更改图表类型

在系统默认情况下创建的图表往往不能满足用户的要求，所以在必要时可以更改图表的类型。更改图表类型，其具体操作步骤如下：

（1）选中创建的图表，单击鼠标右键，从弹出的快捷菜单中选择 图表对象(O) → 打开(O) 命令，打开 Microsoft Graph － 图表位于 插入表格 窗口，如图 5.2.5 所示。

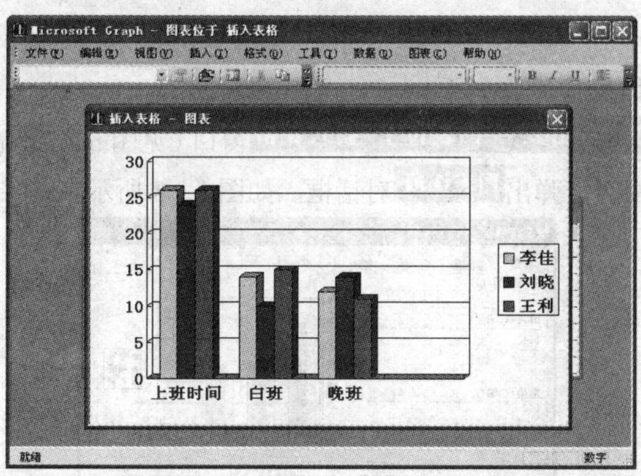


图 5.2.5　“Microsoft Graph-图表位于 插入表格”窗口

（2）在该窗口中选择 图表(C) → 图表类型(Y)... 命令，弹出 图表类型 对话框，如图 5.2.6 所示。

（3）打开 标准类型 选项卡，在“标准类型”列表框中选择需要的图表类型，在“子图表类型”列表框中选择具体的图表样式。

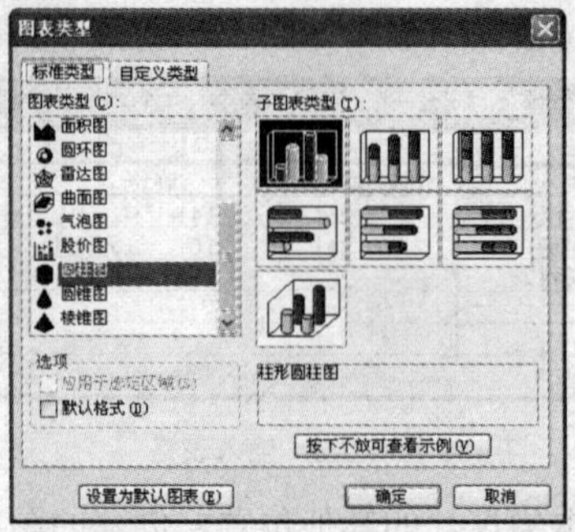

图 5.2.6 “图表类型”对话框

（4）设置完成后单击 确定 按钮，更改后的图表类型如图 5.2.7 所示。

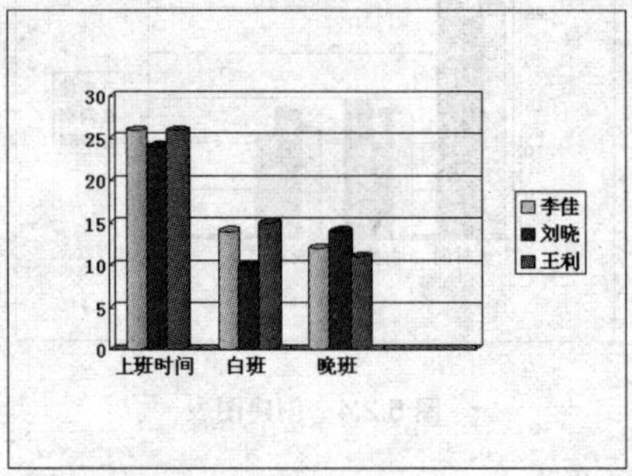


图 5.2.7 更改后的图表类型

## 5.2.3 设置图表格式

设置图表格式包括设置图表标题、设置图表背景色、设置背景墙、设置三维视图格式、设置数据系列格式。

### 1．设置图表标题

设置图表标题，其具体操作步骤如下：

（1）打开 Microsoft Graph - 图表位于 插入表格 窗口（见图 5.2.5），在该窗口中选择 图表(C) → 图表选项(I)... 命令，弹出 图表选项 对话框，如图 5.2.8 所示。

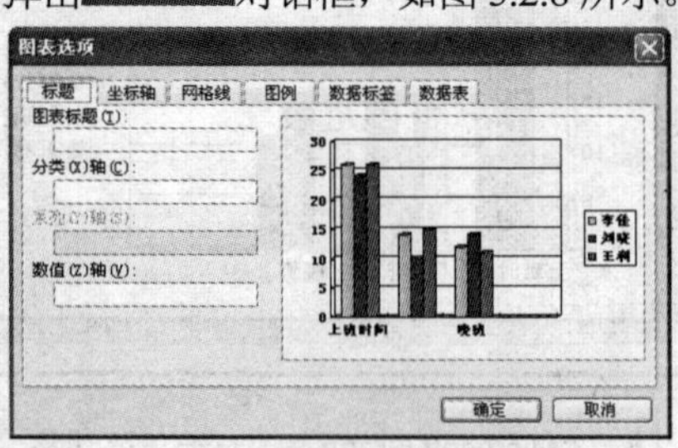

图 5.2.8 “图表选项”对话框

（2）打开 标题 选项卡，在“图表标题”文本框中输入图表的标题“员工工作月报表”；在“分类（X）轴”文本框中输入“月末总结”字样。

（3）设置完成后单击 确定 按钮，为图表添加标题后的效果如图 5.2.9 所示。

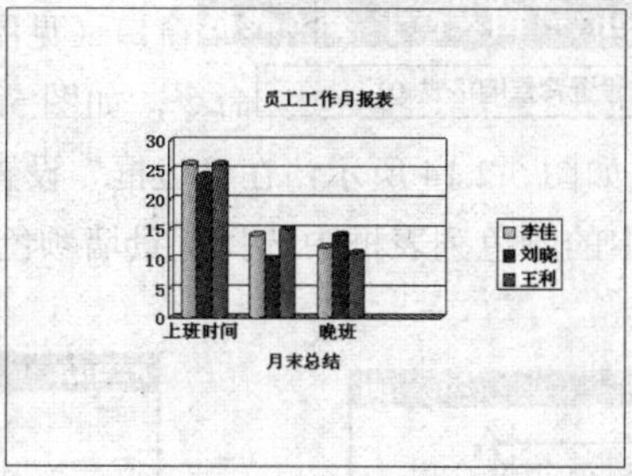

图 5.2.9　添加标题效果

### 2．设置图表背景颜色

设置图表背景颜色，其具体操作步骤如下：

（1）在幻灯片窗格中选中图表，单击鼠标右键，从弹出的快捷菜单中选择 设置对象格式(F)... 命令，弹出 设置对象格式 对话框，如图 5.2.10 所示。

（2）在“填充”设置区域中的“颜色”下拉列表中选择 填充效果(F)... 选项，弹出 填充效果 对话框，如图 5.2.11 所示。

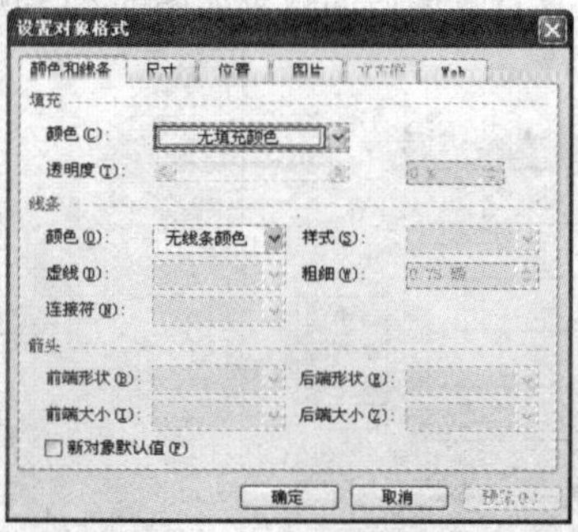

图 5.2.10　“设置对象格式”对话框

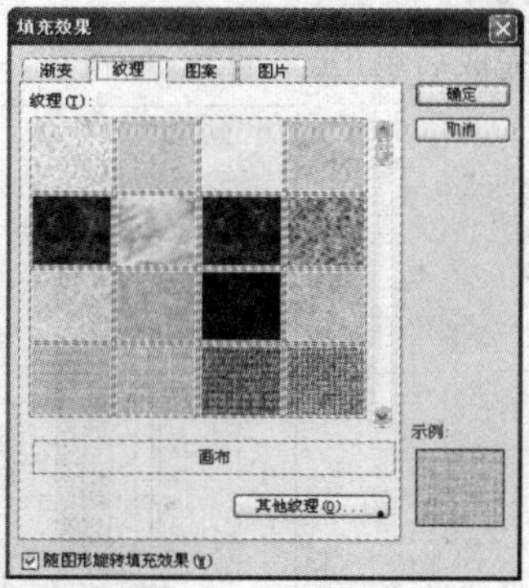

图 5.2.11　“填充效果”对话框

（3）打开 纹理 选项卡，在“纹理”列表框中选择一种纹理样式。

（4）单击 确定 按钮，返回到 设置对象格式 对话框中，再单击 确定 按钮，为图表设置背景后的效果如图 5.2.12 所示。

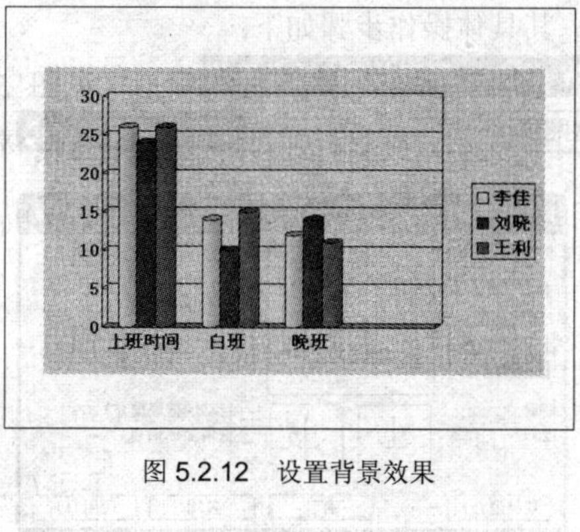

图 5.2.12　设置背景效果

### 3．设置背景墙

为图表设置背景墙效果，其具体操作步骤如下：

（1）打开Microsoft Graph - 图表位于 插入表格窗口（见图 5.2.5），选中图表，单击鼠标右键，从弹出的快捷菜单中选择设置背景墙格式(O)...命令，如图 5.2.13 所示。

（2）弹出背景墙格式对话框，如图 5.2.14 所示，在“边框”设置区域中设置边框的线条样式、颜色、粗细；在“区域”设置区域中的颜色列表框中选择背景墙颜色，或者单击填充效果(I)...按钮，弹出填充效果对话框。

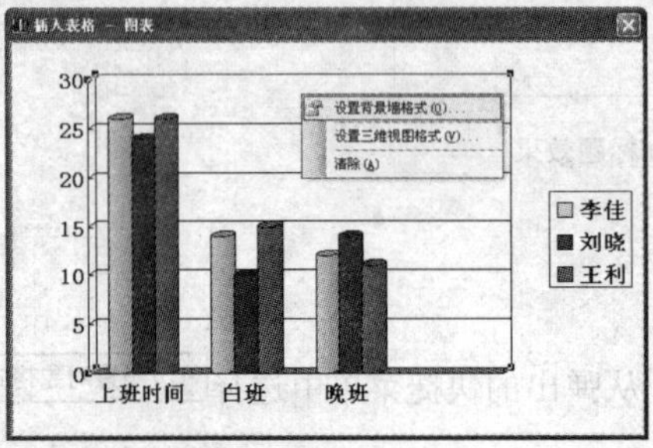


图 5.2.13 选择“设置背景墙格式”命令

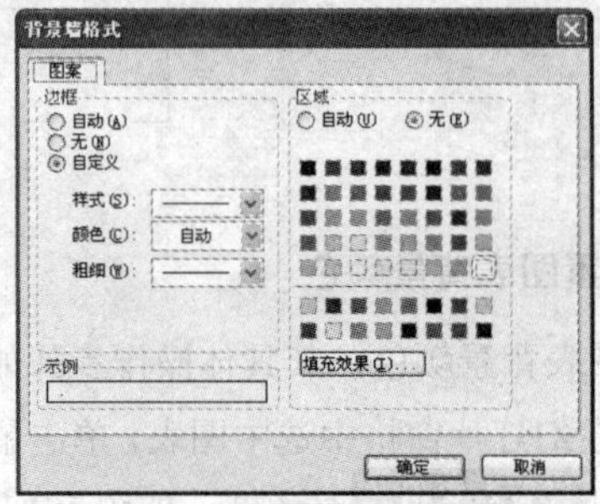


图 5.2.14 “背景墙格式”对话框

（3）打开图片选项卡，单击选择图片(L)...按钮，在弹出的选择图片对话框中选择需要插入的背景图片。

（4）设置完成后单击确定按钮，为图表设置背景墙后的效果如图 5.2.15 所示。

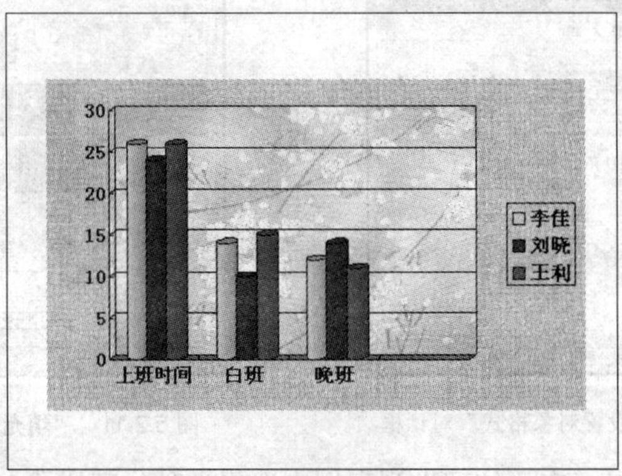


图 5.2.15 设置背景墙效果

#### 4．设置三维视图格式

为图表设置三维视图格式，其具体操作步骤如下：

（1）打开Microsoft Graph - 图表位于 插入表格窗口（见图 5.2.5），单击鼠标右键，从弹出的快捷菜单中选择设置三维视图格式(V)...命令，弹出设置三维视图格式对话框，如图 5.2.16 所示。

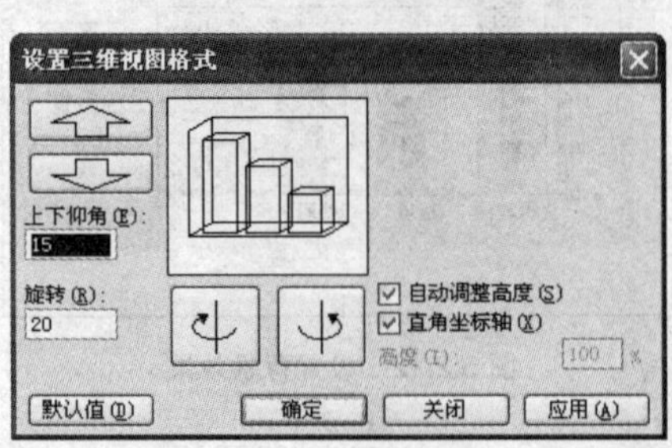


图 5.2.16 “设置三维视图格式”对话框

（2）在“上下仰角”文本框中输入图表的俯仰高度，以度为单位，图表的仰度范围是 - 90° ～ 90° 。

（3）在“旋转”文本框中输入图表的旋转角度，它以度为单位，图表的转角是 0° ～360° 。

（4）设置完成后单击 确定 按钮，精确旋转图表后的效果如图 5.2.17 所示。

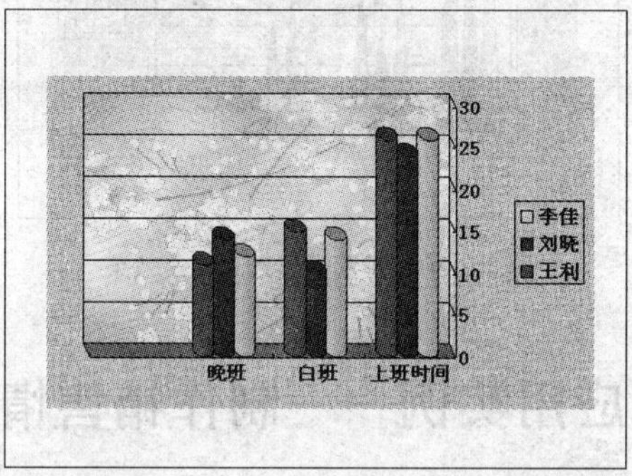


图 5.2.17　设置三维视图格式后的效果

### 5．设置数据系列格式

为表格设置数据系列格式，其具体操作步骤如下：

（1）打开 Microsoft Graph - 图表位于 插入表格 窗口（见图 5.2.5），在 插入表格 - 图表 窗口中单击鼠标右键，从弹出的快捷菜单中选择 设置数据系列格式(O)... 命令，如图 5.2.18 所示。

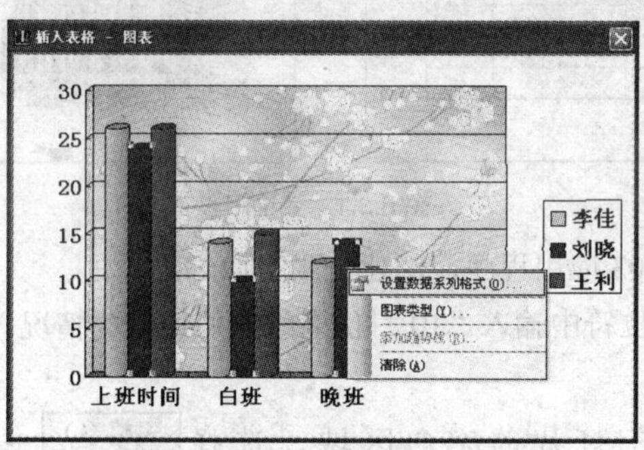


图 5.2.18　选择“设置数据系列格式”命令

（2）弹出 数据系列格式 对话框，打开 形状 选项卡，如图 5.2.19 所示。

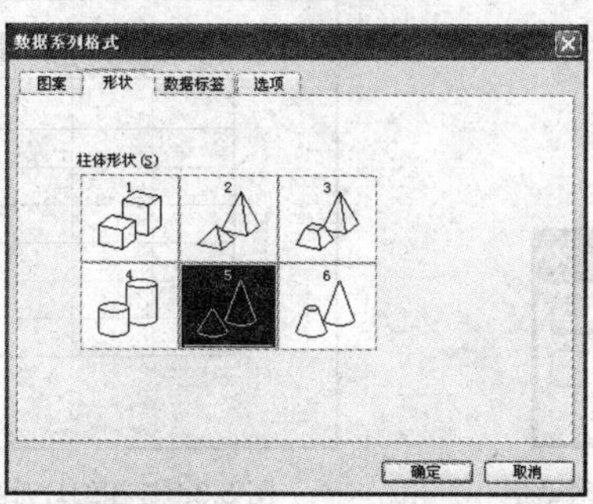


图 5.2.19　“形状”选项卡

（3）在“柱体形状”列表框中选择数据系列格式“5”（见图 5.2.19），单击 确定 按钮，为图表设置数据系列格式后的效果如图 5.2.20 所示。

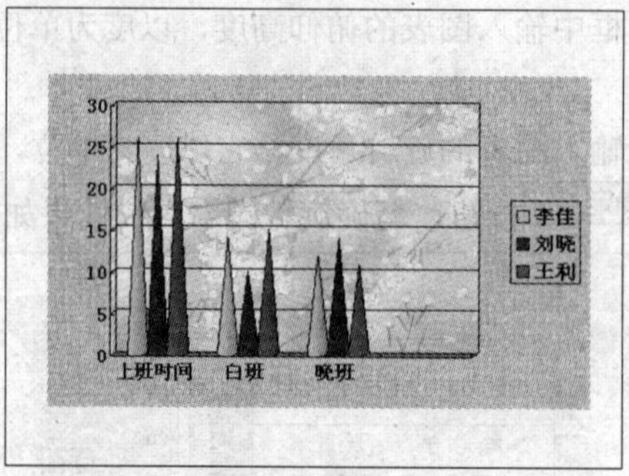


图 5.2.20　设置数据系列格式效果

## 5.3　应用实例——制作销售情况表

本例制作 10 月份某超市的老蜂农蜂蜜的销售情况表，最终效果如图 5.3.1 所示。

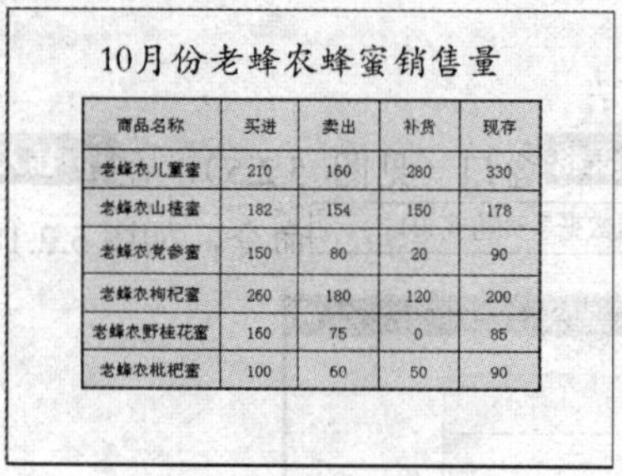

10月份老蜂农蜂蜜销售量

| 商品名称 | 买进 | 卖出 | 补货 | 现存 |
|---|---|---|---|---|
| 老蜂农儿童蜜 | 210 | 160 | 280 | 330 |
| 老蜂农山楂蜜 | 182 | 154 | 150 | 178 |
| 老蜂农党参蜜 | 150 | 80 | 20 | 90 |
| 老蜂农枸杞蜜 | 260 | 180 | 120 | 200 |
| 老蜂农野桂花蜜 | 160 | 75 | 0 | 85 |
| 老蜂农枇杷蜜 | 100 | 60 | 50 | 90 |

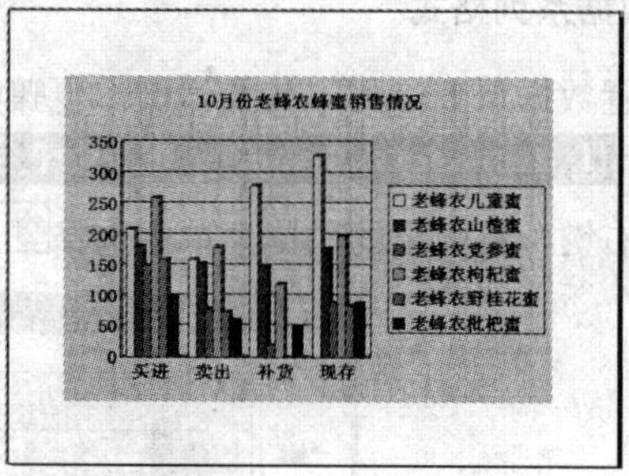


图 5.3.1　效果图

（1）启动 PowerPoint 2003 应用程序，创建一张空白幻灯片。

（2）在幻灯片的一个占位符中输入“10 月份老蜂农蜂蜜销售情况”文本，并设置其字体为“华文楷体”，字号为“44”。

（3）将光标定位在幻灯片的空白区域，选择 表格(A) → 插入(I) → 表格(T)... 命令，弹出 插入表格 对话框，设置列数为“5”，行数为“7”，如图 5.3.2 所示。

（4）单击 确定 按钮，在幻灯片中插入了一个 7 行 5 列的表格，如图 5.3.3 所示。

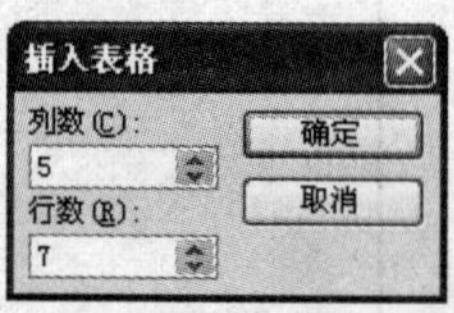


图 5.3.2　“插入表格”对话框

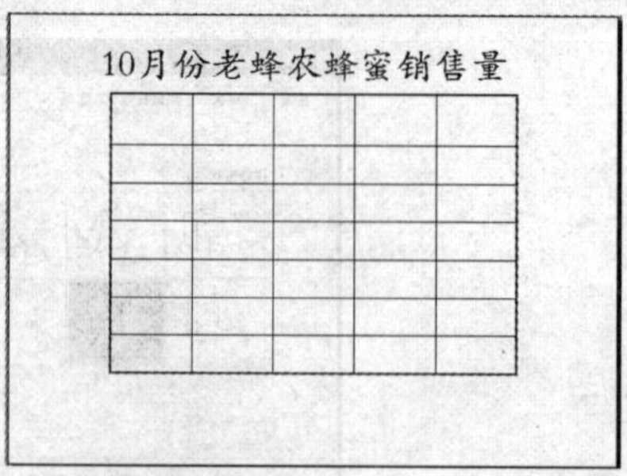


图 5.3.3　在幻灯片中插入的表格

（5）在表格中输入相关数据信息，设置其字体为“隶书”，字号为“20”。单击“格式”工具栏中的“居中”按钮，再单击“表格和边框”工具栏的“垂直居中”按钮，使所有数据居中显示，如图 5.3.4 所示。

10月份老蜂农蜂蜜销售量

| 商品名称 | 买进 | 卖出 | 补货 | 现存 |
|---|---|---|---|---|
| 老蜂农儿童蜜 | 210 | 160 | 280 | 330 |
| 老蜂农山楂蜜 | 182 | 154 | 150 | 178 |
| 老蜂农党参蜜 | 150 | 80 | 20 | 90 |
| 老蜂农枸杞蜜 | 260 | 180 | 120 | 200 |
| 老蜂农野桂花蜜 | 160 | 75 | 0 | 85 |
| 老蜂农枇杷蜜 | 100 | 60 | 50 | 90 |

图 5.3.4 设置表格中文本的对齐方式

（6）将鼠标指针放在第一列左边的边框线上，当鼠标指针变成双向箭头时，按住鼠标左键拖动至合适的位置，调整列宽，使文字一行显示。

（7）将鼠标放在表格的边缘处，当鼠标指针变成✥形状时拖动鼠标，移动表格至幻灯片的中心位置。

（8）在表格上单击鼠标右键，从弹出的快捷菜单中选择 边框和填充(B)... 命令，弹出 设置表格格式 对话框。选择 填充 选项卡，选中 ☑填充颜色(C): 和 ☑半透明(T) 复选框，在颜色下拉列表中选择一种颜色，如图 5.3.5 所示。

（9）单击 确定 按钮返回幻灯片中，效果如图 5.3.6 所示。

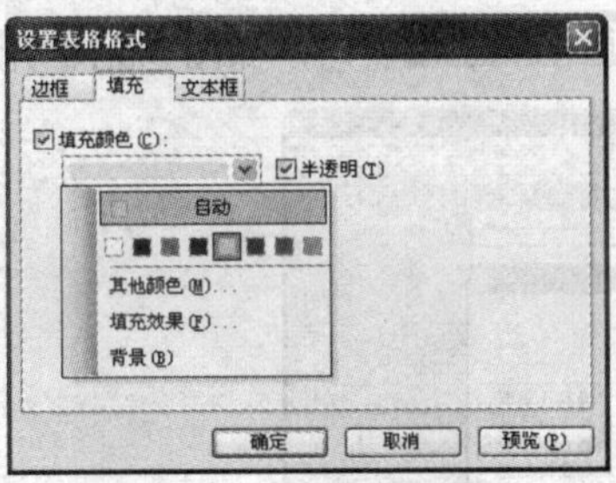


图 5.3.5 “填充”选项卡

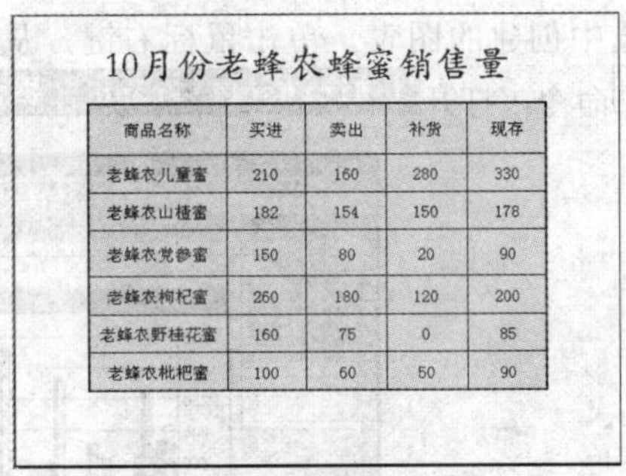

10月份老蜂农蜂蜜销售量

| 商品名称 | 买进 | 卖出 | 补货 | 现存 |
|---|---|---|---|---|
| 老蜂农儿童蜜 | 210 | 160 | 280 | 330 |
| 老蜂农山楂蜜 | 182 | 154 | 150 | 178 |
| 老蜂农党参蜜 | 150 | 80 | 20 | 90 |
| 老蜂农枸杞蜜 | 260 | 180 | 120 | 200 |
| 老蜂农野桂花蜜 | 160 | 75 | 0 | 85 |
| 老蜂农枇杷蜜 | 100 | 60 | 50 | 90 |

图 5.3.6 设置表格填充效果

（10）按下“Ctrl+M”新建一张幻灯片，删除占位符。单击“常用”工具栏中的“插入图表”按钮，在幻灯片中创建的默认图表如图 5.3.7 所示。

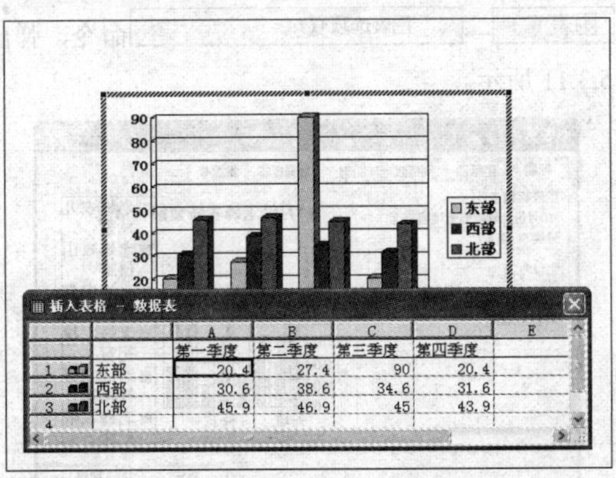


| | | A | B | C | D | E |
|---|---|---|---|---|---|---|
| | | 第一季度 | 第二季度 | 第三季度 | 第四季度 | |
| 1 | 东部 | 20.4 | 27.4 | 90 | 20.4 | |
| 2 | 西部 | 30.6 | 38.6 | 34.6 | 31.6 | |
| 3 | 北部 | 45.9 | 46.9 | 45 | 43.9 | |
| 4 | | | | | | |

图 5.3.7 创建默认图表

（11）在 插入表格 - 数据表 对话框中输入如图 5.3.4 所示的数据信息，如图 5.3.8 所示。

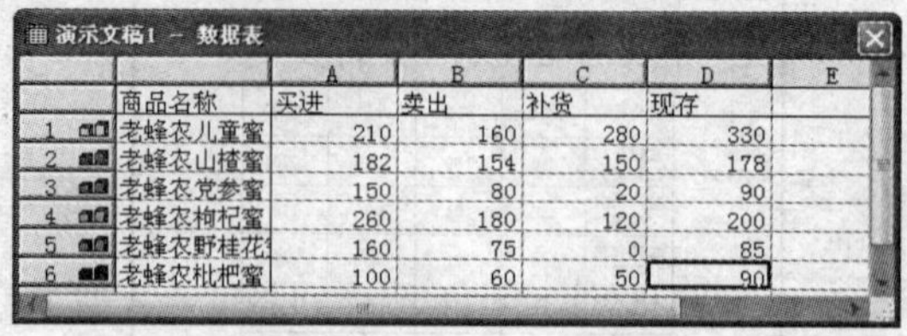

演示文稿1 - 数据表

| | | A | B | C | D | E |
|---|---|---|---|---|---|---|
| | 商品名称 | 买进 | 卖出 | 补货 | 现存 | |
| 1 | 老蜂农儿童蜜 | 210 | 160 | 280 | 330 | |
| 2 | 老蜂农山楂蜜 | 182 | 154 | 150 | 178 | |
| 3 | 老蜂农党参蜜 | 150 | 80 | 20 | 90 | |
| 4 | 老蜂农枸杞蜜 | 260 | 180 | 120 | 200 | |
| 5 | 老蜂农野桂花 | 160 | 75 | 0 | 85 | |
| 6 | 老蜂农枇杷蜜 | 100 | 60 | 50 | 90 | |

图 5.3.8　在图表中输入数据

（12）输入完成后，用鼠标单击幻灯片的其他位置，创建的图表如图 5.3.9 所示。

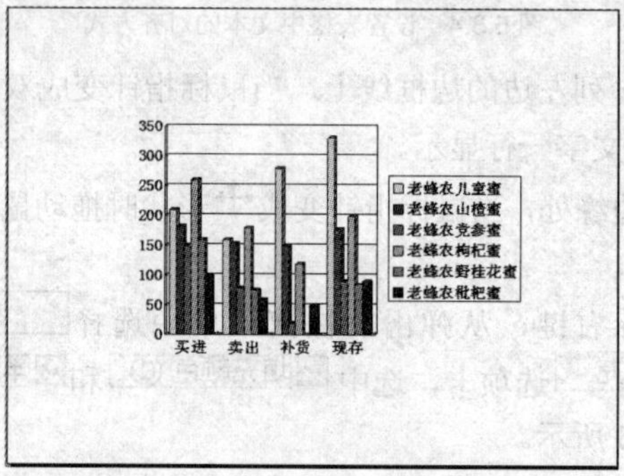


图 5.3.9　创建的图表

（13）选中创建的图表，单击鼠标右键，从弹出的快捷菜单中选择 图表对象(O) → 打开(O) 命令，打开 Microsoft Graph - 图表位于 演示文稿1 窗口，如图 5.3.10 所示。

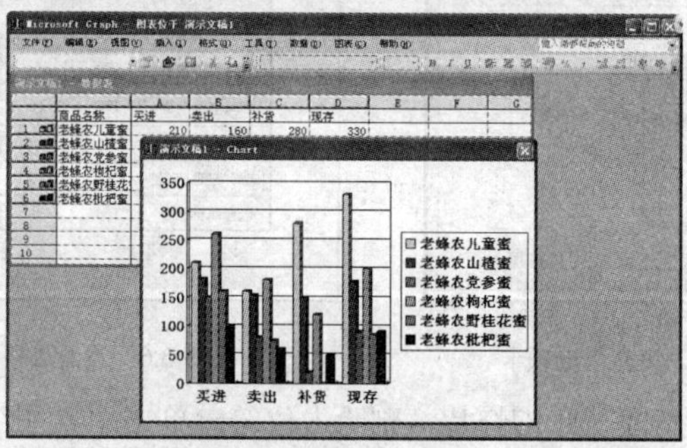

图 5.3.10　“Microsoft Graph-图表位于 演示文稿 1”窗口

（14）在该窗口中选择 图表(C) → 图表选项(I)... 命令，弹出 图表选项 对话框，在“图表标题”栏中输入标题，如图 5.3.11 所示。

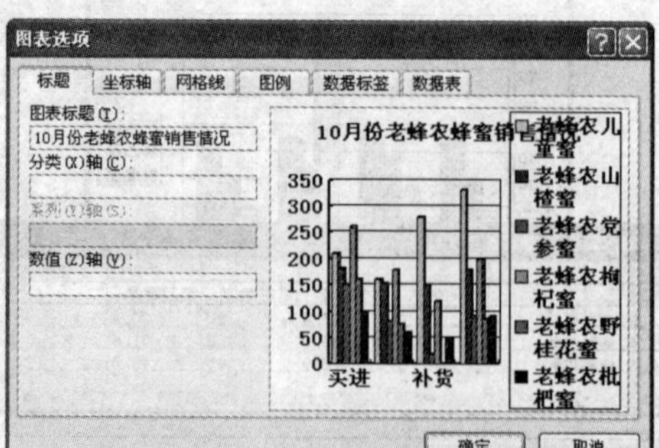


图 5.3.11　“图表选项”对话框

（15）单击 确定 按钮，为图表添加标题后的效果如图 5.3.12 所示。

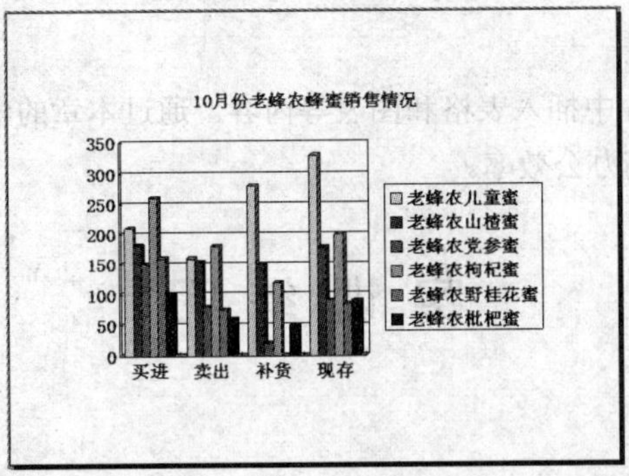


图 5.3.12　为图表添加标题

（16）在幻灯片窗格中选中图表，单击鼠标右键，从弹出的快捷菜单中选择 设置对象格式(F)... 命令，弹出 设置对象格式 对话框。在“填充”设置区域中的“颜色”下拉列表中选择 填充效果(F)... 选项，如图 5.3.13 所示。

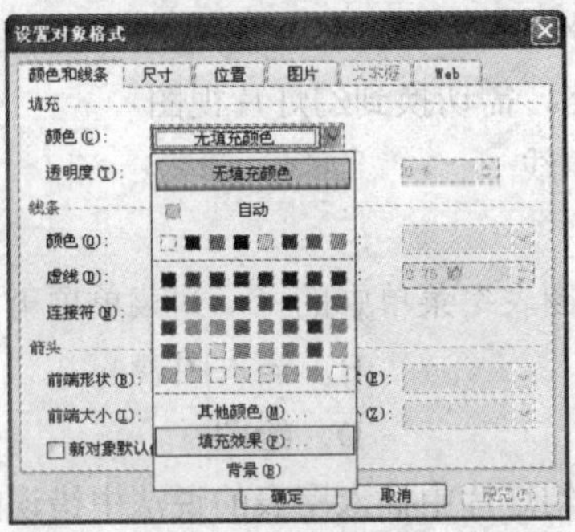


图 5.3.13　“设置对象格式”对话框

（17）这时弹出 填充效果 对话框，选择 纹理 选项卡，在“纹理”列表框中选择一种纹理样式，如图 5.3.14 所示。

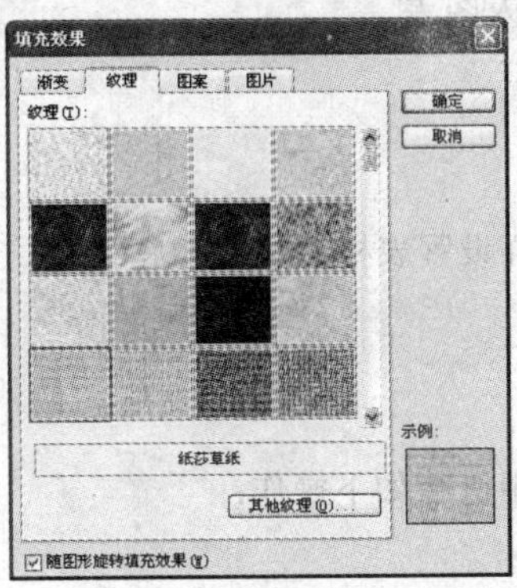


图 5.3.14　“纹理”选项卡

（18）单击 确定 按钮返回到 设置对象格式 对话框中，再单击 确定 按钮，为图表设置了背景效果。

（19）单击“常用”工具栏上的“保存”按钮，将该表格保存为“10 月份老蜂农蜂蜜销售量”，最终效果如图 5.3.1 所示。

## 本章小结

本章主要介绍了在幻灯片中插入表格和图表等内容。通过本章的学习，用户可以在 PowerPoint 中快速创建表格和图表，提高办公效率。

## 实训练习

### 一、填空题

1. 如果要绘制表格，单击“常用”工具栏中的________按钮即可。
2. 设置图表格式包括设置图表标题、________、________、________和设置数据系列格式。

### 二、选择题

1. 在 PowerPoint 中，下列有关表格的说法错误的是（ ）。
   A. 要向幻灯片中插入表格，需切换到普通视图
   B. 要向幻灯片中插入表格，需切换到幻灯片视图
   C. 不能在单元格中插入斜线
   D. 可以拆分单元格
2. 在 PowerPoint 中，通过“图表”菜单中的（ ）菜单项可以改变幻灯片中插入图表的类型。
   A. 图表类型　　B. 插入图表
   C. 文档结构图　　D. 绘图
3. 在 PowerPoint 中，关于在幻灯片中插入图表的说法中错误的是（ ）。
   A. 可以直接通过复制和粘贴的方式将图表插入到幻灯片中
   B. 对不含图表占位符的幻灯片可以插入新图表
   C. 只能通过插入包含图表的新幻灯片来插入图表
   D. 双击图表占位符可以插入图表

### 三、简答题

1. 怎样在幻灯片中创建表格？
2. 在 PowerPoint 2003 中，怎样设置表格的边框和底纹？
3. 怎样在幻灯片中插入图表？

### 四、上机操作题

创建一个演示文稿，在幻灯片中进行如下操作：

1. 在幻灯片中插入表格。
2. 在表格中输入文本内容，设置表格的边框和底纹。
3. 在演示文稿中新创建一张幻灯片，并在其中插入图表。
4. 更改图表的类型，并添加背景图片。

# 第 6 章　多媒体支持

作为一个优秀的多媒体演示文稿制作程序，PowerPoint 允许用户方便地插入影片和声音等多媒体对象，使用户的演示文稿从画面到声音，多方位地向观众传递信息。本章将介绍在幻灯片中插入影片及声音的方法，以及对插入的这些多媒体对象设置控制参数的方法。

## 知识要点

- 在幻灯片中插入影片
- 在幻灯片中插入声音
- 插入 CD 乐曲和录制声音

## 6.1　在幻灯片中插入影片

PowerPoint 中的影片包括视频和动画，用户可以在幻灯片中插入的视频格式有十几种，而可以插入的动画则主要是 GIF 动画。PowerPoint 支持的影片格式会随着媒体播放器的不同而有所不同。在 PowerPoint 中插入视频及动画的方式主要有从剪辑管理器插入和从文件插入两种。

### 6.1.1　插入剪辑管理器中的影片

在当前幻灯片中插入剪辑管理器中的影片，其具体操作步骤如下：

（1）打开需要插入影片的幻灯片。

（2）选择 插入(I) → 影片和声音(V) → 剪辑管理器中的影片(M)... 命令，打开 剪贴画 任务窗格，如图 6.1.1 所示。

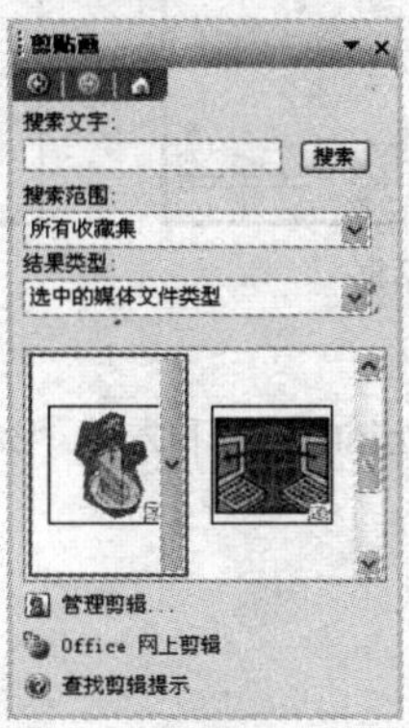


图 6.1.1　“剪贴画”任务窗格

（3）在“结果类型”下方的列表框中选择需要插入的影片，然后单击图片旁边的下三角按钮，从弹出的下拉菜单中选择 预览/属性(W) 命令，将弹出 预览/属性 对话框，如图 6.1.2 所示。

（4）在该对话框中预览影片的动态效果，单击 关闭(C) 按钮，返回到 剪贴画任务窗格。

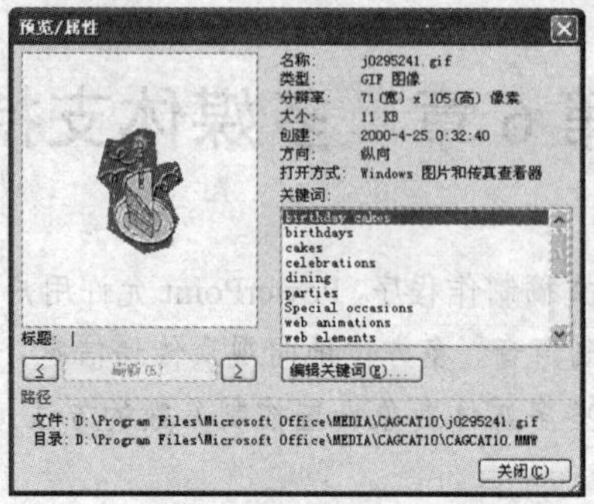


图 6.1.2 “预览/属性”对话框

（5）选择需要插入的影片，然后单击其旁边的下三角按钮，从弹出的下拉菜单中选择 插入(I) 命令即可。

## 6.1.2 插入来自文件的影片

很多情况下，PowerPoint 剪辑库中提供的影片并不能满足用户的需要，这时，可以选择插入来自文件中的影片。如果要插入来自文件的影片，其具体操作步骤如下：

（1）打开需要插入影片的幻灯片。

（2）选择 插入(I) → 影片和声音(V) → 文件中的影片(F)... 命令，弹出 插入影片 对话框，如图 6.1.3 所示。

（3）在“查找范围”下拉列表中选择需要插入的影片，单击 确定 按钮。

（4）在幻灯片中插入影片后的效果如图 6.1.4 所示。

图 6.1.3 “插入影片”对话框

图 6.1.4 插入来自文件的影片

**提示：**可以通过单击 PowerPoint 窗口下方的“幻灯片放映”按钮，预览插入影片的动态效果。

## 6.1.3 设置影片播放方式

在插入影片后，可以设置其播放方式，例如循环播放，或者是播放完一个影片文件之后自动返回到开始。

设置影片播放方式，其具体操作步骤如下：

（1）选中需要设置播放方式的影片。

（2）单击鼠标右键，从弹出的快捷菜单中选择 编辑影片对象(O) 命令，弹出 影片选项 对话框，如图 6.1.5 所示。

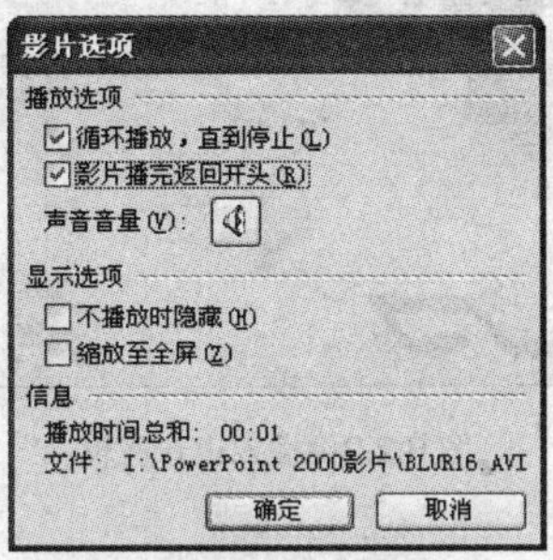


图 6.1.5 “影片选项”对话框

（3）在“播放选项”选项组中选中 循环播放，直到停止(L) 复选框，可以循环播放影片；如果选中 影片播完返回开头(R) 复选框，则使影片播放完后自动返回到开始。

（4）设置完成后单击 确定 按钮即可。

**提示：**一般情况下，在 PowerPoint 中不能控制 GIF 动画的播放，当放映至含有 GIF 动画的幻灯片时，动画会自动循环播放。

# 6.2 在幻灯片中插入声音

在制作幻灯片时，用户可以根据需要插入声音，以增加向观众传递信息的通道，增强演示文稿的感染力。插入声音文件时，需要考虑到在演讲时的实际需要，不能因为插入的声音影响演讲及观众的收听。插入声音包括插入剪辑管理器中的声音和插入来自文件的声音。

## 6.2.1 插入剪辑管理器中的声音

在幻灯片中插入剪辑管理器中的声音，其具体操作步骤如下：

（1）打开需要插入声音的幻灯片。

（2）选择 插入(I) → 影片和声音(V) → 剪辑管理器中的声音(S)... 命令，打开 剪贴画 任务窗格。

（3）在“结果类型”下方的列表框中将出现一些声音剪辑。

（4）选择要插入的声音剪辑，单击其右侧的下三角按钮，从弹出的下拉菜单中选择 插入(I) 命令。

（5）弹出如图 6.2.1 所示的提示框，如果要在幻灯片中自动播放声音，单击 自动(A) 按钮；如果想要在单击鼠标时才播放声音，则单击 在单击时(C) 按钮。

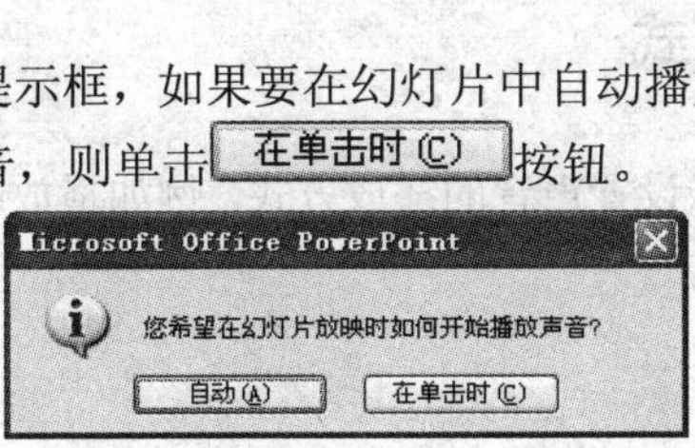


图 6.2.1 如何开始播放提示框

（6）在幻灯片中插入声音剪辑后的效果如图 6.2.2 所示。

图 6.2.2　插入声音剪辑

**提示：** 单击 剪贴画 任务窗格下方的 Office 网上剪辑 超链接，可以从网上查找更多的声音剪辑。

## 6.2.2　插入来自文件的声音

在幻灯片中插入来自文件的声音，其具体操作步骤如下：

（1）打开需要插入声音的幻灯片。

（2）选择 插入(I) → 影片和声音(V) → 文件中的声音(N)... 命令，弹出 **插入声音** 对话框，如图 6.2.3 所示。

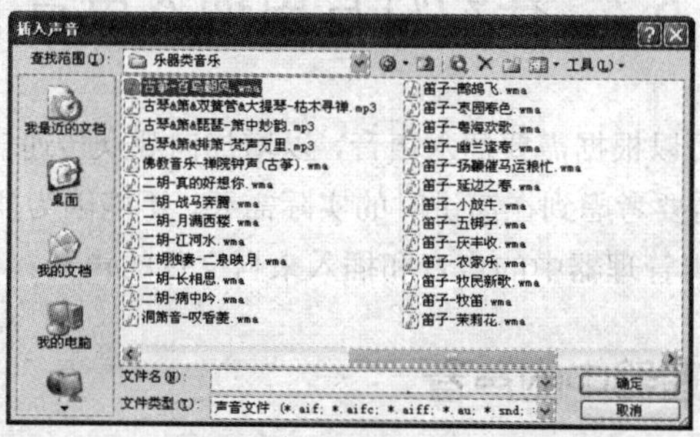

图 6.2.3　“插入声音”对话框

（3）在“查找范围”下拉列表中找到需要插入的声音剪辑，单击 确定 按钮即可。

**提示：** 插入声音文件后，幻灯片上将出现一个声音图标。如果要删除插入的声音，则删除声音图标即可。用户还可以在幻灯片中插入多个声音文件，PowerPoint 将按照插入的顺序依次播放。

## 6.2.3　设置声音播放方式

在幻灯片中插入声音后，可以设置声音的播放方式，例如播放起止时间、控制声音长度、鼠标移过播放声音以及播放录制的声音等。

### 1. 设置播放起止时间

设置播放起止时间，其具体操作步骤如下：

（1）打开插入声音剪辑的幻灯片。

（2）用鼠标右键单击幻灯片中的声音图标，从弹出的快捷菜单中选择 自定义动画(M)... 命令，打开 自定义动画 任务窗格，如图 6.2.4 所示。

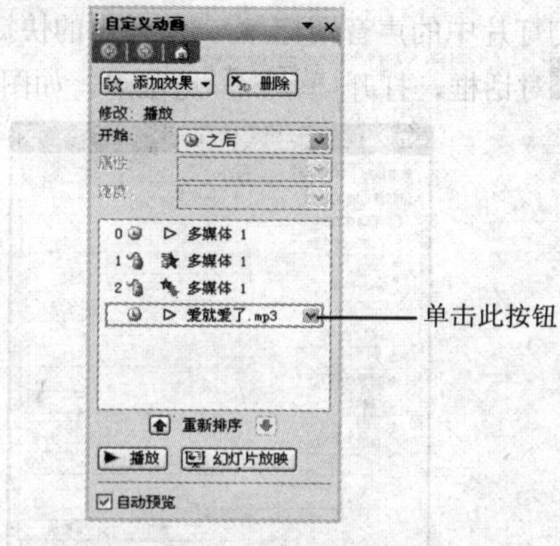


图 6.2.4　“自定义动画”任务窗格

（3）用鼠标单击插入的声音文件右侧的下三角按钮，弹出如图 6.2.5 所示的下拉菜单。

（4）从下拉菜单中选择 效果选项(E)... 命令，弹出的 播放 声音 对话框如图 6.2.6 所示。

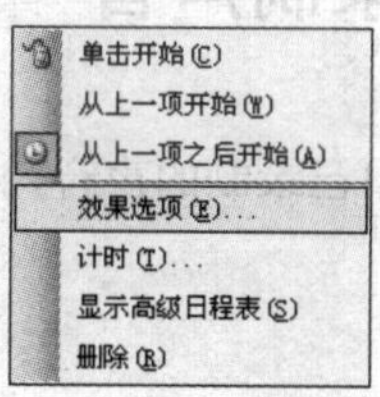


图 6.2.5　下拉菜单

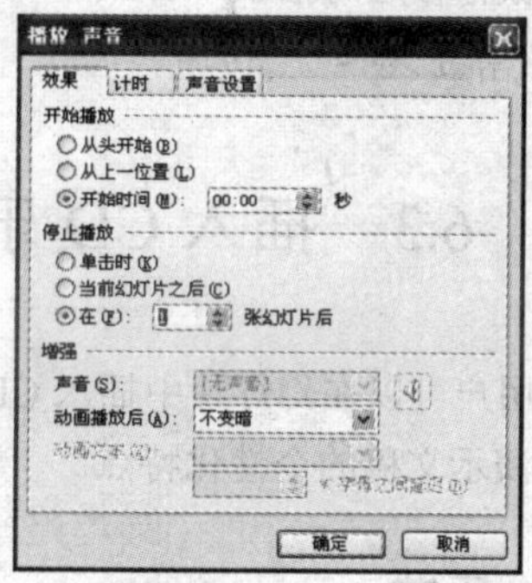


图 6.2.6　“播放声音”对话框

（5）打开 效果 选项卡，在“开始播放”选项组中根据需要设置声音开始播放的时间。

1）选中 从头开始(B) 单选按钮，在幻灯片放映时，声音从头开始播放。

2）选中 从上一位置(L) 单选按钮，可以将幻灯片中插入的声音设置为从上次停止播放的位置开始播放。

3）选中 开始时间(M)： 单选按钮，然后在后面的微调框中输入或者选择一个时间值，可以将幻灯片中插入的声音设置为在具体指定的时间间隔后进行播放。

（6）在“停止播放”选项组中，根据需要设置声音的停止播放时间。

1）选中 单击时(K) 单选按钮，在单击鼠标时停止播放声音。

2）选中 当前幻灯片之后(C) 单选按钮，则在放映完当前幻灯片之后开始播放声音。

3）选中 在(F)： 单选按钮，在其后的微调框中输入幻灯片的张数，将在设置的幻灯片放映完之后开始播放声音。

（7）打开 计时 和 声音设置 选项卡，可以在选项卡中设置声音播放时的延迟时间、速度以及音量等。

（8）设置完成后单击 确定 按钮，可以在放映幻灯片时测试设置的声音效果。

### 2. 鼠标移过播放声音

将插入的声音设置为当鼠标移过时开始播放，其具体操作步骤如下：

（1）打开需要设置声音的幻灯片。

（2）用鼠标右键单击幻灯片中的声音图标，从弹出的快捷菜单中选择 动作设置(A)... 命令，此时将弹出 动作设置 对话框，打开 鼠标移过 选项卡，如图 6.2.7 所示。

图 6.2.7 “鼠标移过”选项卡

（3）在“鼠标移过时的动作”选项组中选中 对象动作(A): 单选按钮，并在其下拉列表中选择“播放”选项，即可在鼠标移过时播放声音。

（4）设置完成后单击 确定 按钮。

## 6.3 插入 CD 乐曲和录制声音

在 PowerPoint 中，用户可以在幻灯片中插入 CD 乐曲和自己录制的声音，从而增强幻灯片的艺术效果，也更好地体现了演示文稿的个性化特点。

### 6.3.1 插入 CD 乐曲

在 PowerPoint 2003 中可以直接插入和播放 CD 唱片，应该注意的是，如果要在幻灯片中直接插入和播放 CD 就要求用户的计算机具有 CD-ROM 和在 Windows 下播放 CD 唱片的驱动程序，通过播放 CD 乐曲向演示文稿中添加音乐，但是这种声音文件不会添加到幻灯片中。

在幻灯片中插入 CD 乐曲，其具体操作步骤如下：

（1）打开要插入 CD 乐曲的幻灯片。

（2）选择 插入(I) → 影片和声音(V) → 播放 CD 乐曲(C)... 命令，弹出 插入 CD 乐曲 对话框，如图 6.3.1 所示。

（3）在“剪贴画选择”设置区域中的“开始曲目”和“结束曲目”微调框中输入开始与结束的曲目编号。

（4）在“播放选项”设置区域中选中 循环播放，直到停止(L) 复选框，可以重复播放声音；单击“声音音量”右侧的“声音”按钮，从弹出的列表框中可以调节音量的大小。

（5）在“显示选项”设置区域选中 幻灯片放映时隐藏声音图标(H) 复选框，可以在放映时隐藏声音图标。

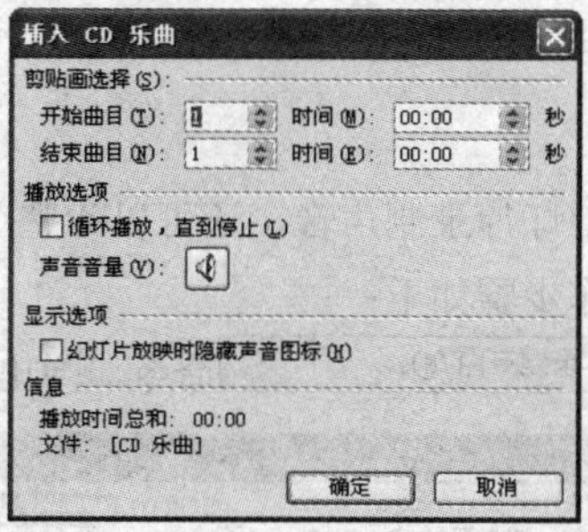

图 6.3.1 “插入 CD 乐曲”对话框

(6) 单击 确定 按钮，此时将弹出提示对话框，提示是否在幻灯片放映时自动播放声音，还是在单击鼠标时播放声音。

(7) 用户可以根据自己的需要单击 自动(A) 或 在单击时(C) 按钮，在幻灯片中插入 CD 的效果如图 6.3.2 所示。

图 6.3.2 插入 CD 乐曲

## 6.3.2 录制声音

用户可以在幻灯片中插入自己录制的声音，其具体操作步骤如下：

(1) 打开要录制声音的幻灯片。

(2) 选择 插入(I) → 影片和声音(V) → 录制声音(R) 命令，弹出 录音 对话框，如图 6.3.3 所示。

图 6.3.3 “录音”对话框

(3) 在“名称”文本框中输入要录制的声音文件名。

(4) 单击“录制”按钮 ●，开始录制声音。完成录音后，单击“停止”按钮 ■ 结束录音。

(5) 单击“播放”按钮 ▶，可以播放刚才录制的声音，检查录音的效果。如果不符合要求，单击 取消 按钮，不保存刚才录制的声音并返回到幻灯片中，然后再重新录制。

**提示**：对于自己录制的声音，在进行幻灯片放映时不会自动播放，单击它的图标便可播放。

### 6.3.3 录制旁白

除了可以在演示文稿中为单张幻灯片录制声音，还可以为整个演示文稿重新录制旁白。

在幻灯片中录制旁白的具体操作步骤如下：

（1）选择 幻灯片放映(D) → 录制旁白(N)... 命令，弹出 录制旁白 对话框，如图 6.3.4 所示。

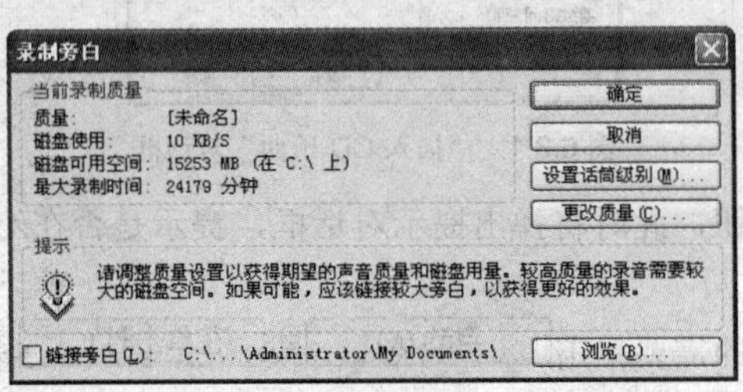


图 6.3.4 “录制旁白”对话框

（2）单击 设置话筒级别(M)... 按钮，弹出 话筒检查 对话框，可以在其中进行话筒检查，如图 6.3.5 所示。

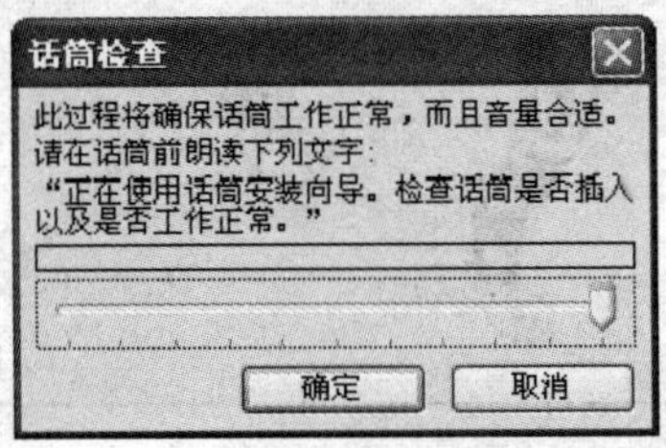


图 6.3.5 “话筒检查”对话框

（3）单击 更改质量(C)... 按钮，弹出 声音选定 对话框，在“名称”下拉列表中选择一种声音，也可以从“属性”下拉列表中选择一种声音的属性值，如图 6.3.6 所示。

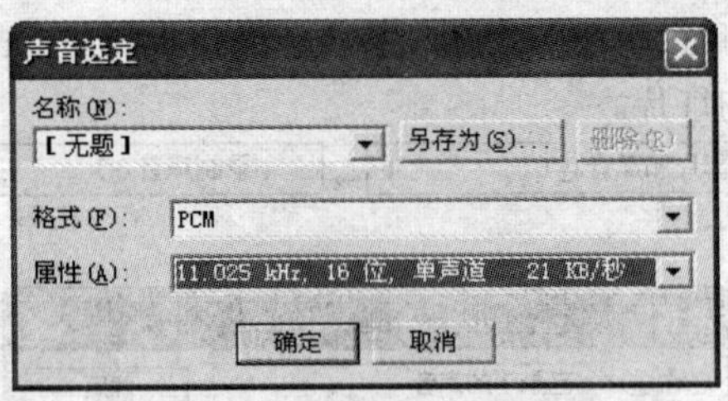


图 6.3.6 “声音选定”对话框

（4）设置完成后，单击 确定 按钮返回 录制旁白 对话框。单击 确定 按钮，进入幻灯片放映视图，开始幻灯片的演示。在演示的同时，可以对着麦克风说话为演示文稿录制旁白。

（5）录制完一张幻灯片旁白以后，可以按正常的切换方法切换到其他的幻灯片，继续录制旁白。

（6）在屏幕上单击鼠标右键，从弹出的快捷菜单中选择 暂停旁白(U) 命令，可以暂停录制语音旁白。

（7）录制完所有的旁白后，在屏幕上单击鼠标右键，从弹出的快捷菜单中选择 结束放映(E) 命令，系统弹出如图 6.3.7 所示的信息提示框。

图 6.3.7 信息提示框

（8）单击保存(S)按钮，在每张幻灯片右下角将显示一个声音图标，表示幻灯片中已经录制旁白。

**注意**：在幻灯片放映期间录制和播放旁白，需要在计算机内安装声卡、麦克风和扬声器。

## 6.4 应用实例——为演示文稿添加背景音乐

本例为“鲜花相册.ppt”演示文稿添加背景音乐。

（1）打开“鲜花相册.ppt”演示文稿。

（2）选择插入(I)→影片和声音(V)→文件中的声音(N)...命令，弹出**插入声音**对话框，在“查找范围“中找到需要插入的声音文件，如图 6.4.1 所示。

（3）单击确定按钮，系统弹出一个信息提示框（见图 6.4.2），在此我们选择自动播放方式，单击自动(A)按钮。

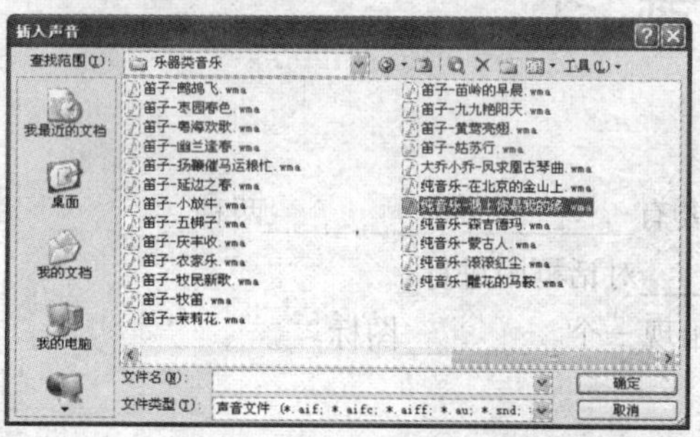


图 6.4.1 “插入声音”对话框

图 6.4.2 如何开始播放提示框

（4）将幻灯片上出现的声音图标拖动至幻灯片右下角位置，如图 6.4.3 所示。

图 6.4.3 添加的声音

（5）在声音图标上单击鼠标右键，从弹出的快捷菜单中选择编辑声音对象(O)命令，弹出**声音选项**对话框。选中☑循环播放，直到停止(L)和☑幻灯片放映时隐藏声音图标(H)复选框，如图 6.4.4 所示。

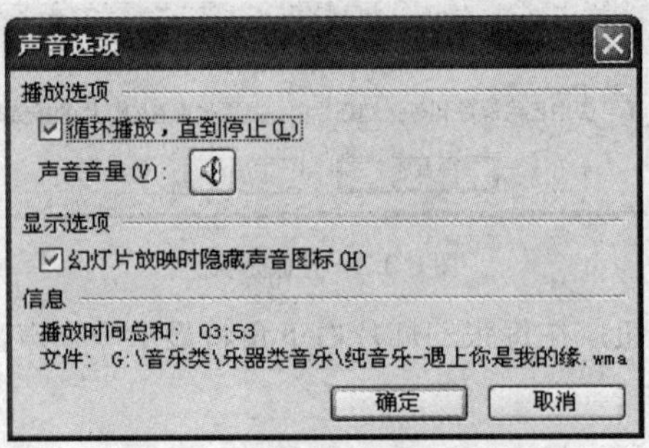


图 6.4.4　设置声音播放方式

（6）单击 确定 按钮返回幻灯片中。单击幻灯片放映按钮，在放映幻灯片的同时就可以听到刚才添加的声音文件了。

## 本 章 小 结

本章主要介绍了在幻灯片中插入影片和声音、插入 CD 乐曲和录制声音等内容。通过本章的学习，用户可以制作出声情并茂、生动感人的演示文稿，从而丰富演示文稿的表达效果。

## 实 训 练 习

### 一、填空题

1．在 PowerPoint 中插入视频及动画的方式主要有__________和__________两种。

2．若要设置影片的播放方式，可以在 __________对话框中进行。

3．在幻灯片中插入声音文件后，幻灯片上将出现一个__________图标。

### 二、选择题

1．在幻灯片中，可以插入（　）。

A．影片　　B．声音

C．动画　　D．Word 文稿

2．当在幻灯片中插入了声音后，幻灯片中将出现（　）。

A．喇叭标记　　B．一段文字说明

C．链接说明　　D．链接按钮

3．要为幻灯片添加解说词，应该选择“幻灯片放映”菜单中的（　）命令。

A．排练计时　　B．录制旁白

C．自定义放映　　D．联机广播

### 三、简答题

1．怎样在幻灯片中插入文件中的影片和声音。

2．怎样控制影片和声音的播放方式？

3．简述在幻灯片中录制声音的方法。

4．如何给演示文稿配上旁白？

**四、上机操作题**

1．打开一个需要插入影片的幻灯片，要求：

（1）插入影片剪辑库中“剪辑管理器”中的时钟（第二行第一个剪辑）。

（2）在播放该幻灯片时自动播放，并播放当前影片。

2．在当前幻灯片中插入一段录制好的5秒种声音（声音在插入时录制）。

# 第 7 章　设置演示文稿外观

为了制作出一个精美的演示文稿，在演示文稿制作完成后，还必须对演示文稿的外观进行美化和编辑，也就是修改演示文稿的版式、设计模板、配色方案、幻灯片背景和母版等。本章将介绍 PowerPoint 的设计模板、更改和编辑幻灯片母版以及设置主题颜色和背景样式的方法。

## 知识要点

- 应用设计模板
- 应用配色方案
- 设置幻灯片的背景
- 设置母版

## 7.1　应用设计模板

如果想改变演示文稿的外观，最简单易行的方法就是应用另一种模板。在 PowerPoint 2003 中，系统提供了许多种设计模板，这些模板提供了许多背景图案，可以帮助用户创建精美的幻灯片，而且用户也可以根据自己的需要创建设计模板。

### 7.1.1　使用已有的模板

PowerPoint 2003 应用程序中自带了许多模板，用户可以通过这些模板快速创建幻灯片。

应用设计模板，其具体操作步骤如下：

（1）打开一个需要应用或更换模板的幻灯片。

（2）选择 文件(F) → 新建(N)... Ctrl+N 命令，或者在“格式”工具栏中单击 设计(S) 按钮，打开 幻灯片设计 任务窗格，如图 7.1.1 所示。

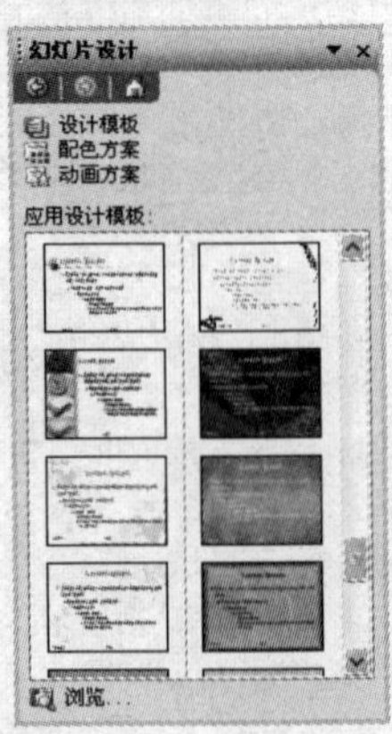


图 7.1.1　“幻灯片设计”任务窗格

（3）在“应用设计模板”列表框中列出了几十种设计模板，选择所需要应用的幻灯片模板，单击其右侧的下三角按钮，弹出如图 7.1.2 所示的下拉列表。

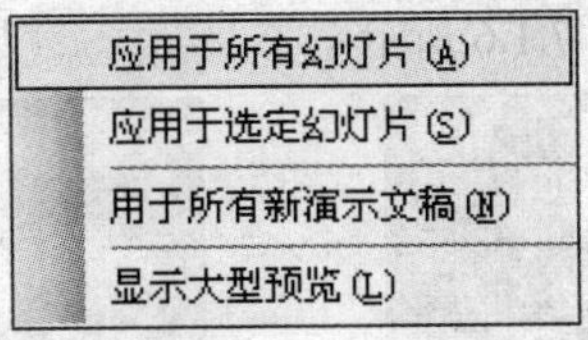


图 7.1.2　下拉列表

（4）如要将选中的设计模板应用于所有的幻灯片中，选择 应用于所有幻灯片(A) 命令；如果要应用于特定的幻灯片，选择 应用于选定幻灯片(S) 命令；如果应用于所有的新演示文稿中，则选择 用于所有新演示文稿(N) 命令。

（5）用户还可以单击 浏览... 超链接，弹出 **应用设计模板** 对话框，如图 7.1.3 所示。

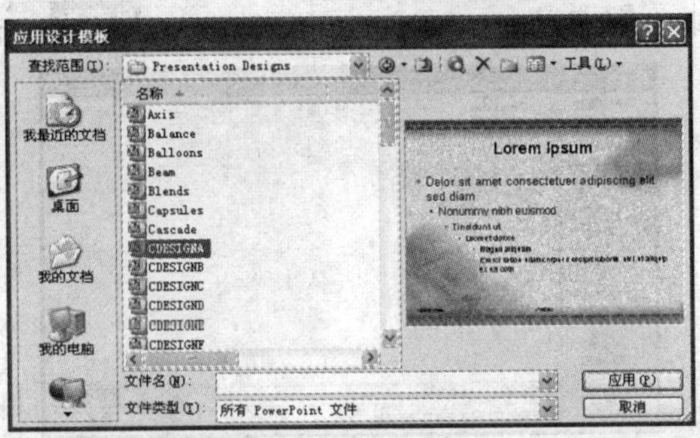


图 7.1.3　“应用设计模板”对话框

（6）打开“Presentation Designs”文件夹，在该文件中列出了 50 多种幻灯片模板，选择要应用的模板，在其右侧可以预览设计模板的样式。

（7）最后单击 应用(P) 按钮，应用模板后的幻灯片效果如图 7.1.4 所示。

图 7.1.4　应用模板效果

## 7.1.2　设计新模板

如果 PowerPoint 应用程序自带的模板不能满足用户的要求，或者在制作演示文稿时，用户喜欢使用自己设计的模板，那么也可以将自己的幻灯片模板添加到 **应用设计模板** 对话框中，这时用户可以在制作演示文稿时，使用自己设计的模板。

设计新模板，其具体操作步骤如下：

（1）新建或打开已有幻灯片，如图 7.1.5 所示。

（2）可以看到在幻灯片中包含文本和图形对象，如果要添加该模板，就必须删除所有可编辑的内容，只保留模板的样式，效果如图 7.1.6 所示。

图 7.1.5　打开的幻灯片

图 7.1.6　幻灯片模板

（3）选择 文件(F) → 另存为(A)... 命令，弹出 另存为 对话框，如图 7.1.7 所示。

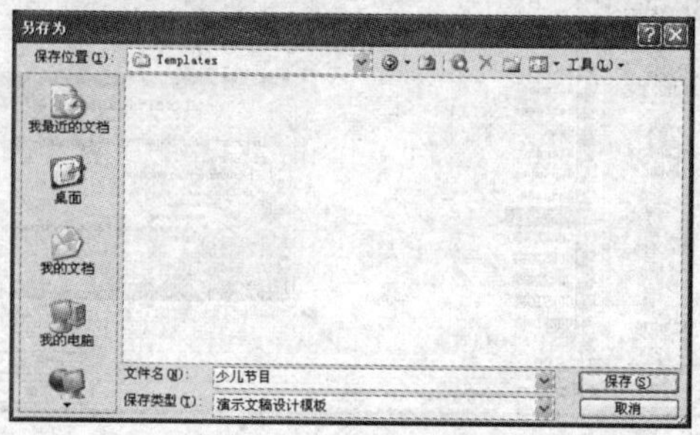


图 7.1.7　“另存为”对话框

（4）在“保存类型”下拉列表中选择“演示文稿设计模板”选项，此时在对话框的“保存位置”下拉列表中会自动打开“Templates”文件夹（见图 7.1.7），在“文件名”文本框中输入设计模板的名称，如“少儿节目”。

（5）设置完成后，单击 保存(S) 按钮，打开的幻灯片将被添加到模板中。

（6）当要使用该模板时，在 幻灯片设计 任务窗格的下方单击 浏览... 超链接，弹出 应用设计模板 对话框。

（7）在该对话框中可以看到添加的模板，如图 7.1.8 所示。

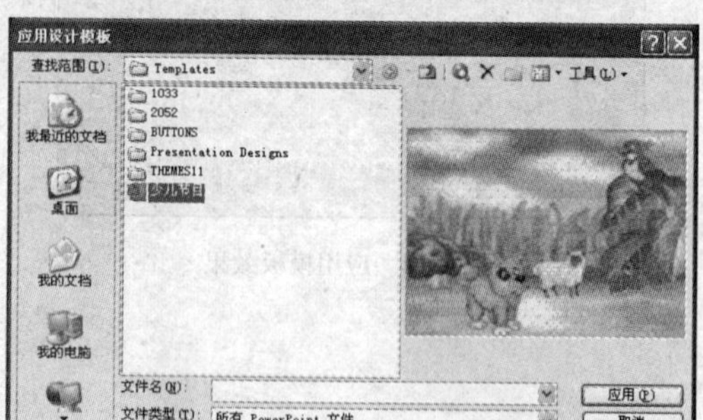


图 7.1.8　“应用设计模板”对话框

（8）选择新添加的模板，单击 应用(P) 按钮即可。

# 7.2　应用配色方案

配色方案由幻灯片设计中的 8 种颜色组成，分别为背景颜色、文本、线条、阴影、标题文本、填充、强调和超链接。每个模板包含一个标准的配色方案，这些配色方案既可以应用于特定的幻灯片中，也可以应用于所有幻灯片中。

## 7.2.1　使用标准配色方案

使用标准配色方案是改变演示文稿配色方案最简单的方法，其具体操作步骤如下：

（1）打开要应用配色方案的幻灯片。

（2）选择 格式(O) → 幻灯片设计(D)... 命令，打开 幻灯片设计 任务窗格。

（3）在该任务窗格中单击 配色方案 超链接，在 幻灯片设计 任务窗格的“应用配色方案”列表框中列出了系统自带的配色方案，如图 7.2.1 所示。

（4）在该列表框中选择配色方案，单击其右侧的下三角箭头，弹出如图 7.2.2 所示的下拉菜单。

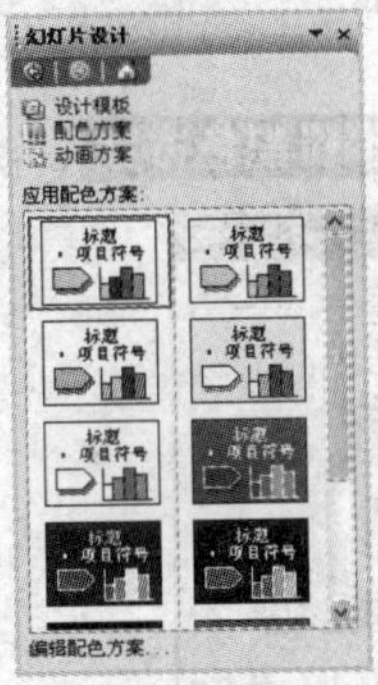


图 7.2.1　“幻灯片设计”任务窗格

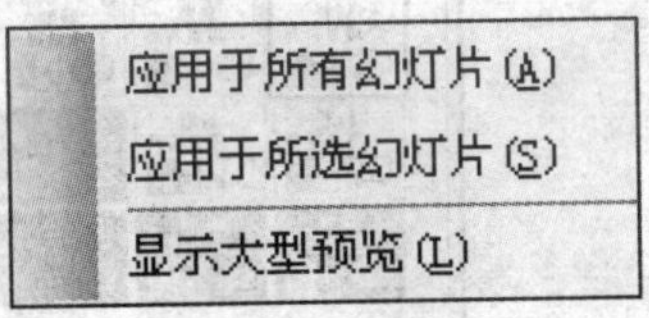


图 7.2.2　下拉菜单

（5）在下拉菜单中选择 应用于所有幻灯片(A) 命令，将配色方案应用于当前演示文稿的所有幻灯片中；如果选择 应用于所选幻灯片(S) 命令，该配色方案只应用于当前所选幻灯片；如果选择 显示大型预览(L) 命令，将使“应用配色方案”列表框中的配色方案样式以较大的形式显示，如图 7.2.3 所示。

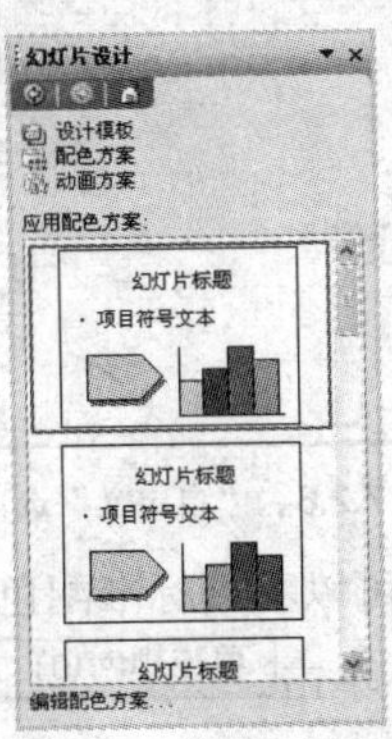


图 7.2.3　较大形式显示的“幻灯片设计”任务窗格

（6）在幻灯片中应用一种配色方案后的效果如图 7.2.4 所示。

图 7.2.4　应用配色方案效果

## 7.2.2　自定义配色方案

如果应用程序自带的配色方案不能满足用户的要求，可以创建自定义配色方案，并应用于演示文稿中。

自定义配色方案，其具体操作步骤如下：

（1）打开一个演示文稿，选择 格式(O) → 幻灯片设计(D)... 命令，打开 幻灯片设计 任务窗格。

（2）单击任务窗格下方的 编辑配色方案... 超链接，弹出 编辑配色方案 对话框，如图 7.2.5 所示。

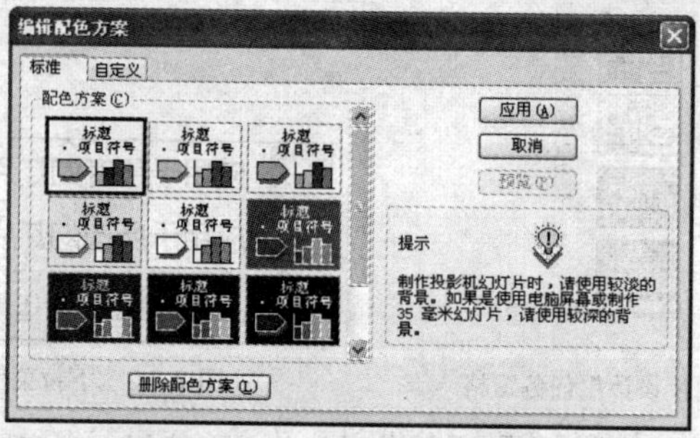

图 7.2.5　“编辑配色方案”对话框

（3）单击 自定义 标签，打开 自定义 选项卡，如图 7.2.6 所示。

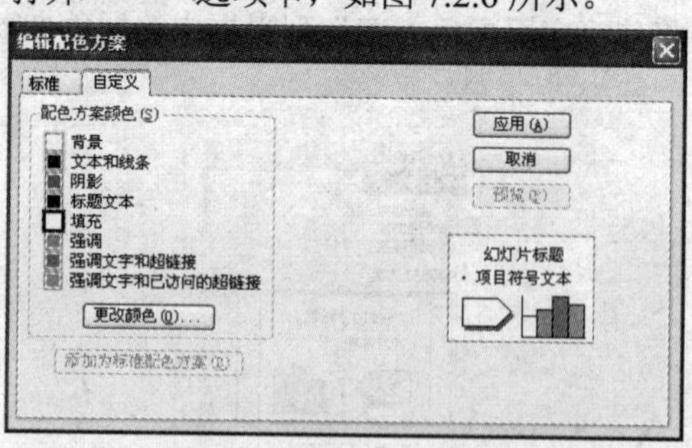

图 7.2.6　“自定义”选项卡

（4）在“配色方案颜色”列表框中可以看到标准配色方案，如果要更改其配色方案，选中要更改的颜色选项，例如选择“填充”选项，单击 更改颜色(O)... 按钮。

（5）弹出 背景色 对话框，打开 标准 选项卡，在“颜色”列表框中选择需要的颜色，如图 7.2.7 所示。

**提示：** 如果 标准 选项卡中的颜色不能满足需要时，可以打开 自定义 选项卡，在 自定义 选项卡中的“颜色”设置区域中拖动右侧的黑色三角形，调出所需的颜色，如图 7.2.8 所示，然后单击 确定 按钮。

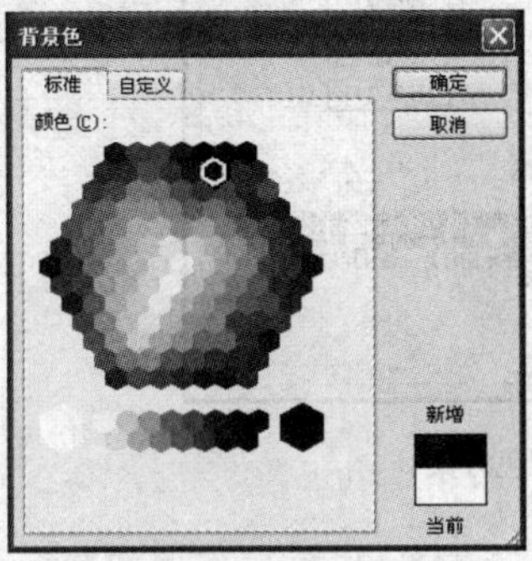


图 7.2.7　“标准”选项卡

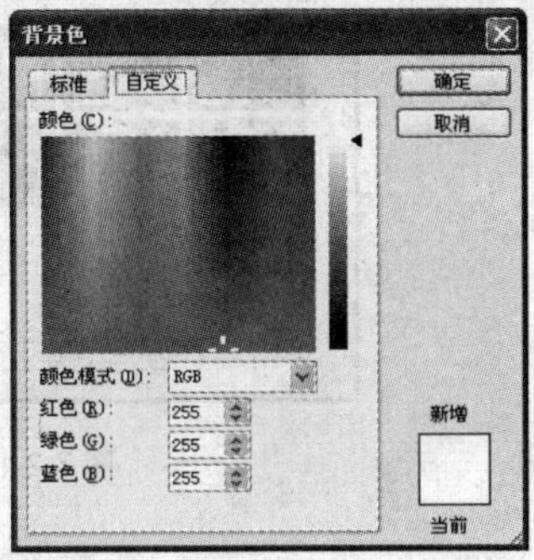


图 7.2.8　“颜色模式”设置

（6）在 **编辑配色方案** 对话框中更改配色方案后的效果如图 7.2.9 所示。

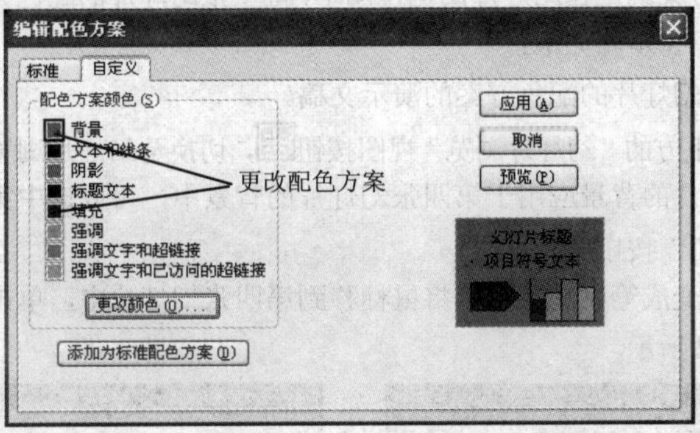


图 7.2.9　更改配色方案效果

## 7.2.3　添加和删除配色方案

创建一种自定义的配色方案后，可以将其添加到配色方案列表框中，也可以删除不需要的配色方案。

### 1．添加配色方案

添加配色方案，其具体操作步骤如下：

（1）打开 **幻灯片设计** 任务窗格，单击 编辑配色方案... 超链接，弹出 **编辑配色方案** 对话框。

（2）单击 自定义 标签，打开 自定义 选项卡，在该选项卡中更改配色方案的颜色，然后单击 添加为标准配色方案(D) 按钮，即可将更改后的配色方案添加到 **编辑配色方案** 对话框的 标准 选项卡中。

### 2．删除配色方案

删除配色方案，其具体操作步骤如下：

（1）打开编辑配色方案对话框，单击标准标签，打开标准选项卡。

（2）选中要删除的配色方案，单击删除配色方案(L)按钮即可，如图 7.2.10 所示。

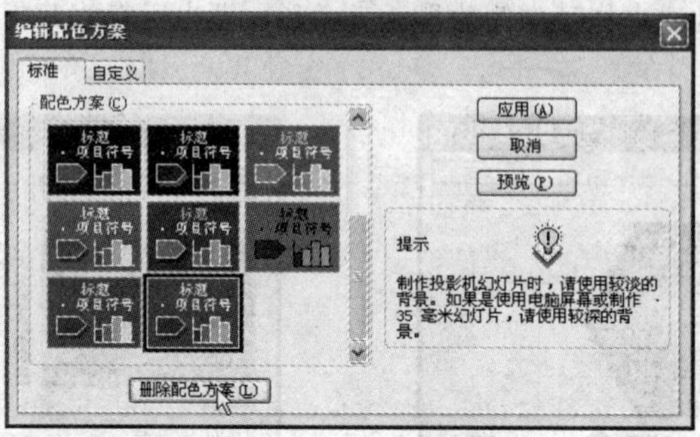


图 7.2.10　删除配色方案

### 7.2.4　传递幻灯片的配色方案

传递幻灯片的配色方案就是在幻灯片浏览视图下，将一张幻灯片的配色方案应用于其他的一张或多张幻灯片中，其具体操作步骤如下：

（1）打开需要传递幻灯片的配色方案的演示文稿。

（2）单击演示文稿下方的“幻灯片浏览”视图按钮，切换至幻灯片浏览视图，如图 7.2.11 所示。

（3）将第一张幻灯片的背景应用于第四张幻灯片的背景中，可以选中第一张幻灯片，单击“常用”工具栏中的“格式刷”按钮。

（4）此时鼠标指针变成笔刷的形状，将鼠标移到第四张幻灯片中，单击鼠标应用第一张幻灯片的背景，效果如图 7.2.12 所示。

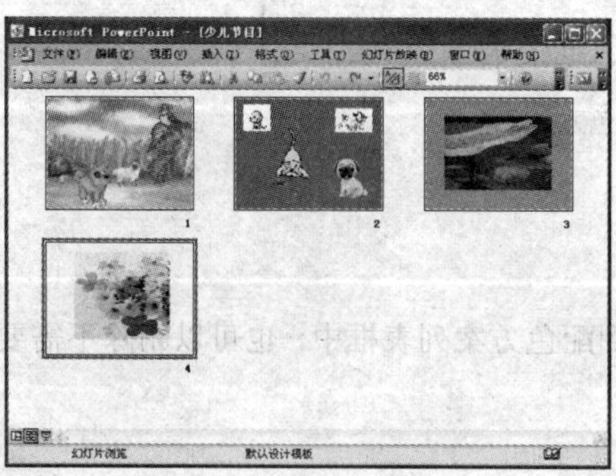

图 7.2.11　幻灯片浏览视图

图 7.2.12　传递配色方案效果

**技巧**：如果要将一张幻灯片中的配色方案同时应用于多张幻灯片时，双击“常用”工具栏中的“格式刷”按钮，然后依次单击要应用配色方案的幻灯片即可。

## 7.3　设置幻灯片的背景

要使幻灯片的效果更加精美，可以更改幻灯片、备注及讲义的背景颜色，其中包括幻灯片的渐变颜色、纹理、图案和图片等。

### 7.3.1　设置背景颜色

PowerPoint 应用程序默认幻灯片为白色，可利用“背景”对话框设置背景颜色，其具体操作步骤如下：

（1）打开要设置背景的幻灯片。

（2）选择 格式(O) → 背景(K)... 命令，或者在幻灯片空白处单击鼠标右键，从弹出的快捷菜单中选择 背景(K)... 命令，弹出 背景 对话框，如图 7.3.1 所示。

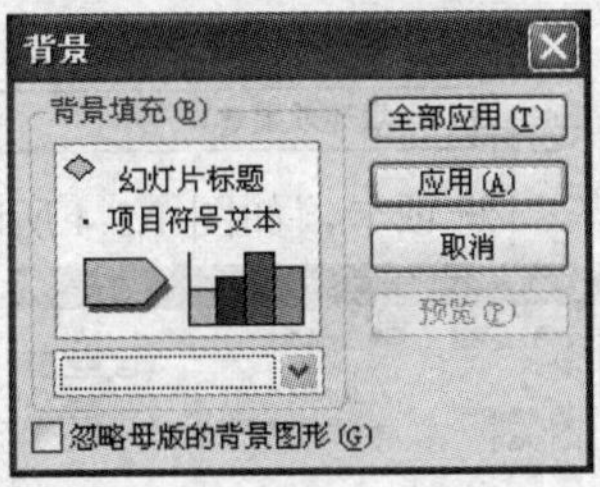


图 7.3.1　“背景”对话框

（3）在“背景填充”下拉列表中选择需要的背景颜色，如图 7.3.2 所示。

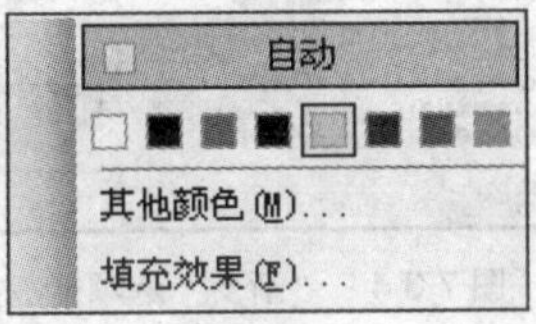


图 7.3.2　“背景填充”下拉列表

（4）如果颜色列表框中的颜色不能满足用户要求时，在该列表中选择 其他颜色(M)... 选项，弹出 颜色 对话框，如图 7.3.3 所示。

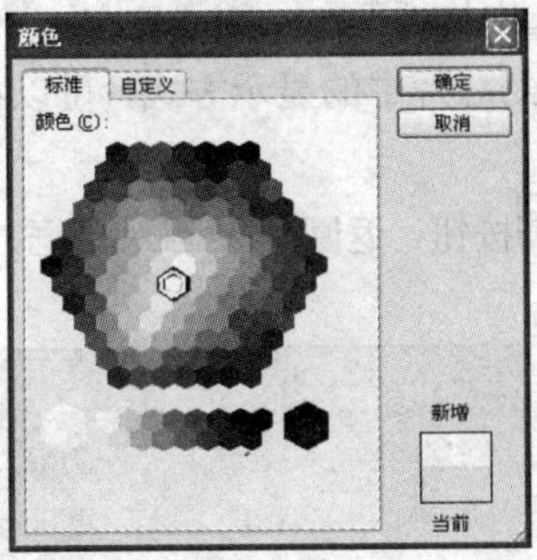


图 7.3.3　“颜色”对话框

（5）在“颜色”列表中选择需要的颜色，单击 确定 按钮，返回到 背景 对话框中。如果要将设置的颜色应用于演示文稿的所有幻灯片中，单击 全部应用(T) 按钮；如果只想应用于当前幻灯片中，则单击 应用(A) 按钮。

**提示：** 也可以在 颜色 对话框中单击 自定义 标签，打开 自定义 选项卡，在该选项卡中自定义颜色。

## 7.3.2 设置特殊背景

除了对幻灯片进行普通的颜色设置外，还可以进行特殊效果设置，如：设置幻灯片的渐变颜色、纹理、图案和图片等。

### 1. 设置渐变颜色

为幻灯片设置渐变颜色，其具体操作步骤如下：

（1）打开需要设置渐变颜色的幻灯片。

（2）在幻灯片空白处单击鼠标右键，从弹出的快捷菜单中选择 背景(K)... 命令，弹出 背景 对话框。

（3）在“背景填充”下拉列表中选择 填充效果(F)... 选项，弹出 填充效果 对话框。

（4）单击 渐变 标签，打开 渐变 选项卡，如图 7.3.4 所示。

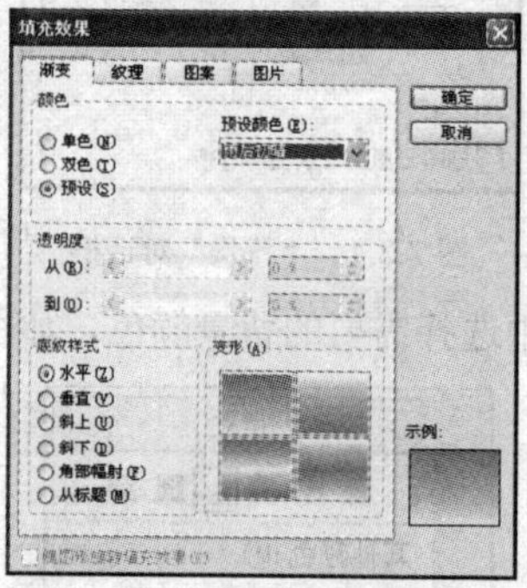

图 7.3.4 “渐变”选项卡

（5）在“颜色”选项组中，如果选中 单色(N) 单选按钮，只能设置一种颜色；如果选中 双色(T) 单选按钮，可以自定义两种颜色；如果选中 预设(S) 单选按钮，在“预设颜色”下拉列表中选择系统自带的颜色。

（6）在“底纹样式”选项组中，选中 水平(Z)、垂直(V)、斜上(U)、斜下(D)、角部辐射(F) 或 从标题(M) 单选按钮，设置颜色在幻灯片中的显示方式，可以在“变形”列表框中选择预览颜色的样式效果。

（7）设置完成后单击 确定 按钮，返回到 背景 对话框，单击 应用(A) 按钮，幻灯片渐变效果如图 7.3.5 所示。

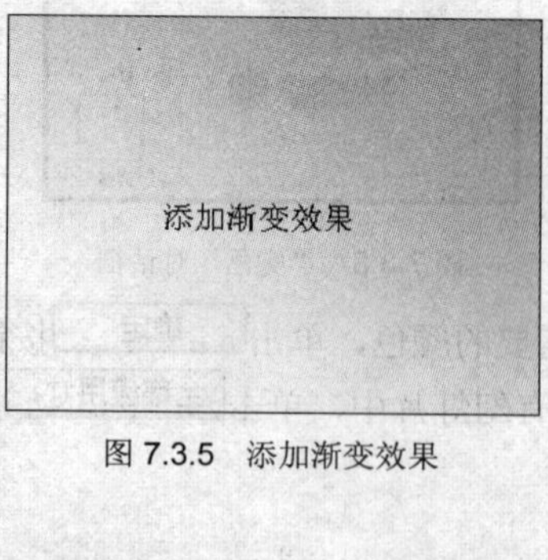


图 7.3.5 添加渐变效果

### 2. 设置纹理效果

（1）在 填充效果 对话框中单击 纹理 标签，打开 纹理 选项卡，如图 7.3.6 所示。

（2）在“纹理”列表框中选择一种纹理效果，单击 确定 按钮返回到 背景 对话框，单击 应用(A) 按钮，幻灯片纹理效果如图 7.3.7 所示。

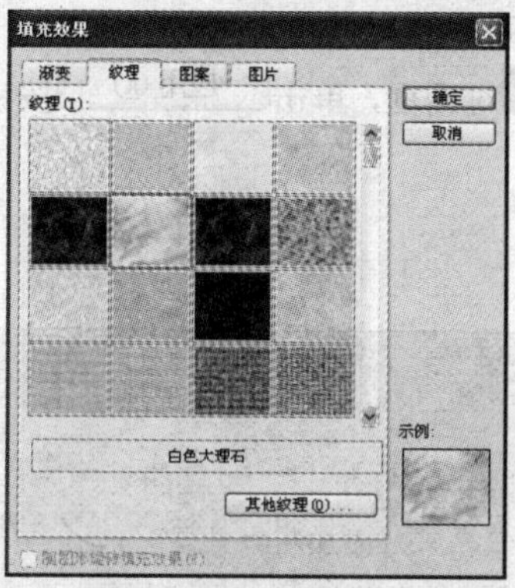


图 7.3.6　“纹理”选项卡

图 7.3.7　添加纹理效果

（3）如果“纹理”列表框中自带的纹理不能满足用户要求时，可以在 纹理 选项卡中单击 其他纹理(O)... 按钮，弹出 选择纹理 对话框，如图 7.3.8 所示。

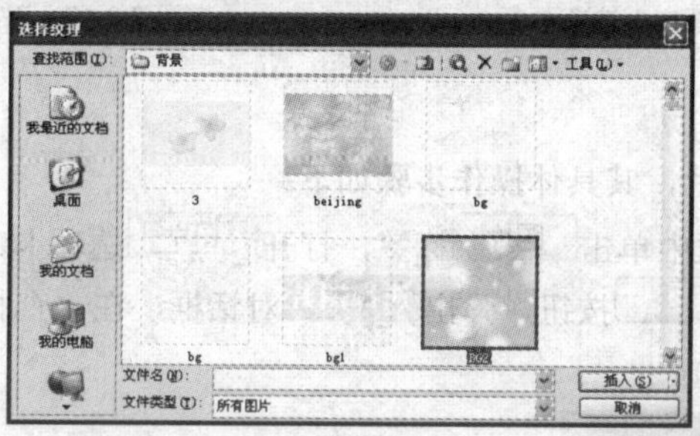


图 7.3.8　“选择纹理”对话框

（4）在“查找范围”下拉列表中选择需要的纹理，单击 插入(S) 按钮，该纹理效果将被自动添加到 纹理 选项卡中的列表框中，如图 7.3.9 所示。

（5）单击 确定 按钮，返回到 背景 对话框，单击 应用(A) 按钮，幻灯片纹理效果如图 7.3.10 所示。

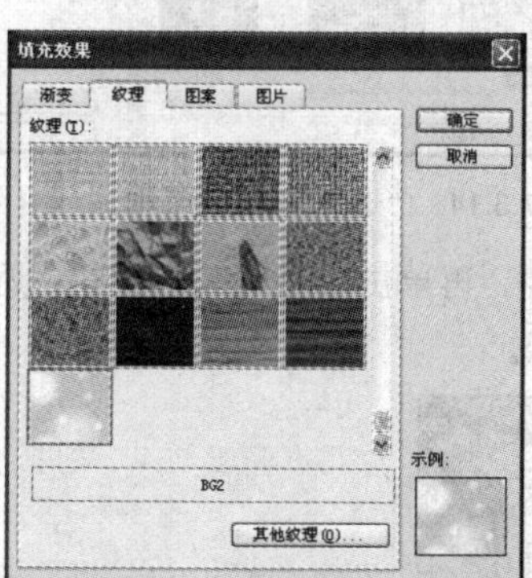


图 7.3.9　添加纹理

图 7.3.10　添加纹理效果

### 3. 设置图案

为幻灯片设置图案，其具体操作步骤如下：

（1）在**填充效果**对话框中单击 图案 标签，打开 图案 选项卡，如图 7.3.11 所示。

（2）在“图案”列表框中选择一种图案样式；在“前景”下拉列表中选择图案的前景色；在“背景”下拉列表中选择图案的背景色；在“示例”预览区可以预览效果。

（3）设置完成后单击 确定 按钮，返回到**背景**对话框，单击 应用(A) 按钮，幻灯片的图案效果如图 7.3.12 所示。

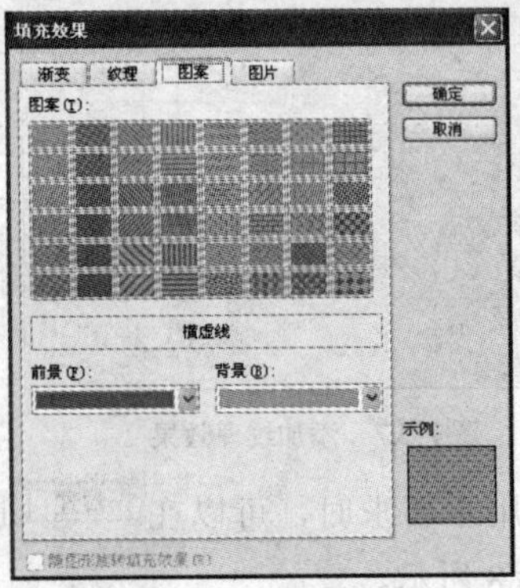


图 7.3.11 “图案”选项卡

图 7.3.12 添加图案效果

### 4. 设置图片

为幻灯片的背景设置图片，其具体操作步骤如下：

（1）在**填充效果**对话框中单击 图片 标签，打开 图片 选项卡，如图 7.3.13 所示。

（2）单击 选择图片(L)... 按钮，弹出**选择图片**对话框，在“查找范围”下拉列表中选择需要设置的图片，如图 7.3.14 所示。

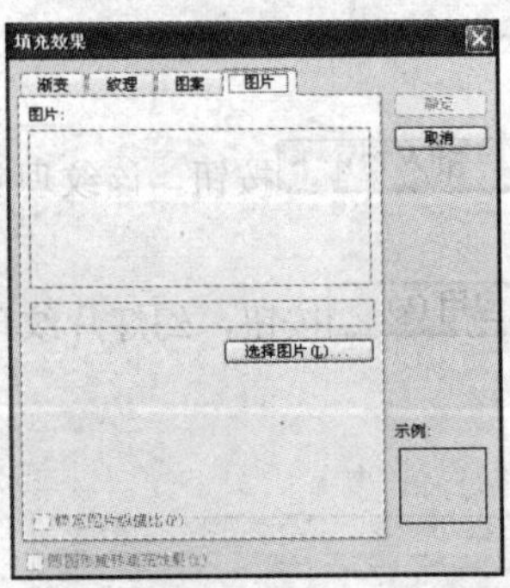


图 7.3.13 “图片”选项卡

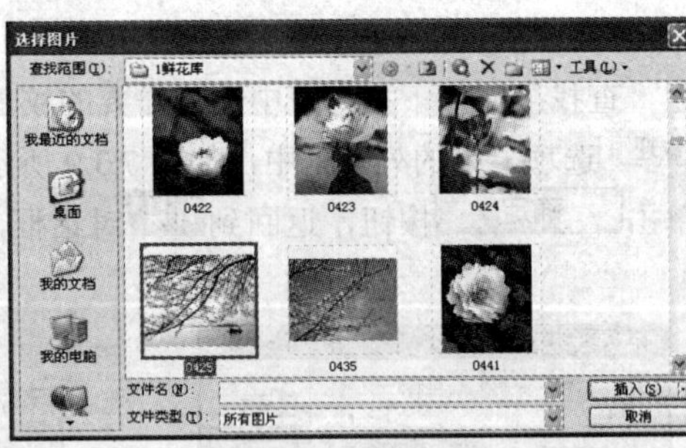


图 7.3.14 “选择图片”对话框

（3）单击 插入(S) 按钮，返回到 图片 选项卡中，再单击 确定 按钮，返回到**背景**对话框，单击 应用(A) 按钮，幻灯片效果如图 7.3.15 所示。

图 7.3.15 添加图片效果

# 7.4 设 置 母 版

PowerPoint 2003 中包含 3 种母版，它们是幻灯片母版、讲义母版和备注母版。当需要设置幻灯片风格时，可以在幻灯片母版视图中进行设置；当需要将演示文稿以讲义形式打印输出时，可以在讲义母版中进行设置；当需要在演示文稿中插入备注内容时，则可以在备注母版中进行设置。

## 7.4.1 幻灯片母版

幻灯片母版是最常用的母版，它用于存储有关应用的设计模板信息的幻灯片，包括字形、占位符大小和位置、背景设计和配色方案。它可以对演示文稿进行全面更改，并使其应用到该演示文稿的所有幻灯片中。

### 1. 插入幻灯片母版

（1）打开一个需要插入幻灯片母版的演示文稿。

（2）选择 视图(V) → 母版(M) → 幻灯片母版(S) 命令，打开“幻灯片母版”视图，如图 7.4.1 所示。

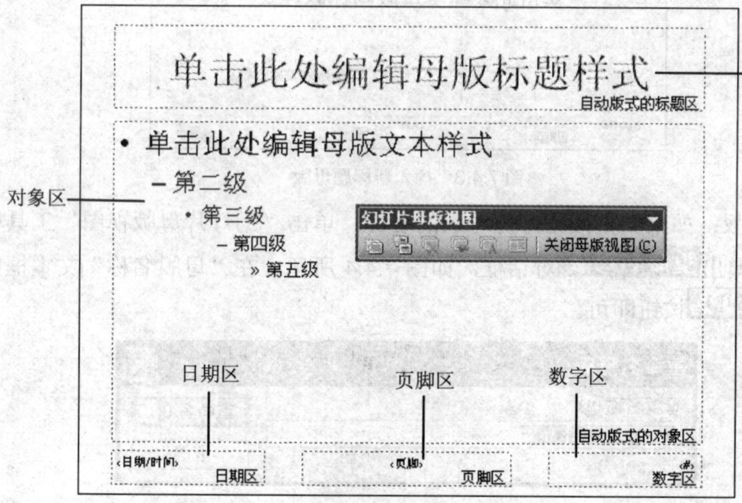


图 7.4.1 幻灯片母版

（3）幻灯片母版中各部分的功能如表 7.1 所示。

表 7.1 幻灯片母版中各占位符的功能

| 区 域 | 功 能 |
| --- | --- |
| 标题区 | 设置演示文稿中所有幻灯片标题文字的格式、位置和大小 |
| 对象区 | 设置幻灯片所有对象的文字格式、位置和大小，以及项目符号的风格 |
| 日期区 | 为演示文稿中的每一张幻灯片自动添加日期，并决定日期的位置、文字的大小和字体 |
| 页脚区 | 给演示文稿中的每一张幻灯片添加页脚，并决定页脚文字的位置、大小和字体 |
| 数字区 | 给演示文稿中的每一张幻灯片自动添加序号，并决定序号的位置、文字的大小和字体 |

（4）在插入幻灯片后，系统会自动打开“幻灯片母版视图”工具栏，如图 7.4.2 所示。

图 7.4.2 “幻灯片母版视图”工具栏

### 2. 编辑幻灯片母版

除了在幻灯片母版视图中编辑常用的几个设置外（例如，调整其大小、设置字体、设置项目符号和编辑），还可以利用“幻灯片母版视图”工具栏来进行设置。

（1）插入新幻灯片母版：如果要插入一个新幻灯片母版，在“幻灯片母版视图”工具栏中单击“插入新幻灯片母版”按钮，这时自动插入一个新的幻灯片母版。

（2）插入新标题母版：如果要插入一个新标题母版，在“幻灯片母版视图”工具栏中单击“插入新标题母版”按钮，则自动插入一个新标题母版，如图 7.4.3 所示。

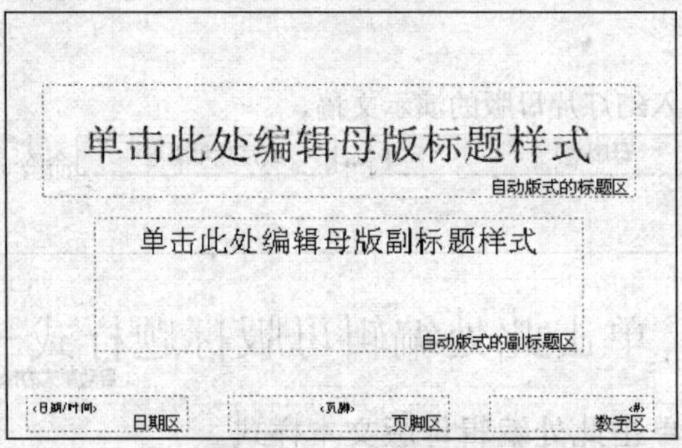


图 7.4.3 插入新标题母版

（3）重命名母版：如果要更改幻灯片母版的名称，单击“幻灯片母版视图”工具栏上的“重命名母版”按钮，弹出**重命名母版**对话框，如图 7.4.4 所示，在“母版名称”文本框中输入要命名的名称，单击 重命名(R) 按钮即可。

图 7.4.4 “重命名母版”对话框

（4）删除母版：在“大纲”窗格中选中要删除的幻灯片母版的缩略图，单击鼠标右键，从弹出的快捷菜单中选择 删除母版(D) 命令，即可删除母版。或者在“幻灯片母版视图”工具栏中单击“删除母版”按钮。

### 3. 更改幻灯片母版

在一个演示文稿的多张幻灯片中，如果都使用了同一种模板，若要修改这些幻灯片时，只需修改母版即可，而不必对每张幻灯片逐一进行修改，其具体操作步骤如下：

（1）打开一个包含多张相同模板的演示文稿，如图 7.4.5 所示。

（2）在该演示文稿中包含 2 张幻灯片，如果要同时更改其标题样式，选择 视图(V) → 母版(M) → 幻灯片母版(S) 命令，打开“幻灯片母版”视图，如图 7.4.6 所示，选中标题占位符中的内容。

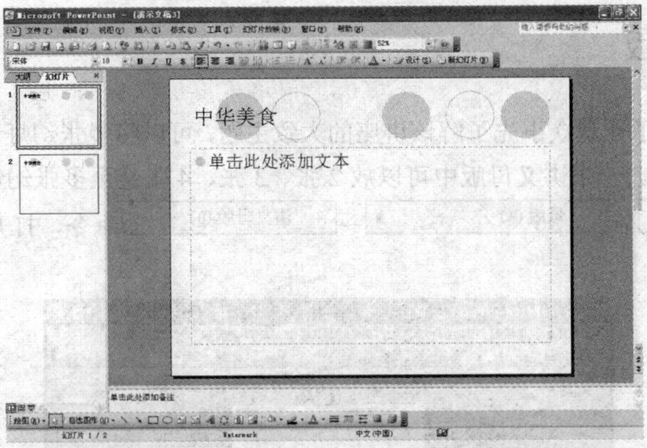


图 7.4.5　打开的演示文稿

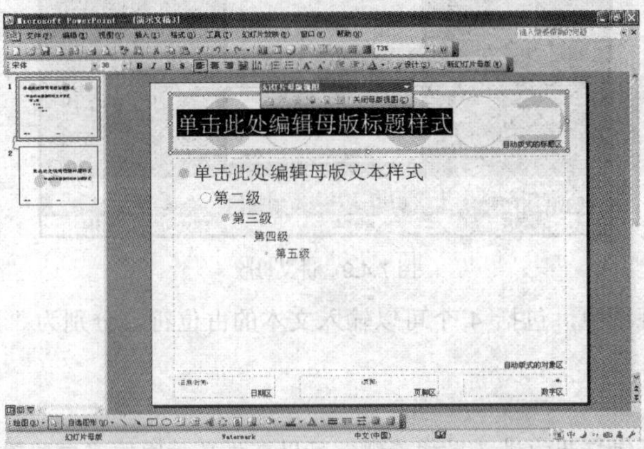


图 7.4.6　“幻灯片母版”视图

（3）选择 格式(O) → A 字体(F)... 命令，弹出 字体 对话框。在“中文字体”下拉列表中选择“华文隶书”；在“字形”列表框中选择“常规”；在“字号”列表框中选择“60”，在“颜色”下拉列表中选择一种字体颜色，如图 7.4.7 所示。

（4）设置完成后单击 确定 按钮，返回到“幻灯片母版”视图中，单击“幻灯片母版”工具栏中的 关闭母版视图(C) 按钮，关闭该视图。

（5）此时，演示文稿的效果如图 7.4.8 所示，可以看到两张幻灯片的标题样式都同时进行了修改。

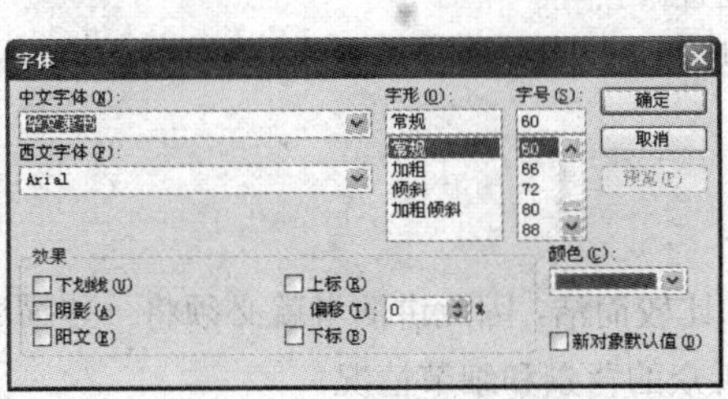


图 7.4.7　“字体”对话框

图 7.4.8　更改标题样式

## 7.4.2 讲义母版

在大型讲座中，为了让观众事先了解该讲座的大致主题，可以将多张幻灯片以讲义的形式打印成讲义稿，直接发给观众。一张讲义母版中可以放 2 张、3 张、4 张甚至多张幻灯片。

（1）选择 视图(V) → 母版(M) → 讲义母版(H) 命令，打开的讲义母版如图 7.4.9 所示。

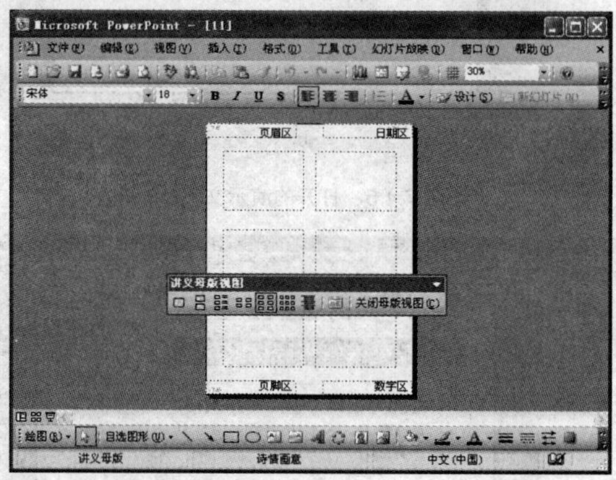


图 7.4.9 讲义母版

（2）在讲义母版视图中，包括 4 个可以输入文本的占位符，分别为“页眉区”“页脚区”“日期区”和“数学区”。

**提示：**为了使打开的讲义更加美观，可以在讲义母版的空白位置插入图片、艺术字等图形对象。

（3）插入讲义母版以后，系统会自动打开“讲义母版视图”工具栏，如图 7.4.10 所示。

图 7.4.10 “讲义母版视图”工具栏

（4）通过“讲义母版视图”工具栏中的按钮，可以对讲义母版进行编辑操作。单击“显示每页一张幻灯片的讲义位置”按钮、单击“显示每页两张幻灯片的讲义位置”按钮、单击“显示每页三张幻灯片的讲义位置”按钮等 6 个按钮，可以设置在一张讲义中放置幻灯片的个数及位置。

（5）单击“显示大纲位置”按钮，可显示大纲位置。

（6）单击 关闭母版视图(C) 按钮，可关闭“讲义母版”视图，返回普通视图方式。

## 7.4.3 备注母版

幻灯片的空间毕竟是有限的，所以幻灯片中的内容都比较简洁，因此讲演者就必须将一些描述性的内容放在备注中，它提供了现场演示时演讲者提供给听众的背景和细节情况。

（1）选择 视图(V) → 母版(M) → 备注母版(N) 命令，这时打开“备注母版”视图，如图 7.4.11 所示。

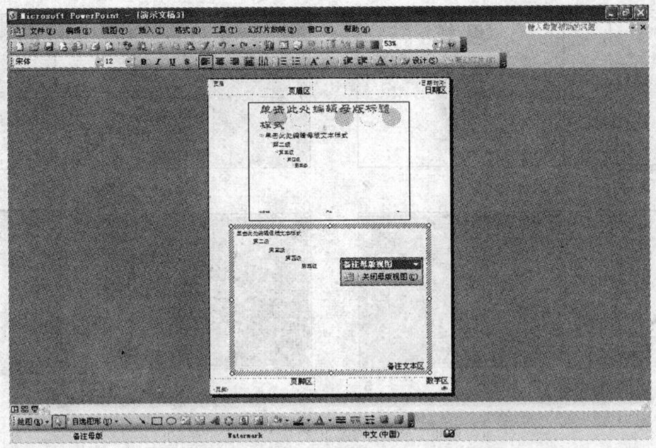

图 7.4.11　“备注母版”视图

（2）在备注母版的上方是幻灯片缩略图，可以改变幻灯片的大小及位置。

（3）在幻灯片的备注占位符中，单击鼠标右键，从弹出的快捷菜单中选择 编辑文本(X) 命令，可在该占位符中编辑备注内容。

（4）插入备注母版后，系统会自动打开“备注母版视图”工具栏，如图 7.4.12 所示。

图 7.4.12　“备注母版视图”工具栏

（5）编辑完成后单击“备注母版视图”工具栏中的 关闭母版视图(C) 按钮，返回“普通”视图中。

（6）如果要查看编辑的备注内容，选择 视图(V) → 备注页(P) 命令，打开“备注页”视图即可，如图 7.4.13 所示。

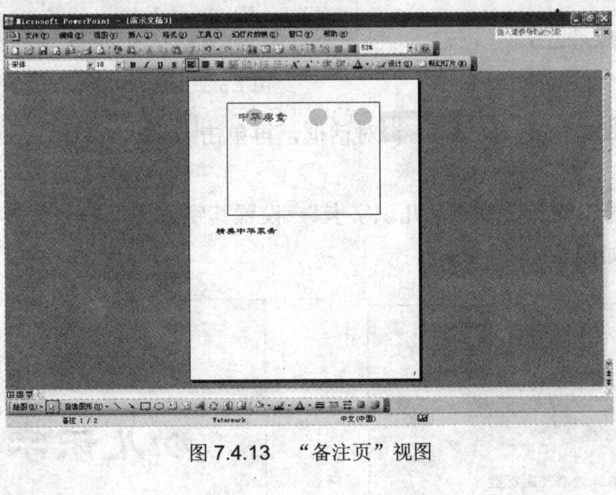

图 7.4.13　“备注页”视图

## 7.5　应用实例——制作“幼儿识字卡”演示文稿

本例制作“幼儿识字卡”演示文稿，最终效果如图 7.5.1 所示。

图 7.5.1 效果图

**操作步骤:**

(1) 启动 PowerPoint 2003 应用程序，新建一个空白演示文稿。

(2) 选择 格式(O) → 背景(K)... 命令，弹出 背景 对话框。在“背景填充”下拉列表中选择 填充效果(F)... 选项，如图 7.5.2 所示。

(3) 这时弹出 填充效果 对话框，打开 图片 选项卡，单击 选择图片(L)... 按钮，弹出 插入图片 对话框，从中选择一幅“背景”图片，如图 7.5.3 所示。

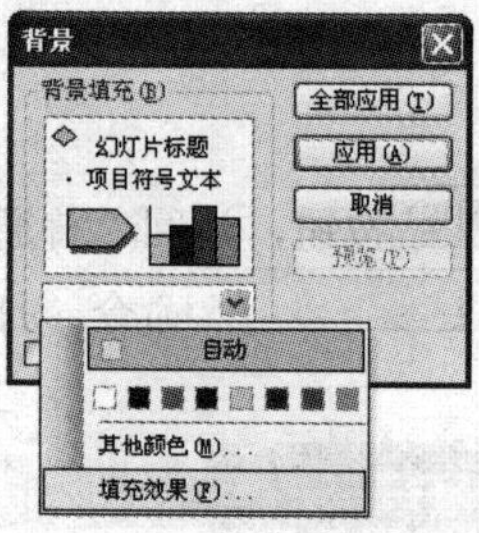


图 7.5.2 选择“填充效果”命令

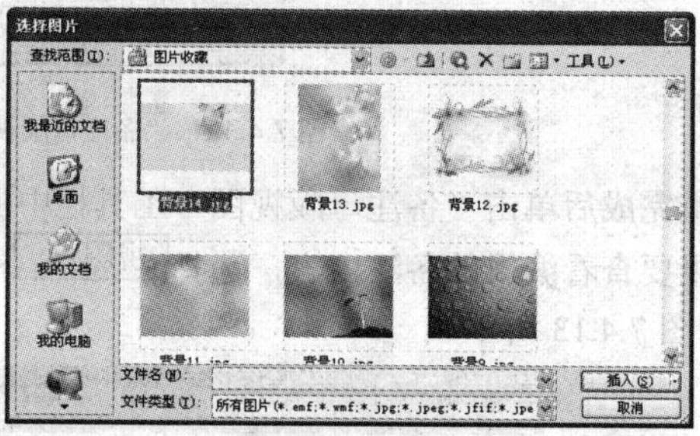


图 7.5.3 “插入图片”对话框

(4) 单击 插入(S) 按钮返回 填充效果 对话框，再单击 确定 和 应用(A) 按钮，效果如图 7.5.4 所示。

(5) 在标题占位符中输入文本“幼儿识字卡”，设置其字体为“华文隶书”，字号为“88”，字体颜色为“红色”，效果如图 7.5.5 所示。

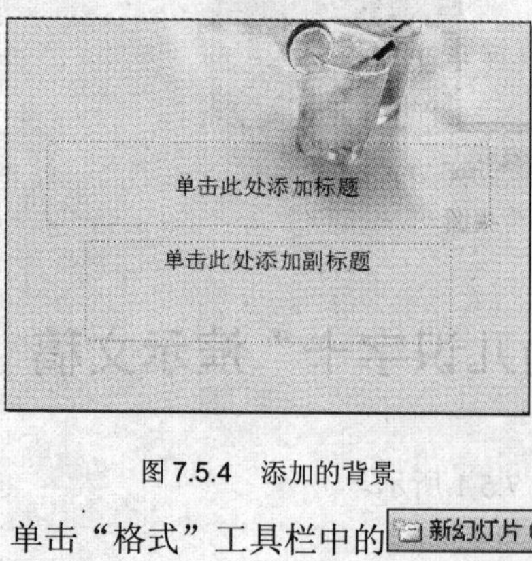


图 7.5.4 添加的背景

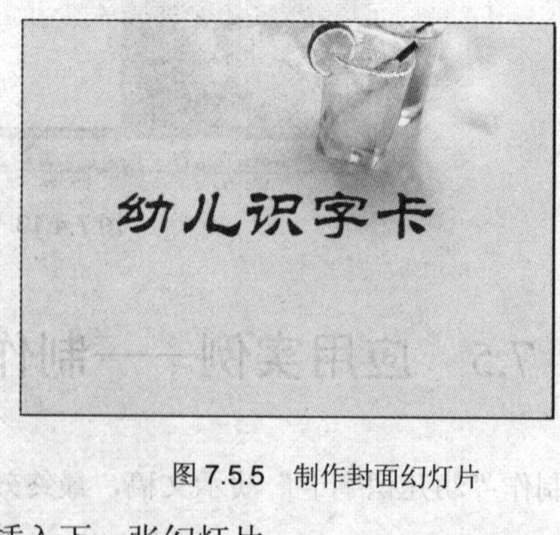


图 7.5.5 制作封面幻灯片

(6) 单击“格式”工具栏中的 新幻灯片(N) 按钮插入下一张幻灯片。

（7）单击第二张幻灯片，选择 视图(V) → 母版(M) → 幻灯片母版(S) 命令，打开“幻灯片母版”视图。

（8）选中标题栏中的文本，设置其字体为“华文中宋”，字号为“66”，字形为“加粗”，字体颜色为“红色”，如图 7.5.6 所示。

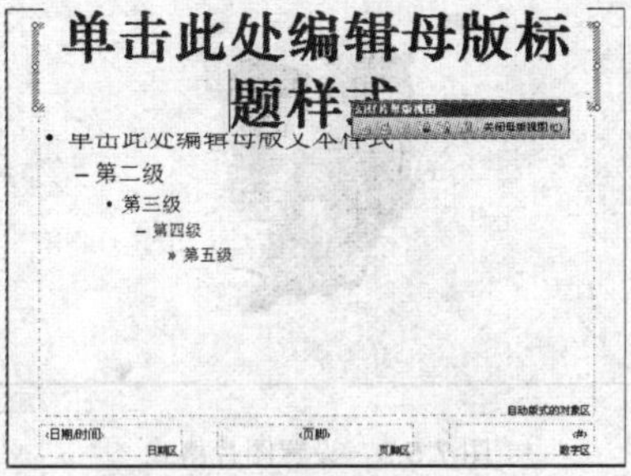


图 7.5.6　设置母版标题

（9）单击“幻灯片母版”工具栏中的 关闭母版视图(C) 按钮，关闭该视图返回幻灯片中。

（10）在标题占位符中输入文本，再选择 插入(I) → 图片(P) → 来自文件(F)... 命令，弹出 插入图片 对话框，从中选择一张“蝴蝶”的图片插入，如图 7.5.7 所示。

图 7.5.7　插入的图片

（11）在幻灯片的空白处，单击鼠标右键，从弹出的快捷菜单中选择 幻灯片设计(D)... 命令，打开“幻灯片设计”任务窗格，单击 配色方案 超链接，打开“应用配色方案列表”，从中选择一种方案，如图 7.5.8 所示。

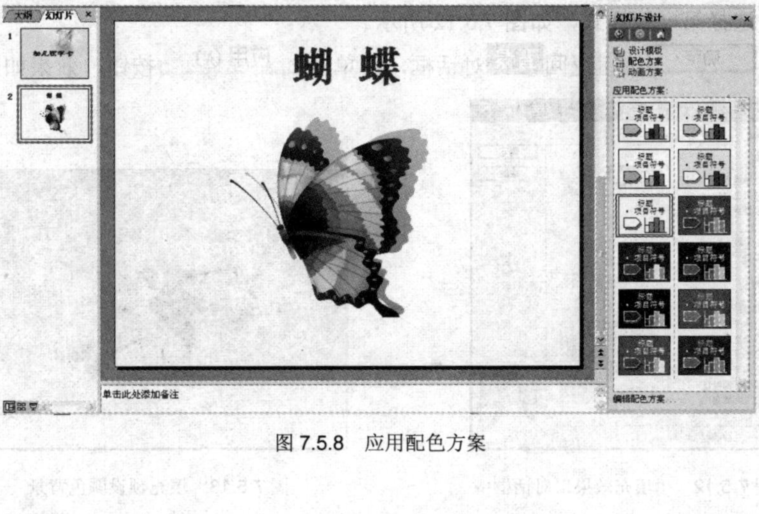


图 7.5.8　应用配色方案

（12）单击插入的图片，打开“图片”工具栏，单击“设置透明色”按钮，单击图片后将其设置为透明色，如图 7.5.9 所示。

图 7.5.9　设置图片格式

（13）按下“Ctrl+M”快捷键，插入一张新幻灯片，在占位符中输入文本并插入图片。

（14）在幻灯片的空白处，单击鼠标右键，从弹出的快捷菜单中选择 背景(K)... 命令，弹出 背景 对话框。在“背景填充”下拉列表中选择 其他颜色(M)... 选项，弹出 颜色 对话框。在 标准 选项卡的色板中选择一种颜色，如图 7.5.10 所示。

（15）单击 确定 按钮返回 填充效果 对话框，再单击 应用(A) 按钮，效果如图 7.5.11 所示。

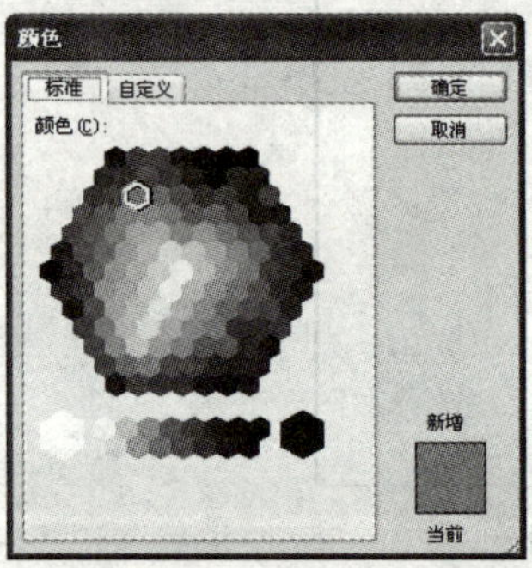


图 7.5.10　“颜色”对话框

图 7.5.11　添加背景颜色

（16）重复步骤（2）的操作，在 填充效果 对话框中，选择 渐变 选项卡，单击 预设(S) 单选按钮，在“预设颜色”下拉列表中选择“雨后初晴”，在“底纹样式”下拉列表中选择 水平(Z)，在“变形”栏中选择第一种样式，如图 7.5.12 所示。

（17）单击 确定 按钮返回 背景 对话框，再单击 应用(A) 按钮，效果如图 7.5.13 所示。

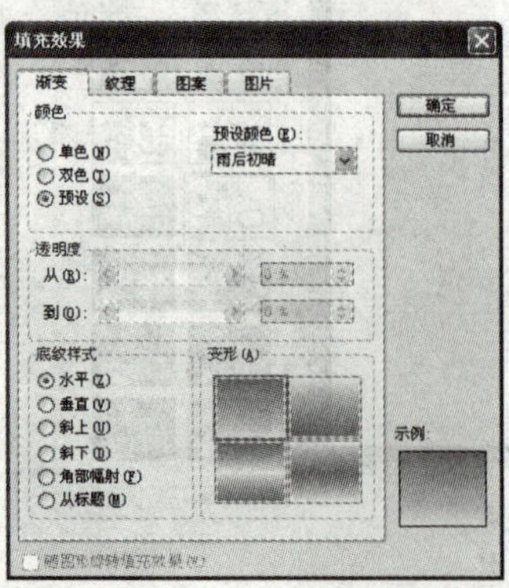


图 7.5.12　“填充效果”对话框

图 7.5.13　填充预设颜色背景

（18）重复第（13）步的操作，在幻灯片中输入文本和插入图片。选择 格式(O) → 幻灯片设计(D)... 命令，打开“幻灯片设计”任务窗格。

（19）在“应用于设计模板”列表中单击需要的模板右侧的下拉按钮，从弹出的列表中选择 应用于选定幻灯片(S) 命令，效果如图 7.5.14 所示。

图 7.5.14　给指定的幻灯片添加设计模板

（20）依同样的方法，制作其余幻灯片。单击“幻灯片浏览视图”按钮，可以看到制作的识字卡演示文稿缩略图，效果如图 7.5.1 所示。

# 本 章 小 结

本章主要介绍了演示文稿外观的设计，包括：设计模板、配色方案、设置幻灯片背景、设置母版等内容。通过本章的学习，用户可以制作出较为专业和富有艺术感的演示文稿和讲义。

# 实 训 练 习

## 一、填空题

1．配色方案由幻灯片设计中的 8 种颜色组成，分别为背景颜色、________、________、________、________、填充、强调和超链接。

2．母版分为 3 种，分别为________、________和________。

3．在讲义母版中，包括 4 个可以输入文本的占位符，它们分别为页眉区、页脚区、________和________。

4．控制幻灯片外观的方法有 4 种，即________、设计模板、________和配色方案。

## 二、选择题

1．要想使每一张幻灯片中都出现某个对象（除标题幻灯片），需要在（　）中插入该对象。

A．标题母版　　B．幻灯片母版

C．标题占位符　　D．正文占位符

2．在演示文稿中，给幻灯片重新设置背景，若要让所有幻灯片使用相同的背景，则在“背景”对话框中应单击（　）按钮。

A．全部应用　　B．应用
C．取消　　D．预览

3．选择“应用设计模板”并单击“应用”后，该模板将（　）生效。

A．仅对当前幻灯片　　B．对正在编辑的幻灯片对象
C．对所有已打开的演示文稿　　D．对所有幻灯片

4．下列关于幻灯片母版的叙述中，错误的是（　）。

A．如果在母版中将标题颜色设置为红色，则所有幻灯片的标题自动变为红色
B．如果在母版中将标题设置为“飞入”动画，则播放时所有幻灯片的标题都将具有“飞入”的动画效果
C．可以为某张幻灯片设置与母版不一致的背景效果
D．母版中的格式与对象可以修改，但不能删除

5．为所有幻灯片设置统一的、特有的外观风格，应使用（　）。

A．母版　　B．自动版式
C．幻灯片切换　　D．配色方案

6．PowerPoint 的“设计模板”包含（　）。

A．预定义的幻灯片版式　　B．预定义的幻灯片背景颜色
C．预定义的幻灯片配色方案　　D．预定义的幻灯片样式和配色方案

7．幻灯片的“背景”可以是（　）。

A．单一颜色　　B．双色过渡
C．图片填充　　D．纹理填充

## 三、简答题

1．为幻灯片设置特殊背景包括哪些内容？
2．如何传递幻灯片的配色方案？
3．怎样套用 PowerPoint 2003 中自带的设计模板？
4．如何设计幻灯片母版？

## 四、上机操作题

1．设计一张幻灯片模板，将其添加到“应用设计模板”对话框中。
2．新建一张幻灯片，为该幻灯片设置背景颜色。
3．使用幻灯片母版，同时更改一个演示文稿中的多张幻灯片的标题。

# 第 8 章　设置演示文稿的动态效果

在 PowerPoint 中，用户可以为演示文稿中的文本或其他对象添加特殊的视觉效果或声音效果，例如，使文字逐字飞入演示文稿，或在显示图片时自动播放声音等。在 PowerPoint 2003 中，用户可以设置幻灯片切换动画和对象的自定义动画。本章将介绍如何在幻灯片中为对象设置动画，以及为幻灯片设置切换动画的方法。

知识要点

- 自定义动画效果
- 设置放映效果

## 8.1　自定义动画效果

PowerPoint 的动画效果主要有两种：一种是自定义动画，是指为幻灯片中各种对象的出现设置动态效果；另一种是幻灯片切换动画，又称翻页动画，是指为幻灯片之间的切换设置动态效果。

### 8.1.1　添加动画效果

为幻灯片添加自定义的动画效果，其具体操作步骤如下：

（1）打开要添加自定义动画效果的幻灯片，如图 8.1.1 所示。

（2）选中其中一个要添加动画的图形对象，选择 幻灯片放映(D) → 自定义动画(M)... 命令，打开 自定义动画 任务窗格，如图 8.1.2 所示。

图 8.1.1　要添加自定义动画的幻灯片

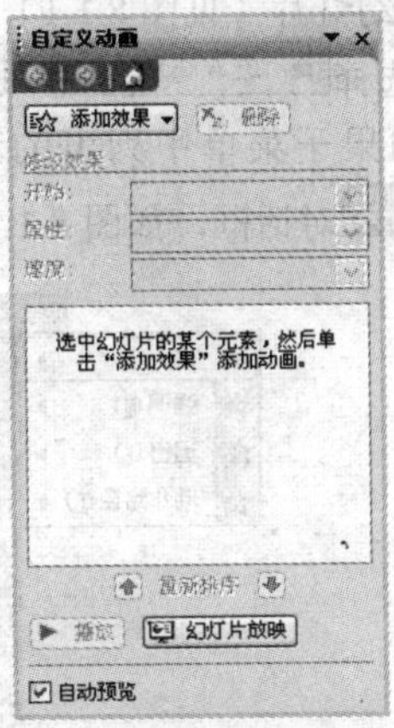


图 8.1.2　"自定义动画"任务窗格

（3）单击 添加效果 按钮，弹出"添加效果"下拉菜单，如图 8.1.3 所示。

（4）将鼠标移动到各选项会弹出子菜单，如图 8.1.4 所示，在子菜单中可为所选对象添加动画效果。

**提示：** 只有在选中图形对象时，自定义动画任务窗格中的添加效果按钮才会被激活。

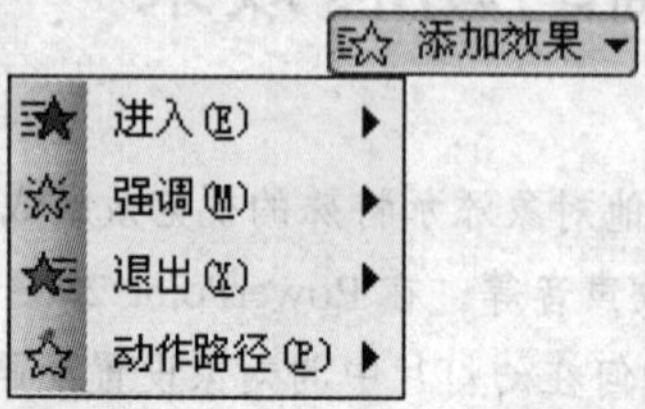


图 8.1.3 “添加效果”下拉菜单

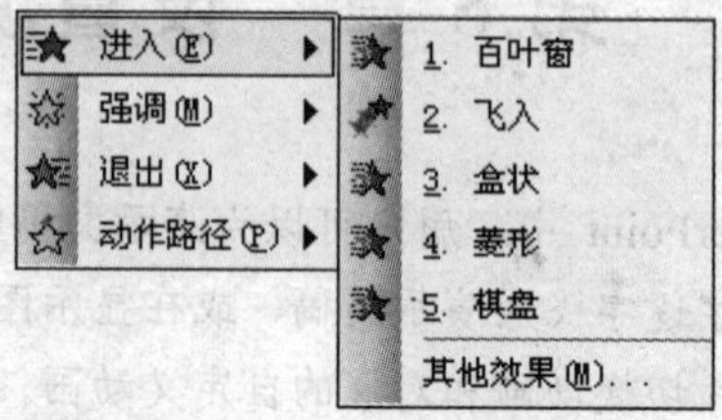


图 8.1.4 “进入”子菜单

（5）在为图形对象添加动画效果以后，它的旁边将会出现动画效果图标，如图 8.1.5 所示。

图 8.1.5 添加动画效果

## 8.1.2 设置动画效果

设置动画效果有 3 种方式，分别为进入、强调和退出。

### 1. 设置“进入”动画效果

设置“进入”动画效果的具体操作步骤如下：

（1）在幻灯片（见图 8.1.1）中选中“母亲节快乐”文本框，单击添加效果按钮，从弹出的下拉菜单中选择进入(E) → 1. 百叶窗命令，如图 8.1.6 所示。

（2）如果子菜单中列出的动态效果不能满足用户要求时，选择“其他效果”命令，弹出**添加进入效果**对话框，如图 8.1.7 所示。

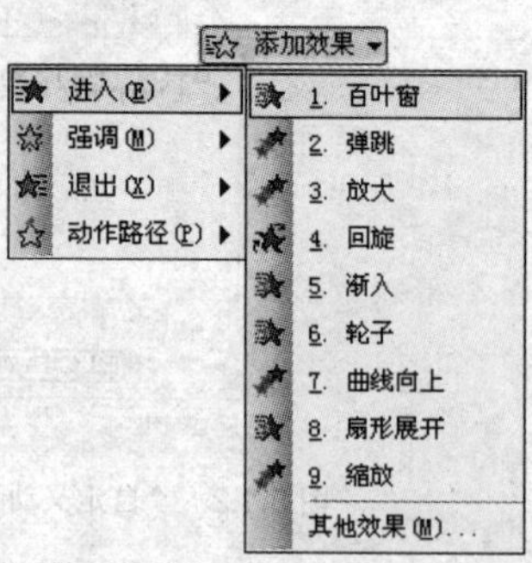


图 8.1.6 添加“进入”动画效果

图 8.1.7 “添加进入效果”对话框

（3）在该对话框中选择一种合适的动画效果，单击确定按钮。

（4）选中添加动态效果后的“母亲节快乐”文本框，在 自定义动画 任务窗格的列表框中单击动画项目后的下三角按钮，如图 8.1.8 所示。

（5）在下拉列表中选择 效果选项(E)... 选项，弹出 盒状 对话框，如图 8.1.9 所示。

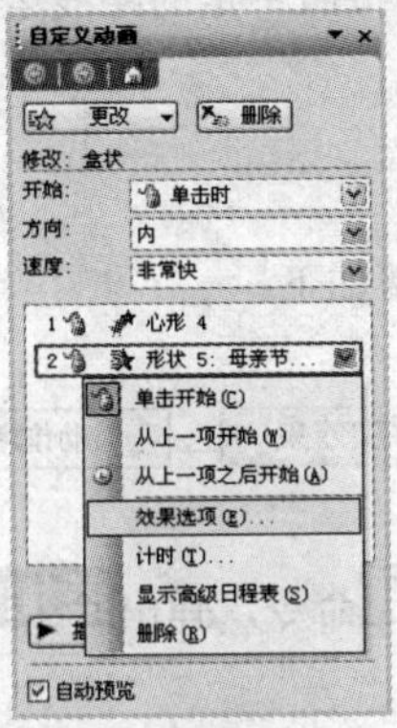


图 8.1.8　“设置动画效果”下拉菜单

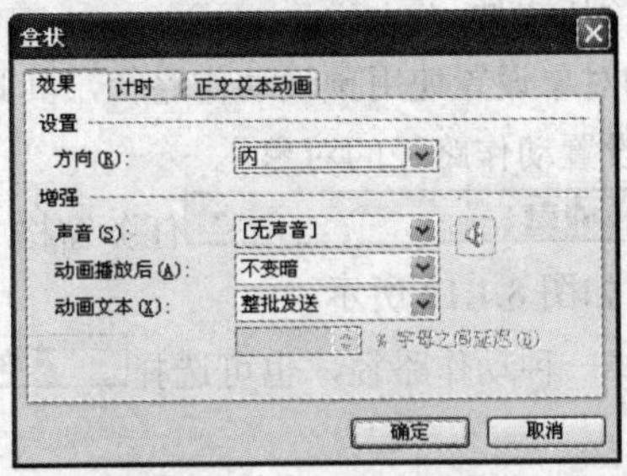


图 8.1.9　“盒状”对话框

（6）在该对话框中可设置动画“效果”、“计时”和“正文文本动画”。

### 2．设置“强调”动画效果

在幻灯片放映过程中，为了突出某个对象，可为其设置“强调”动画效果，其具体操作步骤如下：

（1）选中幻灯片（见图 8.1.1）中内容为“多想再一次……”文本框，在 自定义动画 任务窗格中单击 添加效果 按钮，从弹出的下拉菜单中选择 强调(M) 命令，弹出“强调”动画效果子菜单，如图 8.1.10 所示。

（2）从子菜单中选择一种强调效果，也可选择 其他效果(M)... 命令，弹出 添加强调效果 对话框，如图 8.1.11 所示。

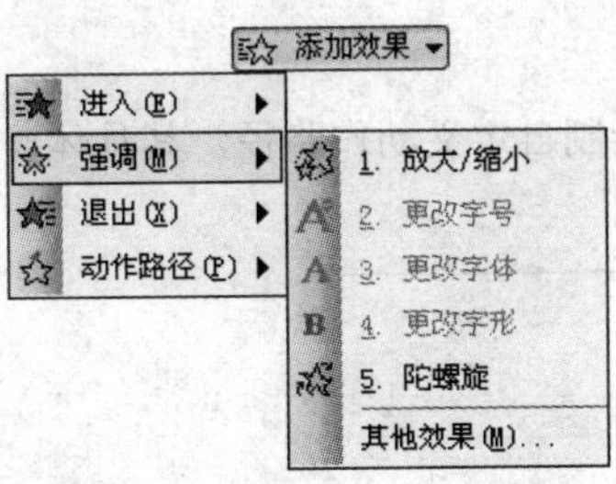


图 8.1.10　“强调”动画效果子菜单

图 8.1.11　“添加强调效果”对话框

（3）从该对话框中选择一种强调效果，单击 确定 按钮即可。

### 3．设置“退出”动画效果

为幻灯片设置“退出”动画效果与设置“进入”“强调”动画效果一样，不仅可以为单个对象设置动态效果，也可以为多个对象设置动态效果。

如果要为多个对象设置动态效果，可按住“Shift”键或“Ctrl”键选中要设置动态效果的所有幻灯片，按照为单个对象设置动态效果的方法进行即可。

### 8.1.3 使用和绘制动作路径

在 PowerPoint 中，可对一些小的动画设置动作路径，使其按照一定的路线运动。设置路线可以使用预设的动作路径，也可以使用自己绘制的动作路径。

**1. 使用预设动作路径**

为幻灯片中的对象设置使用预设动作路径，其具体操作步骤如下：

（1）选中要设置动作路径的对象。

（2）在自定义动画任务窗格中选择添加效果→动作路径(P)命令，弹出动作路径子菜单，如图 8.1.12 所示。

（3）从中选择一种动作路径，也可选择其他动作路径(M)...命令，弹出添加动作路径对话框，如图 8.1.13 所示。

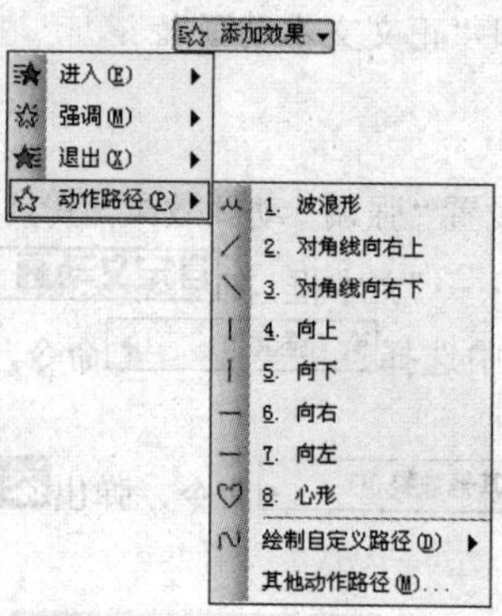


图 8.1.12 “动作路径”子菜单

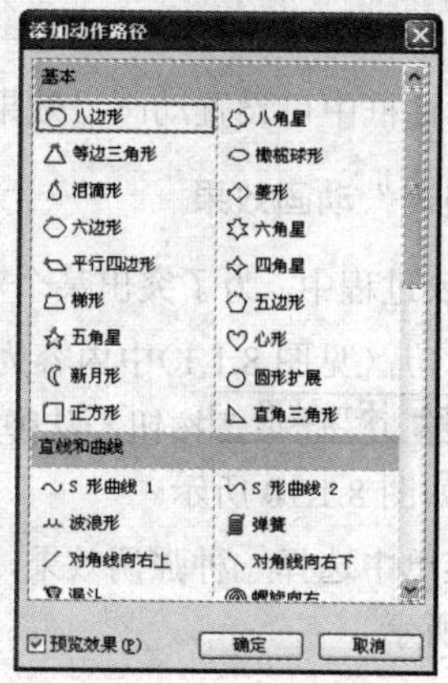


图 8.1.13 “添加动作路径”对话框

（4）从中选择动作路径，然后单击确定按钮。

**2. 绘制自定义路径**

当用户对系统提供的预设路径不满意时，也可绘制自定义动作路径，其具体操作步骤如下：

（1）在幻灯片中绘制一个圆，如图 8.1.14 所示。

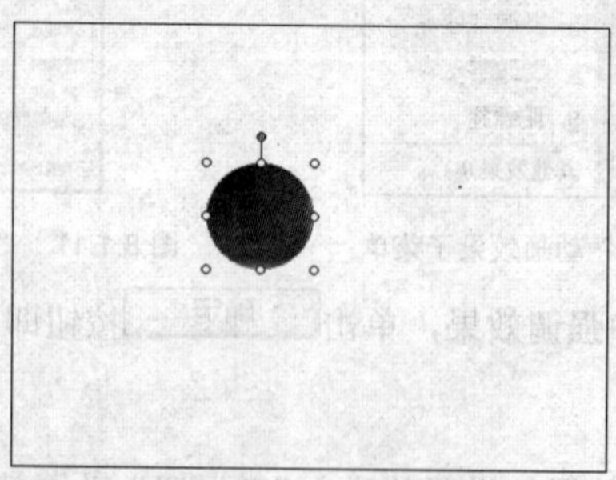

图 8.1.14 绘制圆形

（2）选中该圆，在自定义动画任务窗格中选择添加效果→动作路径(P)→绘制自定义路径(D)命令，弹出“绘制自定义路径”子菜单，如图 8.1.15 所示。

（3）在子菜单中选择曲线(C)命令，将鼠标移动到幻灯片中，当鼠标指针变成十形状时，单击鼠标并拖动，绘制曲线，如图 8.1.16 所示。

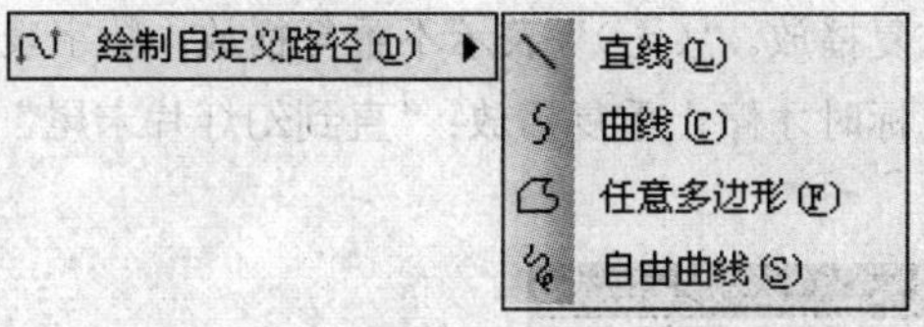


图 8.1.15　“绘制自定义路径”子菜单

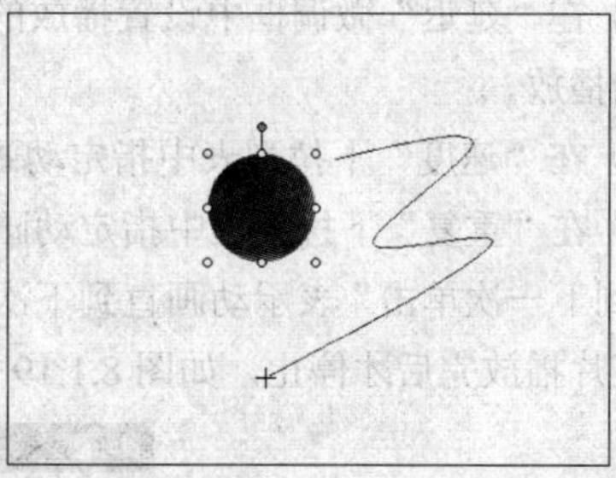

图 8.1.16　绘制曲线

（4）绘制完成后双击鼠标结束绘制，此时圆的动作路径如图 8.1.17 所示。

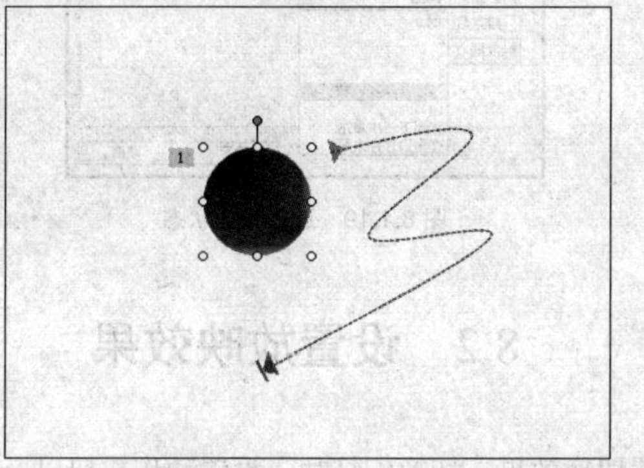

图 8.1.17　圆的动作路径

（5）单击 自定义动画 任务窗格下方的 播放 按钮，可以测试圆的动态效果。

## 8.1.4　播放自定义动画

如果希望设置好的动画效果以特殊的方式进行放映，就必须设置其播放自定义动画效果，其具体操作步骤如下：

（1）选中要设置播放自定义动画的图形对象。

（2）在 自定义动画 任务窗格的列表框中单击动画项目后的下三角按钮，从弹出的下拉列表中选择 计时(T)... 选项，弹出 百叶窗 对话框，如图 8.1.18 所示。

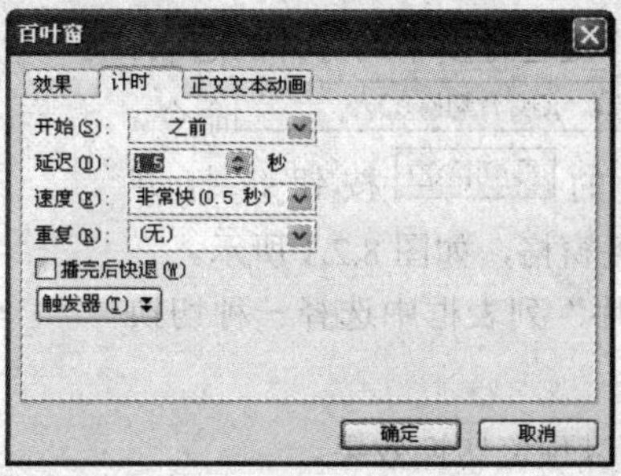


图 8.1.18　“百叶窗”对话框

（3）在“开始”下拉列表中选择“单击鼠标时”“之前”或“之后”选项。“单击鼠标时”是指动画动作在单击鼠标时开始；“之前”是指动画动作在单击鼠标之前开始；“之后”则是指动画动作在单击鼠标之后开始。

（4）在“延迟”微调框中设置播放的延迟时间，例如输入“1.5”，表示动画在幻灯片播放后 1.5 秒才开始播放。

（5）在“速度”下拉列表中指定动画播放的速度。

（6）在“重复”下拉列表中指定动画是否重复播放。“（无）”表示不重复播放；数字表示重复次数；“直到下一次单击”表示动画直到下次单击鼠标时才停止重复播放；“直到幻灯片末尾”表示动画直到幻灯片播放完后才停止，如图 8.1.19 所示。

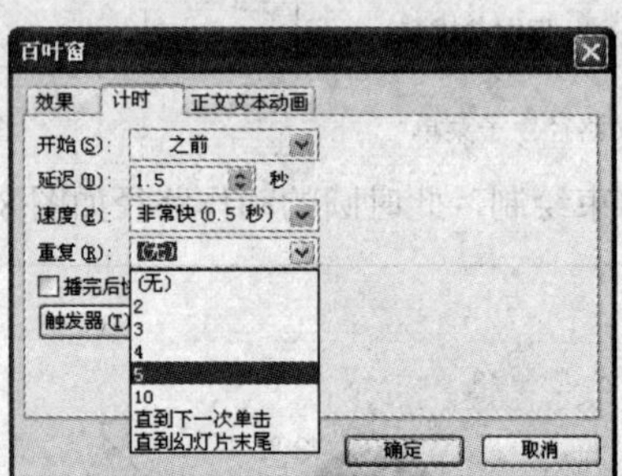


图 8.1.19 选择播放状态

## 8.2 设置放映效果

设置放映效果包括设置切换效果、切换幻灯片、设置动作按钮以及应用动画方案。

### 8.2.1 设置切换效果

幻灯片的切换效果是指幻灯片进入和离开屏幕时产生的视觉效果。在演示文稿中添加切换效果，可以使幻灯片过渡衔接得更加自然与贴切，更能吸引观众的注意。用户既可以为一组幻灯片设置同一种切换方式，也可以为每张幻灯片设置不同的切换方式。

为演示文稿设置切换效果的具体操作步骤如下：

（1）打开要设置切换效果的演示文稿，并切换到幻灯片浏览视图中。

（2）单击要设置切换效果的幻灯片，要为多张幻灯片设置同样的切换效果，可按住“Ctrl”键进行多个幻灯片的选取。

（3）选择 幻灯片放映(D) → 幻灯片切换(T)... 命令，或单击“格式”工具栏中的 切换(R) 按钮，打开 幻灯片切换 任务窗格，如图 8.2.1 所示。

（4）从“应用于所选幻灯片”列表框中选择一种切换效果。

（5）单击 播放 按钮，可以预览切换效果。

（6）在“速度”下拉列表中选择切换速度，包括慢速、中速和快速。

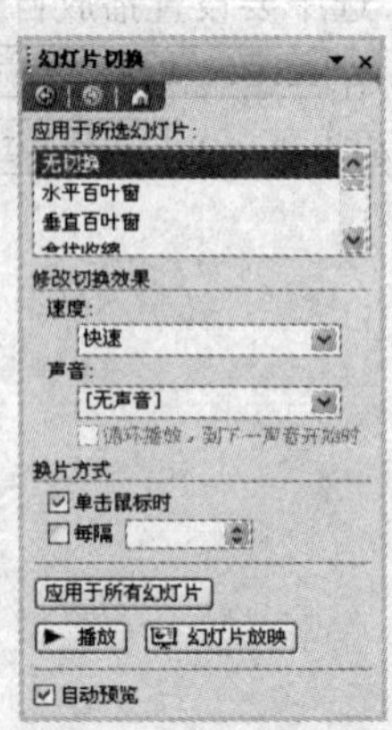


图 8.2.1 “幻灯片切换”任务窗格

（7）在“声音”下拉列表中选择 PowerPoint 预置的声音效果，包括无声音、停止前一个声音、爆炸、抽气、锤打、打字机、微风等。

（8）选中☑循环播放，到下一声音开始时复选框，则可使所选的声音循环播放，直到设置的下一个声音开始时停止。

（9）在“换片方式”区域中，如果选中☑单击鼠标时复选框，只有在单击鼠标时才能切换至下一个动态效果；如果选中☑每隔复选框，在其后的微调框中输入间隔的时间来定时切换动态效果。

（10）单击应用于所有幻灯片按钮，将设置切换效果应用于整个演示文稿。

（11）单击▶ 播放按钮，可看到所设置的幻灯片切换效果。

（12）单击幻灯片放映按钮，可观看整个演示文稿的放映效果。

（13）要删除幻灯片中设置的幻灯片切换效果，在“应用于所选幻灯片”列表框中选择“无切换”选项即可。

### 8.2.2　切换幻灯片

切换是指从一张幻灯片转到另一张幻灯片的过程。在放映演示文稿时可使用多种方式来切换幻灯片。

#### 1．转到下一张幻灯片

在放映幻灯片时，要转到下一张幻灯片可采用以下 5 种方法。

（1）单击鼠标。

（2）按键盘上的“Enter”键。

（3）按键盘上的“PageDown”键。

（4）按键盘上的方向键“↓”或“→”。

（5）用鼠标右键单击，从弹出的快捷菜单中选择下一张(N)命令，如图 8.2.2 所示。

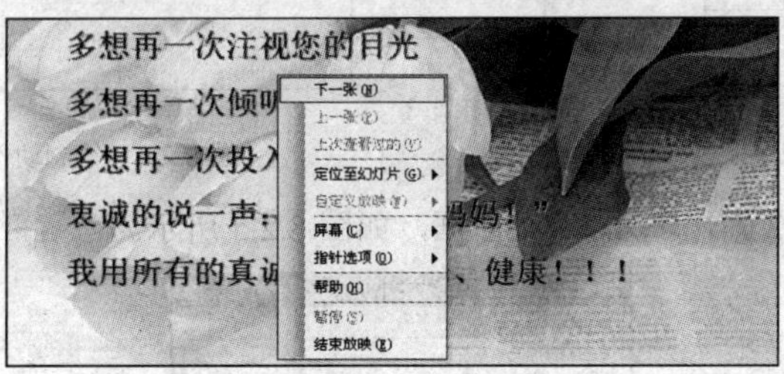


图 8.2.2　选择“下一张”命令

#### 2．转到上一张幻灯片

在放映幻灯片时，如果要转到上一张幻灯片可采用以下 4 种方法。

（1）按键盘上的“BackSpace”键。

（2）按键盘上的“PageUp”键。

（3）按键盘上的方向键“↑”或“←”。

（4）单击鼠标右键，从弹出的快捷菜单中选择上一张(P)命令。

#### 3．观看以前查看过的幻灯片

在放映幻灯片时，要观看以前查看过的幻灯片，可单击鼠标右键，在弹出的快捷菜单中选择上次查看过的(V)命令。

4. 转到指定的幻灯片上

在放映幻灯片时，要转到指定的幻灯片上，可采用以下两种方法：

（1）输入幻灯片编号，再按键盘上的"Enter"键。

（2）在幻灯片浏览视图中，单击鼠标右键，从弹出的快捷菜单中选择 定位至幻灯片(G) ▸ 命令，在其子菜单中选择所需的幻灯片。

## 8.2.3 设置动作按钮

在幻灯片中设置动作按钮是为了更好地控制幻灯片的播放效果，可以在演示文稿中创建交互功能，使其可链接到其他的幻灯片、程序、影片甚至是互联网上的任何一个地方。

在幻灯片中设置动作按钮，其具体操作步骤如下：

（1）打开要设置动作按钮的幻灯片。

（2）选择 幻灯片放映(D) → 动作按钮(I) ▸ 命令，弹出"动作按钮"子菜单，如图 8.2.3 所示。

（3）单击"动作按钮"子菜单中的按钮选项，将鼠标移到幻灯片中，当鼠标变成十形状时，拖动鼠标绘制动作按钮，如图 8.2.4 所示。

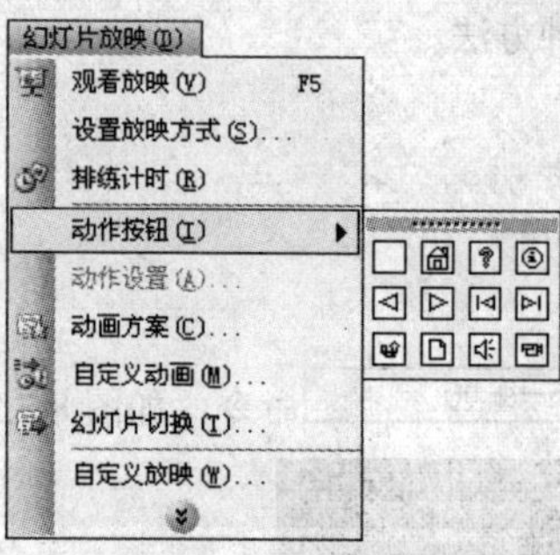


图 8.2.3 "动作按钮"子菜单

图 8.2.4 绘制动作按钮

（4）在释放鼠标后，会弹出 动作设置 对话框，如图 8.2.5 所示。

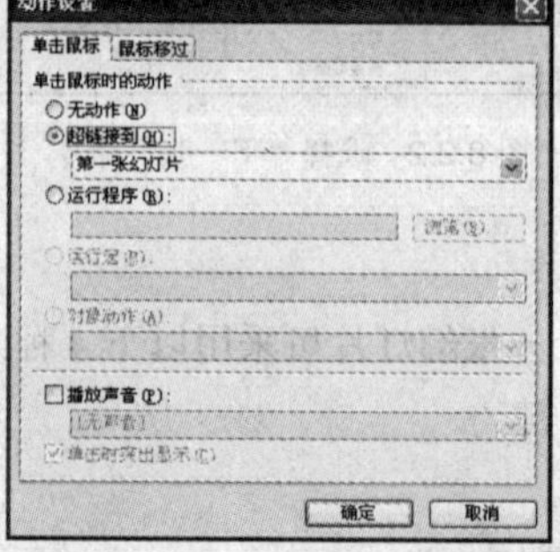


图 8.2.5 "动作设置"对话框

（5）在"单击鼠标时的动作"区域中选中 ◉超链接到(H) 单选按钮，在其下拉列表中选择要链接到的目标幻灯片。

（6）选中 ☑播放声音(P) 复选框，从其下拉列表中选择一种单击动作按钮时的声音效果。

（7）设置完成后，单击 确定 按钮，即在幻灯片中添加动作按钮，在放映幻灯片时，单击该动作按钮将自动执行选择的超链接。

### 8.2.4　应用动画方案

动画方案是指 PowerPoint 中提供的多种动态效果，它可以被快速应用于幻灯片中。动画方案中包含了对幻灯片切换、标题、正文的动画设置。

用户只需选定要应用动画方案的幻灯片即可将所需动画方案应用到当前幻灯片中。为幻灯片添加动画方案，其具体操作步骤如下：

（1）打开需要应用动画方案的幻灯片，选择 幻灯片放映(D) → 动画方案(C)... 命令，打开 幻灯片设计 任务窗格，如图 8.2.6 所示。

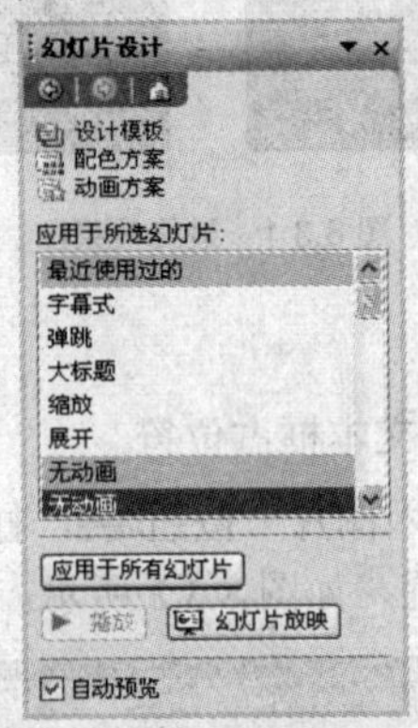


图 8.2.6　“幻灯片设计”任务窗格

（2）在“应用于所选幻灯片”列表框中拖动滚动条，可以看到所有的动画方案，主要分为“细微型”“温和型”和“华丽型”3 大类，可根据需要选择合适的动画方案。.

（3）将鼠标移动到各动画方案标题上时，系统会弹出动画方案的动态提示框，如图 8.2.7 所示。

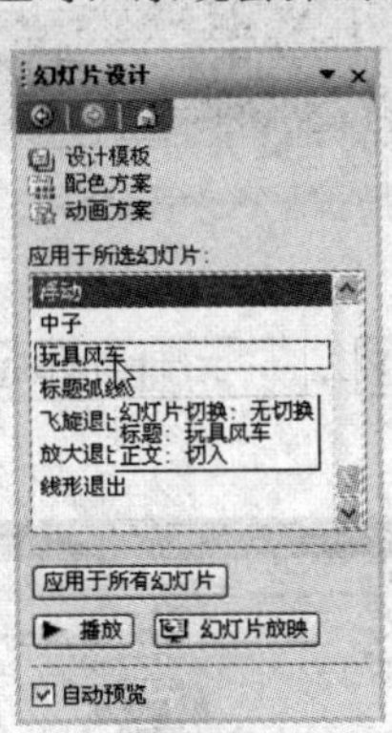


图 8.2.7　动画方案的动态提示框

（4）选中 ☑自动预览 复选框，在选择动画方案后，会自动在幻灯片窗格中显示动画效果，也可以通过单击 ▶ 播放 按钮，再次观看动画效果。

（5）在 幻灯片设计 任务窗格中单击 应用于所有幻灯片 按钮，将此动画方案应用于整个演示文稿；单击 幻灯片放映 按钮，可观看整个演示文稿的放映效果。

（6）如果要删除幻灯片中设置的动画方案，在“应用于所选幻灯片”列表框中选择“无动画”选项即可。

## 8.3 应用实例——制作 MTV 幻灯片

本例利用 PowerPoint 2003 制作 MTV 幻灯片，最终效果如图 8.3.1 所示。

图 8.3.1 最终效果图

**操作步骤**

（1）新建一个空白演示文稿，删除文本框占位符。

（2）单击“绘图”工具栏上的“插入图片”按钮，打开**插入图片**对话框，将“蒙古包 1”插入到幻灯片中，并调整图片的大小和位置，如图 8.3.2 所示。

图 8.3.2 插入图片

（3）选择 插入(I) → 影片和声音(V) ▸ → 文件中的声音(N)... 命令，弹出**插入声音**对话框。选择需要的声音文件，如图 8.3.3 所示。

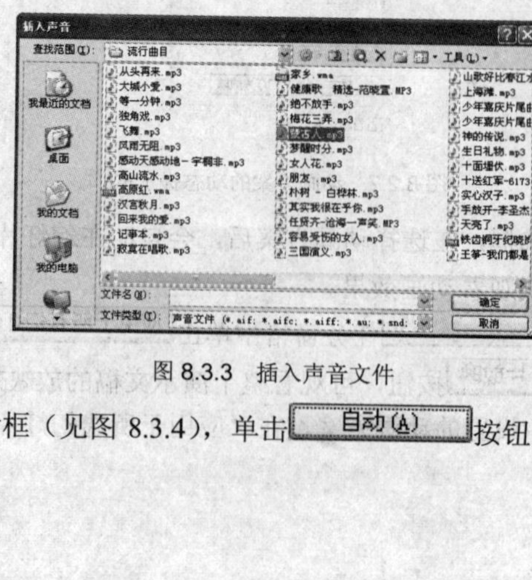

图 8.3.3 插入声音文件

（4）这时出现提示对话框（见图 8.3.4），单击 自动(A) 按钮后，在幻灯片上会出现一个声音图标 。

图 8.3.4　如何播放提示框

（5）打开 自定义动画 任务窗格，在列表中的“声音播放”动画上单击鼠标右键，在弹出的下拉列表中选择 效果选项(E)... 命令，如图 8.3.5 所示。

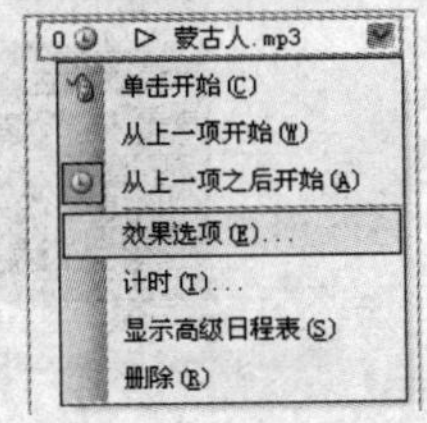


图 8.3.5　选择效果命令

（6）在打开的 播放 声音 对话框中，单击 效果 标签。在“开始播放”栏中单击 从上一位置(L) 单选按钮，会让声音的播放与其余动画同步进行，如图 8.3.6 所示。

（7）单击 声音设置 标签，选中 幻灯片放映时隐藏声音图标(H) 复选框，单击 确定 按钮，如图 8.3.7 所示。

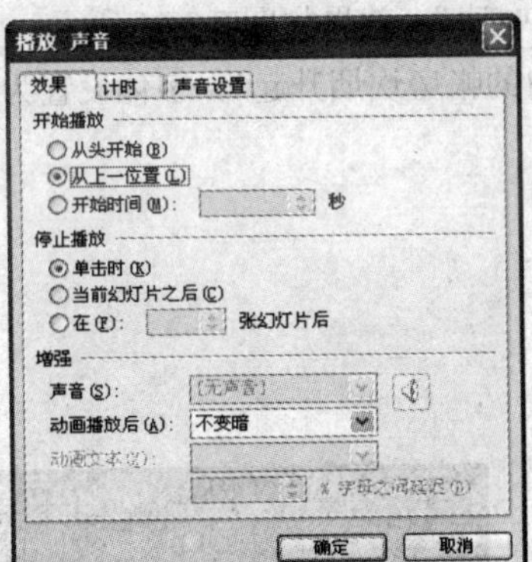


图 8.3.6　播放效果设置

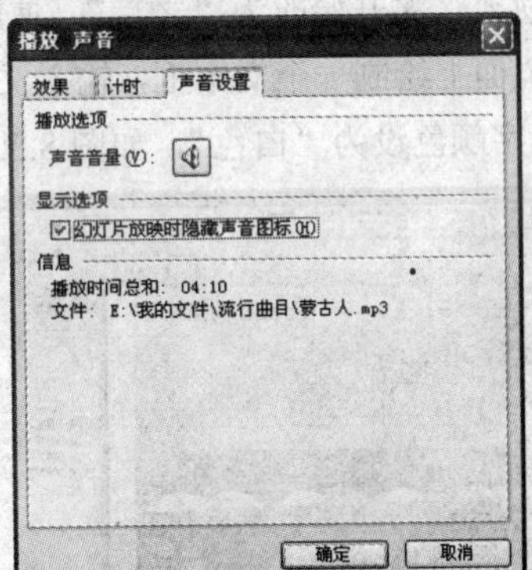


图 8.3.7　声音设置

（8）绘制一个文本框，输入文字“蒙”，字体设为“华文彩云”，字号设为“80”，字体颜色为“蓝色”，如图 8.3.8 所示。

图 8.3.8　设置字体

（9）选择“蒙”字，单击 添加效果 按钮，在弹出的下拉列表中选择 进入(E) → 其他效果(M)... 命令，弹出 添加进入效果 对话框，从中选择 展开 效果，如图 8.3.9 所示。

（10）单击 确定 按钮，可为文本框设置展开动画效果，在“开始”下拉列表中选择“之后”，速度改为“快速”。

（11）重复上述步骤，再绘制两个文本框，分别输入文字“古”和“人”，字体设置为“华文隶书”，字号设为“70”，字体颜色设为“蓝色”，进入动画效果设为“展开”，开始改为“之后”，速度改为“快速”，效果如图 8.3.10 所示。

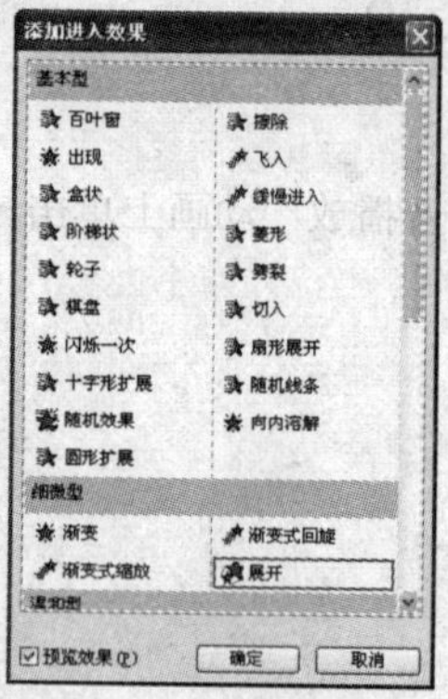


图 8.3.9 “添加进入效果”对话框

图 8.3.10 设置文本框动画效果

（12）单击“绘图”工具栏上的“插入图片”按钮，打开**插入图片**对话框，将“蝴蝶”插入到幻灯片中。

（13）选中“蝴蝶”图片，单击**自定义动画**任务窗格中的 添加效果 按钮，选择 动作路径(P) → 绘制自定义路径(D) → 自由曲线(S) 命令。当鼠标变为 形状，在幻灯片中绘制蝴蝶飞行的轨迹，将开始改为“之后”，速度改为“中速”，效果如图 8.3.11 所示。

（14）在页面上绘制一个文本框，输入文字“洁白的帐房炊烟升起”，字体设置为“隶书”，字号设为“20”，文字颜色设为“白色”，如图 8.3.12 所示。

图 8.3.11 设置蝴蝶的动画效果

图 8.3.12 输入文字

（15）选中该文本框，在**自定义动画**任务窗格中，单击 添加效果 按钮，选择 进入(E) → 其他效果(M)... 命令，弹出**添加进入效果**对话框，从中选择 擦除 效果。将开始改为“之后”，方向改为“自左侧”，速度改为“非常慢”。

（16）在刚才设置的动画效果上，单击鼠标右键，在弹出的快捷菜单中选择 效果选项(E)... 命令，弹出**擦除**对话框。单击 计时 选项卡，将延迟时间设为“3.5 秒”，如图 8.3.13 所示。

（17）给该文本框设置退出动画效果。选择 退出(X) → 渐出 命令，将开始改为“之后”，速度改为“快速”。

（18）插入“蒙古包 2”的图片，调整其大小和位置，将其放在页面的中央。

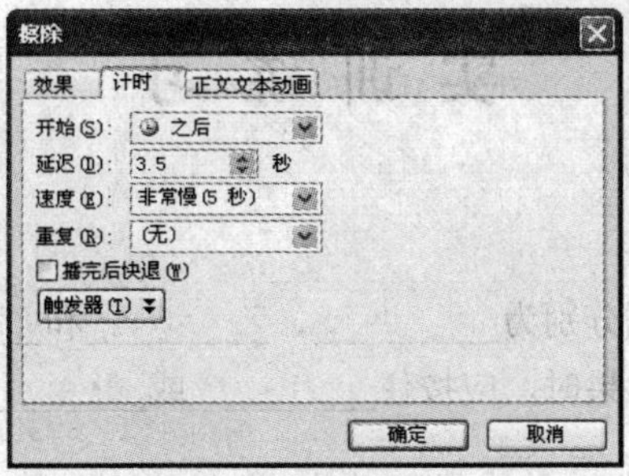


图 8.3.13　设置延迟时间

（19）选中该图片，选择进入(E)→4. 飞入命令，开始改为“之后”，方向改为“自左侧”，速度改为“非常慢”；选中它，单击“向上”按钮，将它上移一个位置，如图 8.3.14 所示。

（20）再次选中该图片，单击添加效果按钮，选择强调(M)→6. 陀螺旋命令，开始改为“之前”，速度改为“慢速”。

（21）设置该图片的退出效果。选择退出(X)→2. 飞出命令，开始改为“自顶部”，速度改为“非常慢”。

（22）将步骤（14）绘制的文本框复制一个，文字改为“我出生在牧人家里”。重复步骤（15）～（17）的操作，将“延迟：3.5 秒”改为“延迟：0 秒”，将它上移 2 个位置；选中该文本框的退出动画，将它上移 1 个位置，如图 8.3.15 所示。

图 8.3.14　调整动画的播放顺序

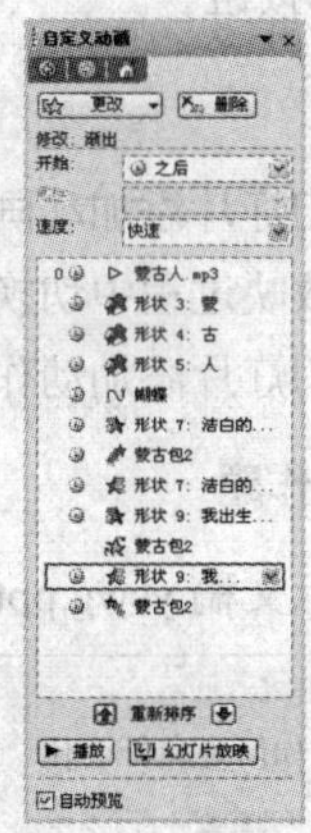

图 8.3.15　设置动画效果并调整播放顺序

（23）同样地，复制文本框，修改文字“辽阔的草原”，将“进入”和“退出”动画效果的延迟时间改为“0 秒”，然后将“进入”动画上移一个位置。

（24）依此类推，使用复制文本框、修改文字的方法，设置好歌词的进入和退出动画效果，最终效果如图 8.3.1 所示。

## 本章小结

本章主要介绍了演示文稿的动态效果设置，包括设置自定义动画效果、设置放映效果等内容。通过本章的学习，用户可以制作出“动态”的演示文稿，从而吸引浏览者的注意，增加其查阅的兴趣。

# 实 训 练 习

## 一、填空题

1．设置动画效果的 3 种方式分别为_________、_________和_________。

2．为多张幻灯片设置动态效果时，应按住_________或_________键依次选中幻灯片。

## 二、选择题

1．设置片间切换效果一般在（ ）窗口进行。

A．放映视图　　B．幻灯片视图

C．大纲视图　　D．浏览视图

2．当幻灯片内插入了图片、表格、艺术字等难以区别层次的对象时，可用（ ）定义各对象显示顺序和动画效果。

A．动画效果　　B．动作按钮

C．自定义动画　　D．动画预览

3．创建动画幻灯片时，应选择“幻灯片放映”菜单的（ ）命令。

A．自定义动画　　B．动作设置

C．动作按钮　　D．自定义放映

## 三、简答题

1．怎样为幻灯片添加动画效果？

2．如何在放映过程中切换幻灯片？

3．怎样给幻灯片添加动作按钮？

## 四、上机操作题

1．打开演示文稿 yswg.ppt，如题图 8.1 所示。

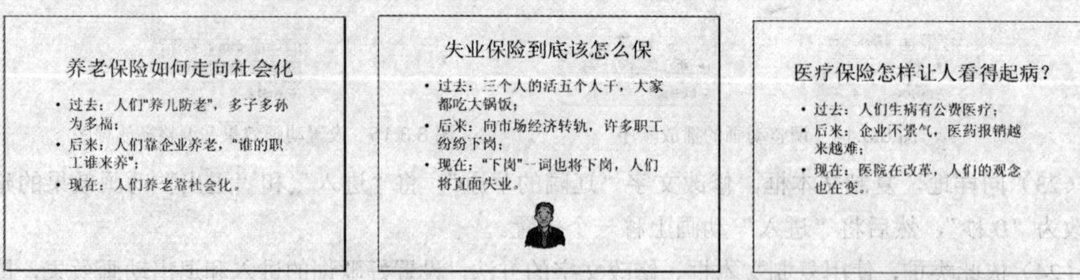


题图 8.1

按下列要求完成演示文稿的设计：

（1）使用“吉祥如意.POT”设计模板修饰全文；幻灯片切换效果全部设置为“切出”。

（2）将第二张幻灯片版式设置为“标题和内容在文本之上”，把这张幻灯片移为第三张幻灯片；将第二张幻灯片的文本部分动画效果设置为“进入”“飞入”“自底部”。

（3）将第三张幻灯片的动画效果设置为“强调”“放大/缩小”，将“开始”设置为“之后”。

2．打开演示文稿 yswg.ppt，如题图 8.2 所示。

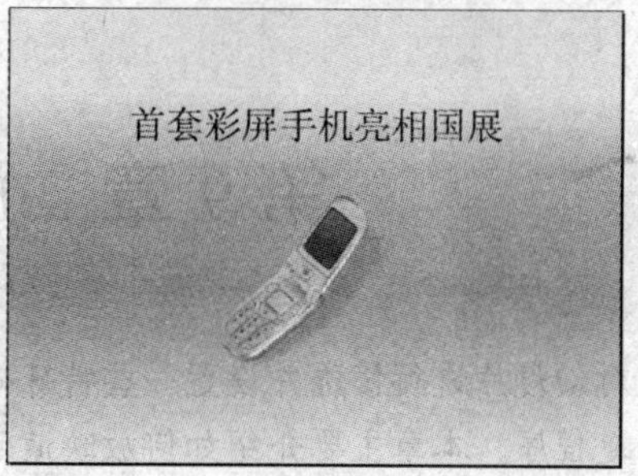


题图 8.2

按下列要求完成演示文稿的设计：

（1）在演示文稿的开始处插入一张“标题”幻灯片，作为文稿的第一张幻灯片，主标题键入“明天你会买两部手机吗？”，设置为：加粗、48 磅。将第三张幻灯片的对象部分动画效果设置为“进入”“翻转式由远及近”“之后”“中速”，然后将该张幻灯片移为演示文稿的第二张幻灯片。

（2）将第一张幻灯片背景填充预设颜色为“麦浪滚滚”，底纹样式为“水平”。全部幻灯片的切换效果设置成“盒状展开”。

# 第 9 章　放映演示文稿

用户在对幻灯片进行修饰并设置一些特殊效果之后，就可以放映演示文稿了，这也是制作演示文稿的最后一道程序。本章主要介绍如何放映演示文稿。

## 知识要点

- 设置放映方式
- 控制放映的常用工具

## 9.1　设置放映方式

设置放映方式包括 3 种类型，分别为设置放映类型、定时放映幻灯片和自定义放映。

### 9.1.1　放映类型

打开要放映的演示文稿，选择 幻灯片放映(D) → 设置放映方式(S)... 命令，弹出 设置放映方式 对话框，如图 9.1.1 所示，在此对话框中有放映类型、放映选项、放映幻灯片、换片方式以及性能 5 个设置区域。

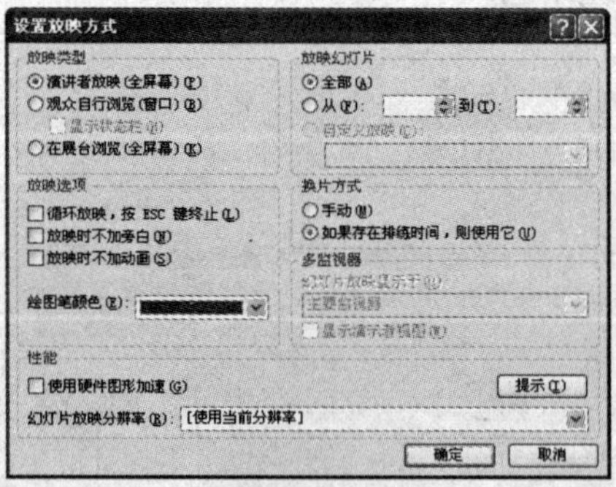


图 9.1.1　“设置放映方式”对话框

**1．演讲者放映（全屏幕）**

打开如图 9.1.1 所示的 设置放映方式 对话框，在“放映类型”选项组中选中 演讲者放映(全屏幕)(P) 单选按钮，单击 确定 按钮，即可将演示文稿的放映类型设置为“演讲者放映（全屏幕）”，它主要用于演讲者亲自播放演示文稿，也是系统默认的播放方式。在放映时，幻灯片全屏幕放映，可单击鼠标时进行放映，也可以自动控制放映，并且可以控制幻灯片的放映进度和放映效果。

**2．观众自行浏览（窗口）**

在“放映类型”选项组中选中 观众自行浏览(窗口)(B) 单选按钮，单击 确定 按钮，即可将演示文稿的放映类型设置为“观众自行浏览（窗口）”，它是一种较小规模的幻灯片放映方式。放映时，演示文稿会出现在一个可缩放的窗口中，如图 9.1.2 所示。

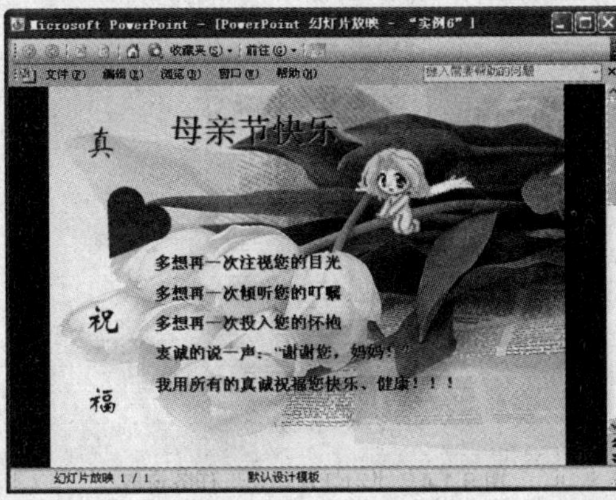


图 9.1.2　幻灯片缩略窗口

在此窗口中观众不能用鼠标来切换播放的幻灯片，可以通过单击“Web”工具栏中的“返回”按钮或“向前”按钮来浏览所有幻灯片。也可以通过单击鼠标右键，从弹出的快捷菜单中选择相应的命令切换幻灯片，如图 9.1.3 所示。

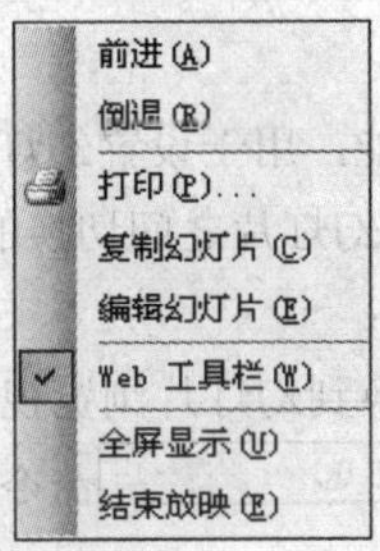


图 9.1.3　观众自行浏览快捷菜单

#### 3．在展台浏览（全屏幕）

在“放映类型”选项组中选中 在展台浏览(全屏幕)(K) 单选按钮，单击 确定 按钮，即可将演示文稿的放映类型设置为“在展台浏览（全屏幕）”，它是一种自动运行放映演示文稿的方式。在“幻灯片浏览”视图中，不能用鼠标激活任何菜单，放映只能依赖计时方式来切换幻灯片，演示文稿会在放映结束后重新开始。如果要结束幻灯片的放映，按“Esc”键，此时会返回到普通视图中。

## 9.1.2　定时放映幻灯片

在幻灯片放映过程中，为了使观众看清每一张幻灯片，可以在幻灯片播放时设置适当的时间段，用于控制幻灯片在放映时自动换到下一个动态效果的时间。可人工为每张幻灯片设置放映时间，也可使用排练计时功能，在排练时自动记录播放时间。

#### 1．人工设置放映时间

人工为每张幻灯片设置放映时间，其具体操作步骤如下：

（1）打开要放映的演示文稿，并切换到幻灯片浏览视图中。

（2）选择 幻灯片放映(D) → 幻灯片切换(T)... 命令，打开 幻灯片切换 任务窗格，如图 9.1.4 所示。

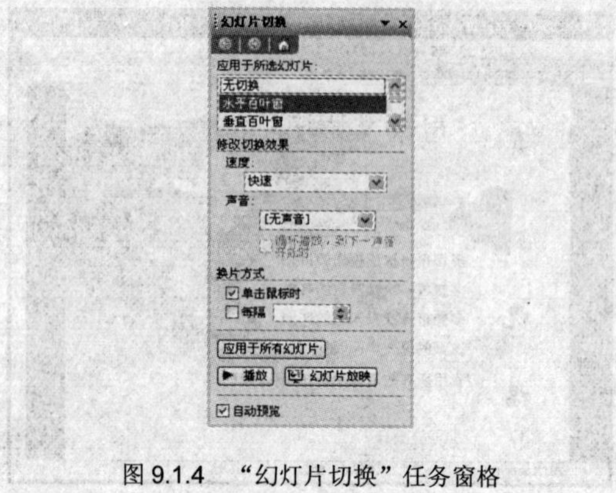


图 9.1.4 “幻灯片切换”任务窗格

（3）在“换片方式”设置区域中选中☑每隔复选框，并在其后的微调框中输入每张幻灯片在屏幕上停留的时间，以“秒”为单位。

（4）如果要让所有的幻灯片均以此时间间隔来播放，可单击 应用于所有幻灯片 按钮；如果单击 幻灯片放映 按钮，可以观看演示文稿的播放效果。

### 2. 使用排练计时

在 PowerPoint 中提供了排练计时功能，用于设置幻灯片的实际放映时间。可先放映演示文稿，再进行相应的演示操作，系统会自动记录幻灯片之间切换的时间间隔。

使用排练计时，其具体操作步骤如下：

（1）打开要放映的演示文稿，并切换到幻灯片浏览视图中。

（2）选择 幻灯片放映(D) → 排练计时(R) 命令，系统切换到全屏播放，并自动打开“预演”工具栏，如图 9.1.5 所示。

图 9.1.5 “预演”工具栏

（3）在“预演”工具栏中左边时间框中显示的是当前幻灯片的放映时间，右边显示的是当前整个演示文稿的放映时间。

（4）在“预演”工具栏中单击“下一项”按钮，可切换到下一张幻灯片中。

（5）在“预演”工具栏中单击“暂停”按钮，可暂停计时。

（6）在预演时，在“预演”工具栏中单击“重复”按钮重新计时，或直接在“幻灯片放映时间”框中输入时间值。

（7）预演完成后，弹出如图 9.1.6 所示的提示框。

图 9.1.6 排练计时结果提示框

（8）单击 是(Y) 按钮确定此排练时间，单击 否(N) 按钮可重新设置排练计时。

### 9.1.3　自定义放映

当一个演示文稿中包含多张幻灯片，而针对某些观看对象又不能全部放映时，可使用 PowerPoint 提供的“自定义放映”功能，将需要放映的幻灯片重新组合起来并加以命名，来组成一个新的适合观看的整体的演示文稿。创建自定义放映，其具体操作步骤如下：

（1）打开要自定义放映的演示文稿。

（2）选择 幻灯片放映(D) → 自定义放映(W)... 命令，弹出 自定义放映 对话框，如图 9.1.7 所示。

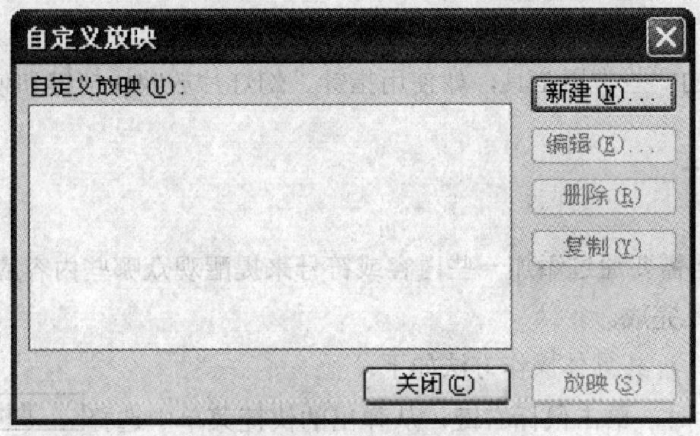


图 9.1.7　“自定义放映”对话框

（3）单击 新建(N)... 按钮，弹出 定义自定义放映 对话框，如图 9.1.8 所示。

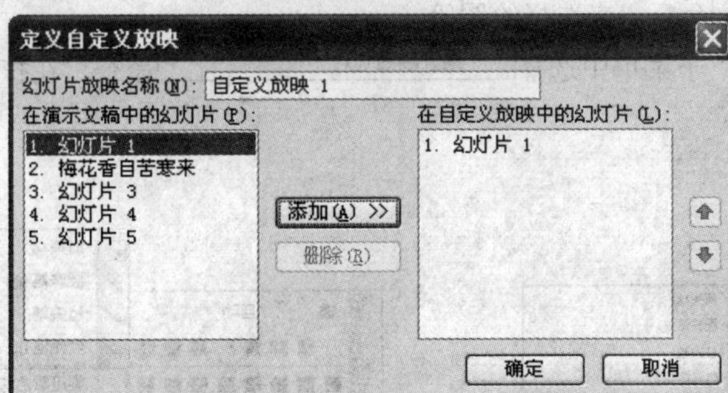


图 9.1.8　“定义自定义放映”对话框

（4）从“在演示文稿中的幻灯片”列表框中选择要放映的幻灯片，单击 添加(A) >> 按钮，即可将该幻灯片添加到“在自定义放映中的幻灯片”列表框中。

（5）如果要同时添加多张幻灯片，可按住“Shift”键或“Ctrl”键，依次选择多张幻灯片，然后单击 添加(A) >> 按钮。

（6）如果要删除“在自定义放映中的幻灯片”列表框中的幻灯片，可在其列表框中选中幻灯片，单击 删除(R) 按钮。

（7）如果要调整“在自定义放映中的幻灯片”列表框中的幻灯片的排列顺序，选中要调整的幻灯片，单击↑或↓按钮上下调整即可。

（8）在“幻灯片放映名称”文本框中输入幻灯片放映名称。

（9）设置完成后单击 确定 按钮。

### 9.1.4 放映幻灯片

在 PowerPoint 2003 中启动放映幻灯片的操作方法有以下 3 种：

（1）在演示文稿窗口中，单击左下角的“幻灯片放映”按钮。

（2）选择 幻灯片放映(D) → 观看放映(V) F5 命令，或按“F5”键。

（3）选择 视图(V) → 幻灯片放映(W) F5 命令。

## 9.2 控制放映的常用工具

本节主要介绍放映的一些常用工具，如使用指针、幻灯片放映快捷键和使用幻灯片放映工具。

### 9.2.1 使用指针

在演讲的过程中，当需要通过添加一些内容或符号来提醒观众哪些内容应该特别注意时，就可以使用系统提供的标注工具完成。

在幻灯片中使用指针，其具体操作方法如下：

（1）在放映幻灯片时，单击鼠标右键，从弹出的快捷菜单中选择 指针选项(O) ▸ 命令，如图 9.2.1 所示。

（2）在“指针选项”子菜单中可以选择 圆珠笔(B)、毡尖笔 或 荧光笔(H) 命令，来选择绘图笔。

（3）在“指针选项”子菜单中选择 墨迹颜色(C) ▸ 命令，在打开的色板中选择绘图笔的颜色，如图 9.2.2 所示。

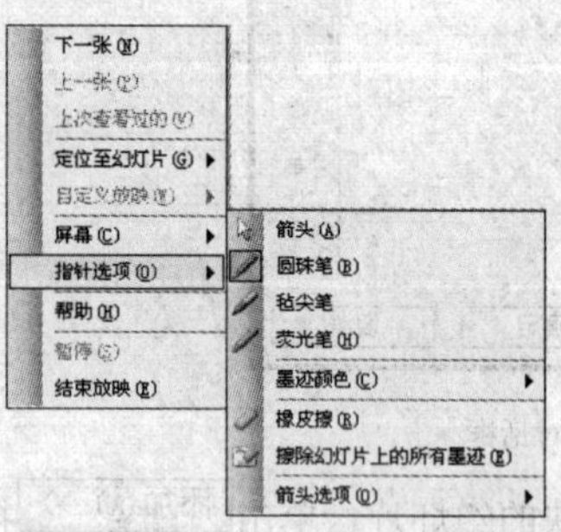


图 9.2.1 “指针选项”子菜单

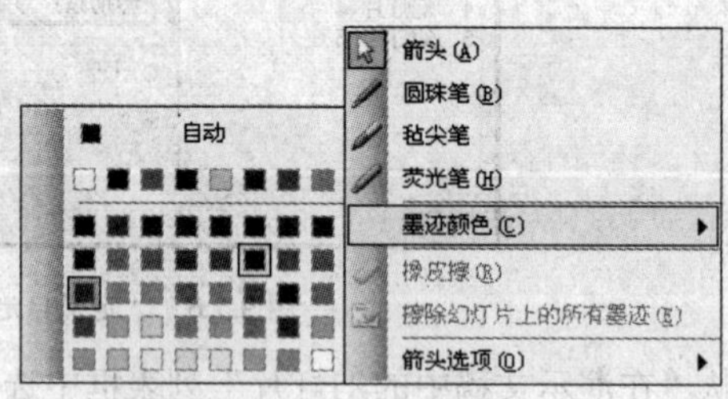


图 9.2.2 选择绘图笔的颜色

（4）拖动鼠标在幻灯片中可绘制所需图案，如图 9.2.3 所示。

图 9.2.3 使用绘图笔绘制图案

（5）如果需要删除绘制的内容，在幻灯片放映过程中，单击鼠标右键，从弹出的快捷菜单中选择 指针选项(O) → 橡皮擦(R) 命令，此时鼠标指针变成橡皮擦的形状，拖动鼠标擦除绘制的内容即可。

（6）在幻灯片放映完成后，系统会自动弹出一个提示框，如图 9.2.4 所示，提示是否保留在幻灯片放映过程中绘制的内容。如果要保留，单击 保留(K) 按钮；如果不保留，单击 放弃(D) 按钮。

图 9.2.4　放映完成提示框

## 9.2.2　使用幻灯片放映工具

放映幻灯片时，可使用幻灯片放映工具，其具体操作步骤如下：

（1）在放映幻灯片时，单击鼠标右键，弹出如图 9.2.5 所示的快捷菜单。

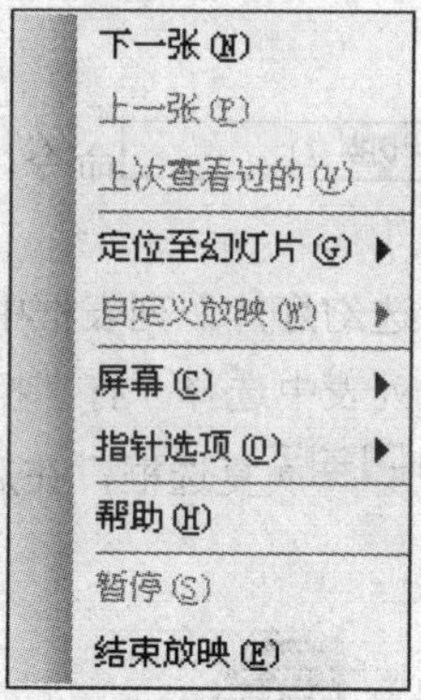


图 9.2.5　“放映幻灯片”快捷菜单

（2）在快捷菜单中选择 下一张(N) 命令，可切换到下一张幻灯片；选择 上一张(P) 命令，可切换到上一张幻灯片；选择 定位至幻灯片(G) 命令，从弹出的子菜单中可以选择指定的幻灯片。

（3）在快捷菜单中选择 屏幕(C) 命令，弹出的子菜单如图 9.2.6 所示。

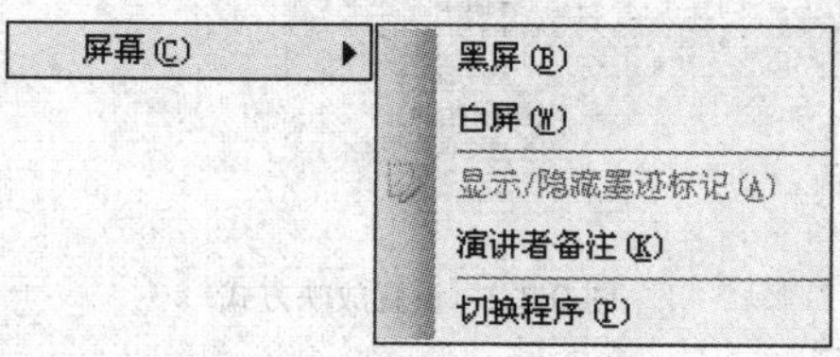


图 9.2.6　“屏幕”子菜单

（4）选择 黑屏(B) 命令，幻灯片在播放前，屏幕处于黑色显示；选择 白屏(W) 命令，幻灯片在播放前，屏幕处于白屏显示；选择 演讲者备注(K) 命令，可添加演讲者备注。

## 9.3 应用实例——设置幻灯片切换方案并播放

本例主要讲解“会议简报”的切换方案，并在播放时使用画笔功能，保留墨迹注释，效果如图 9.3.1 所示。

图 9.3.1 效果图

**操作步骤**

（1）打开“会议简报”演示文稿。

（2）选择 幻灯片放映(D) → 幻灯片切换(T)... 命令，打开 幻灯片切换 任务窗格。

（3）在该任务窗格中的“应用于所选幻灯片”列表框中选择“盒状展开”选项；在“速度”下拉列表中选择“中速”；在“声音”下拉列表中选择“打字机”。

（4）在“换片方式”选项组中选中 ☑每隔 复选框，在后面的微调框中设置数值为“00:02”（以秒为单位），如图 9.3.2 所示。

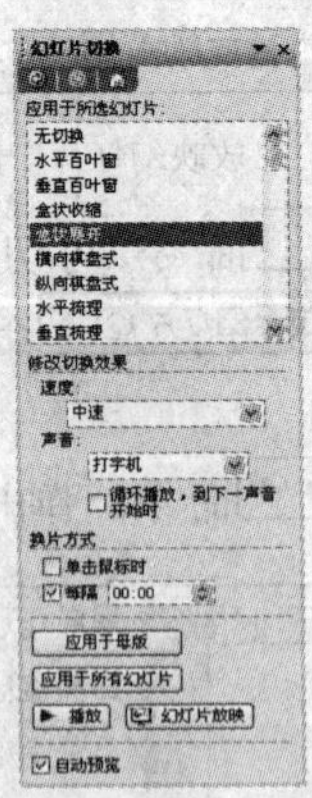


图 9.3.2 设置放映方式

（5）单击 应用于所有幻灯片 按钮，将设置应用于所有幻灯片中。单击 ▶ 播放 按钮，可预览播放的效果。

（6）设置完成后，按“F5”键，或者单击演示文稿窗口下方的“放映幻灯片”按钮，开始放映幻灯片。

（7）在放映的过程中，若想重新观看第 2 张幻灯片的内容，可单击鼠标右键，从弹出的快捷菜

单中选择 定位至幻灯片(G) ▶ 命令，从中选择“2.会议主题”幻灯片，如图 9.3.3 所示。

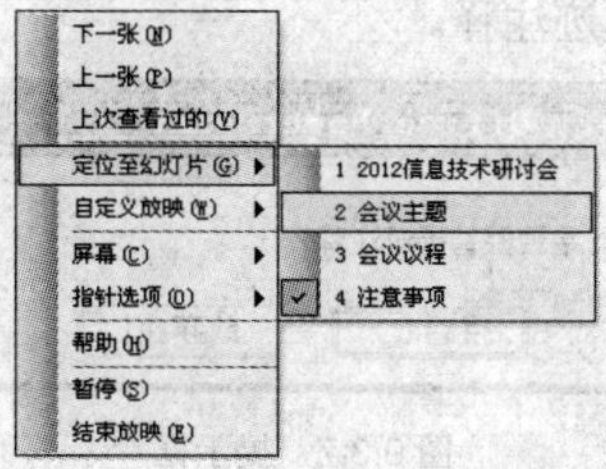


图 9.3.3　使用幻灯片放映工具放映

（8）在放映时，若想勾勒出幻灯片中的重点内容，可单击鼠标右键，从弹出的快捷菜单中选择 指针选项(O) ▶ → 荧光笔(H) 命令，如图 9.3.4 所示。

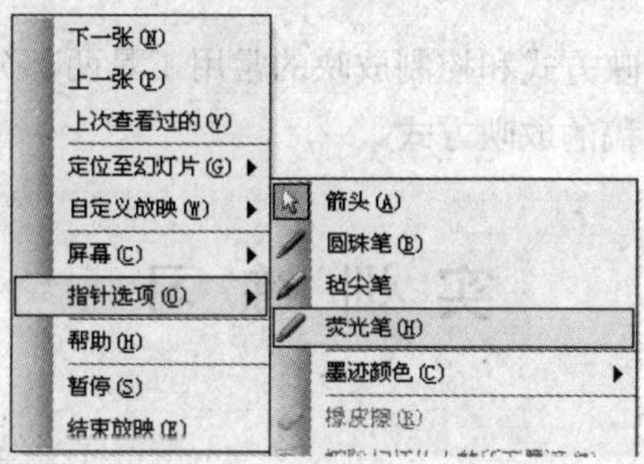


图 9.3.4　“指针选项”子菜单

（9）单击鼠标右键，从弹出的快捷菜单中选择 指针选项(O) ▶ → 墨迹颜色(C) ▶ 命令，在打开的色板中选择“红色”，如图 9.3.5 所示。

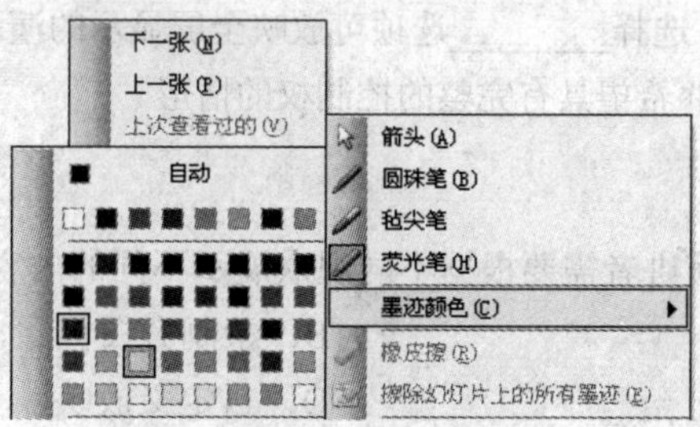


图 9.3.5　选择荧光笔的颜色

（10）拖动鼠标在幻灯片中可添加墨迹注释，如图 9.3.6 所示。

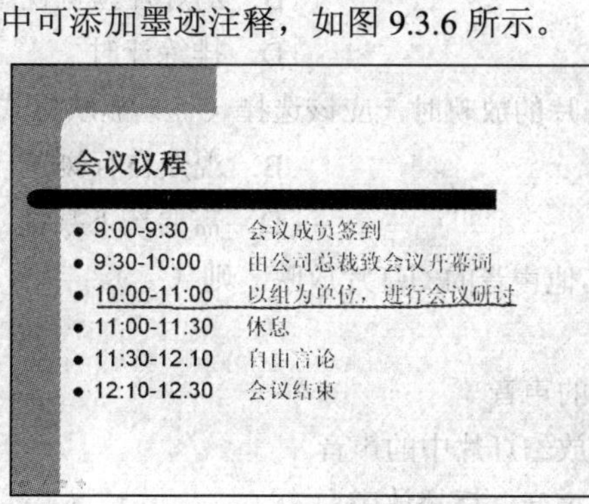


图 9.3.6　使用荧光笔

（11）在幻灯片放映完成后，系统会自动弹出一个提示框，如图 9.3.7 所示。单击保留(K)按钮，将保留在放映幻灯片时添加的墨迹注释。

图 9.3.7　提示框

## 本 章 小 结

本章主要介绍了幻灯片的放映方式和控制放映的常用工具两部分内容。通过本章的学习，用户可以根据实际情况灵活选择演示文稿的放映方式。

## 实 训 练 习

### 一、填空题

1．演示文稿的放映方式可以设置为__________（全屏幕）、观众自行浏览（窗口）、__________（全屏幕）。

2．放映幻灯片的功能键为_________。

3．在幻灯片放映方式中，选择________选项可放映全屏显示的演示文稿，它是最常用的方式，通常用于演讲者播放演示文稿，并希望具有完整的控制权的情形。

### 二、选择题

1．一个演示文稿，如果演讲者需要根据不同观众展示不同的内容，可以采用（　）。

A．排练计时　　B．录制旁白

C．自定义动画　　D．自定义放映

2．在放映幻灯片时，可以通过设置幻灯片的（　）来控制演示文稿的放映时间。

A．放映速度　　B．幻灯片预览视图

C．幻灯片放映视图　　D．排练计时

3．当在交易会上进行广告片的放映时，应该选择（　）放映方式。

A．演讲者放映　　B．观众自行浏览

C．在展台浏览　　D．需要按下某键

4．如果运行包含旁白和其他声音的幻灯片放映，则（　）。

A．只会播放旁白

B．只会播放幻灯片中的声音

C．先播放旁白，后播放幻灯片中的声音

D．先播放幻灯片中的声音，后播放旁白

### 三、简答题

1．幻灯片的放映方式有哪几种类型？

2．如何在放映幻灯片的过程中使用绘图笔？

3．在 PowerPoint 中如何设置演示文稿的幻灯片的放映时间？

### 四、上机操作题

利用 PowerPoint 2003 中的相册功能，创建一本相册。

（1）新建一张幻灯片，选择“诗情画意”的模板并设计配色方案。

（2）为幻灯片的标题文本添加动画效果，设置动画效果为“强调”选项中的“彩色波纹”效果。

（3）设置幻灯片之间的切换效果为“随机”。

（4）按“F5”快捷键放映该幻灯片。

（5）用“画笔”中的“圆珠笔”标注出照片的日期，并使用“红色”墨迹。

# 第 10 章　打印与输出演示文稿

演示文稿制作完成后，不仅可以在屏幕上演示，还可以把它打印在纸上送给其他人查阅，也可以将幻灯片制作成 35 mm 胶片，在放映机上放映。本章主要介绍打印演示文稿、打包演示文稿和通过网络演示等有关知识。

## 知识要点

- 打印演示文稿
- 打包演示文稿
- 通过网络发布演示文稿

## 10.1　打印演示文稿

演示文稿制作完成后，一方面可将其打印出来作为备用，在打印演示文稿之前必须先进行页面设置，再打印演示文稿；另一方面可将演示文稿进行打包，减少占用磁盘空间，而且可以在其他没有安装 PowerPoint 应用程序的计算机上进行播放。最后还可将其保存为 Web 页，发送到 Internet 站点上。

### 10.1.1　设置打印页面的格式

打开要进行页面设置的演示文稿，选择 文件(F) → 页面设置(U)... 命令，弹出如图 10.1.1 所示的 页面设置 对话框。

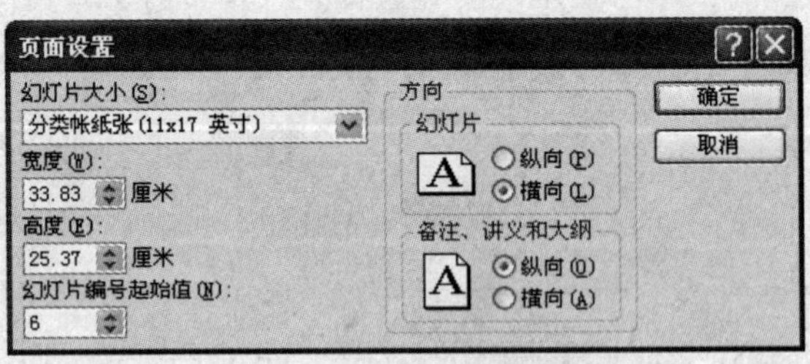


图 10.1.1　“页面设置”对话框

**1. 设置幻灯片的大小**

在该对话框的“幻灯片大小”下拉列表框中选择幻灯片的大小，包括“在屏幕上显示”“投影机”“横幅”等选项，也可以在“宽度”和“高度”微调框中根据需要自定义幻灯片的大小。

**2. 设置幻灯片编号起始值**

用户可以在“幻灯片编号起始值”微调框中设置幻灯片编号的起始值，它决定了幻灯片的起始编号。该编号出现在幻灯片上和 PowerPoint 2003 窗口底部的幻灯片编号器上，幻灯片编号起始值可以是任意数值。例如图 10.1.1 中所示，设置编号起始值为“6”。

3．设置幻灯片的方向

在“页面设置”对话框右边的“方向”设置区域中有两种幻灯片的方向设置，一种用于幻灯片；另一种用于备注、讲义和演示文稿大纲，用户可以根据需要分别设置它们的方向。在默认情况下，幻灯片的方向为纵向(P)，备注、讲义和大纲的方向为横向(L)。

## 10.1.2　打印预览

如果要预览打印效果，选择文件(F)→打印预览(V)命令，即可预览打印效果，如图 10.1.2 所示。

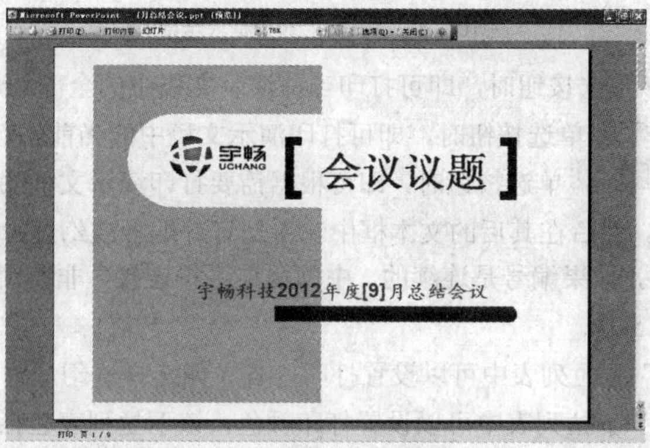


图 10.1.2　打印预览效果

窗口上方的“打印预览”工具栏如图 10.1.3 所示。

图 10.1.3　“打印预览”工具栏

（1）在“打印预览”工具栏中单击“上一页”按钮或“下一页”按钮，可以逐个预览演示文稿中所有幻灯片的打印效果。

（2）单击“打印预览”工具栏中的打印(P)...按钮，可弹出**打印**对话框。

（3）也可以通过单击“纵向”按钮或“横向”按钮等对幻灯片进行简单的页面设置。

（4）预览完成后单击关闭(C)按钮，关闭预览窗口。

## 10.1.3　打印演示文稿

打印幻灯片时可用彩色、灰度或纯黑白 3 种方式，打印内容可选择打印整个演示文稿的幻灯片、大纲、备注和观众讲义，也可打印特定的幻灯片、讲义、备注页或大纲页。

选中要打印的演示文稿，选择文件(F)→打印(P)... Ctrl+P命令，即可弹出**打印**对话框，如图 10.1.4 所示。

在**打印**对话框中进行如下设置：

（1）在“名称”下拉列表框中选择打印机名称。

（2）在“打印范围”设置区域中设置幻灯片的打印范围。

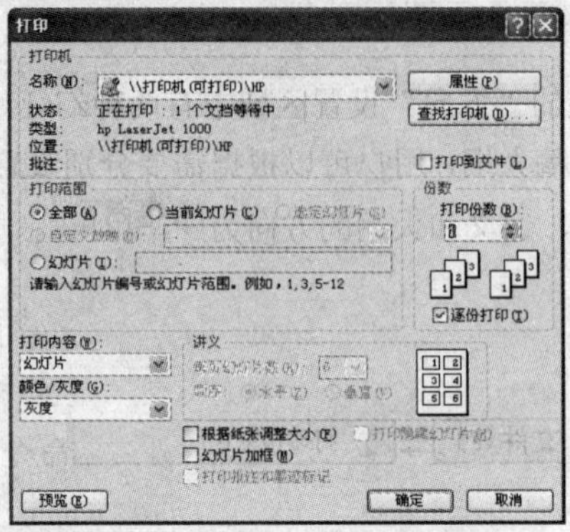


图 10.1.4 “打印”对话框（全部）

1）选中◉全部(A)单选按钮时，即可打印当前演示文稿中的全部幻灯片。

2）选中◉当前幻灯片(C)单选按钮时，即可打印演示文稿中的当前幻灯片。

3）选中◉选定幻灯片(S)单选按钮时，即可根据需要打印演示文稿的选定幻灯片；或者可以选中◉幻灯片(I):单选按钮，然后在其后的文本框中输入幻灯片编号或幻灯片范围的起始数值和终止数值。在输入幻灯片编号时，如果编号是连续的，中间用连字符连接，非连续的用逗号隔开，如在幻灯片文本框中输入：1，3，5-12。

（3）在“打印内容”下拉列表中可以设置打印内容，如选择“幻灯片”“讲义”等。

（4）在“颜色/灰度”下拉列表中可以设置打印颜色，该下拉列表包括了 3 个选项，分别为“颜色”“灰度”和“纯黑白”，用户可以根据需要设置不同的打印颜色。

（5）在“打印份数”微调框中输入需要打印的份数，如果选中☑逐份打印(T)复选框，则幻灯片会逐份打印出来。

## 10.1.4 打印讲义

打印讲义主要是在大型演讲中，将打印的讲义发给听众，以便听众了解演讲的内容和进程。可以在一页纸上打印 2 张、4 张、6 张或 9 张幻灯片。

（1）设置“幻灯片 1”为当前界面，选择 文件(F) → 打印(P)... Ctrl+P 命令，弹出 **打印** 对话框，如图 10.1.5 所示。

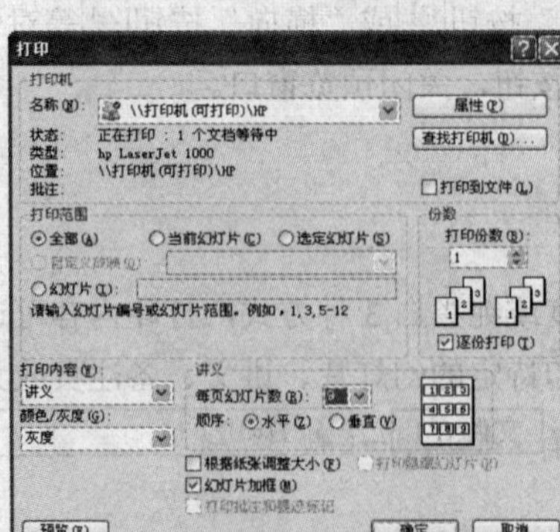


图 10.1.5 “打印”对话框（讲义）

（2）在“打印内容”下拉列表中选择“讲义”选项。

（3）在"每页幻灯片数"下拉列表中选择一页纸中打印幻灯片的张数，本例中选择"9"。

（4）单击 确定 按钮，即可打印讲义。

### 10.1.5　制作 35 mm 幻灯片

如果用户在系统上装有胶片记录仪，并且在打印机驱动程序上安装了该胶片记录仪的驱动程序，就可以直接在 35 mm 幻灯片的底片上拷贝每一个幻灯片的图像，然后就可以用这些底片洗印出 35 mm 幻灯片。

## 10.2　打包演示文稿

当用户制作完演示文稿要在其他的计算机上演示，而这台计算机又没有安装 PowerPoint 应用程序时，用户可以将演示文稿打包到文件夹或打包成 CD。拷贝到其他计算机上后，将其解包、还原，并运行该演示文稿。

在打包演示文稿时，既可以打包演示文稿中的文件和字体，还可以打包 PowerPoint 播放器。

### 10.2.1　打包

打包演示文稿的优点在于，它可以压缩打包文件，使用户可以以 CD 或文件夹的形式存放文件，而且不用考虑计算机上是否安装 PowerPoint 软件，并且打包后的演示文稿可以在没有 PowerPoint 的 Windows 98 或更高版本的电脑上播放。

**注意：**因为有时演示文稿中有超链接、图片、图表等信息，如果用其他压缩工具打包演示文稿，这些信息可能会丢失。因此，建议用户应该直接用 PowerPoint 提供的打包工具来压缩演示文稿。

打包与还原演示文稿，其具体操作步骤如下：

（1）打开要打包的演示文稿。

（2）选择 文件(F) → 打包成 CD(K)... 命令，弹出 打包成 CD 对话框，如图 10.2.1 所示。

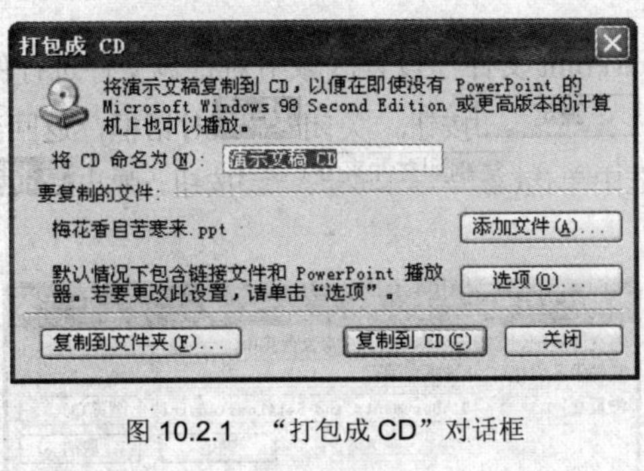


图 10.2.1　"打包成 CD"对话框

（3）在"将 CD 命名为"文本框中输入 CD 名称。

（4）如果用户还想添加别的文件，单击 添加文件(A)... 按钮，弹出 添加文件 对话框，如图 10.2.2

所示，在“查找范围”下拉列表中添加新的幻灯片文件。

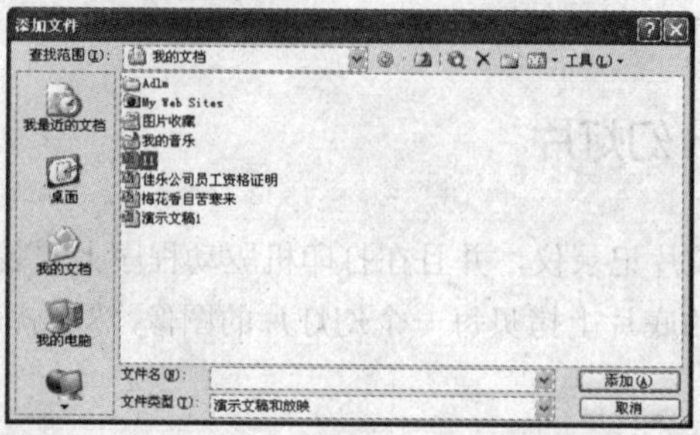


图 10.2.2 “添加文件”对话框

（5）添加文件后，打包成 CD对话框的效果如图 10.2.3 所示。

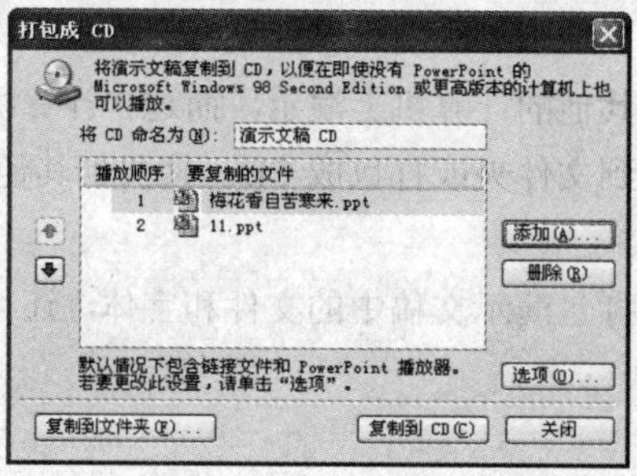


图 10.2.3 “打包成 CD”对话框（添加文件后）

（6）如果用户想复制文件的设置，单击选项(O)...按钮，弹出选项对话框，如图 10.2.4 所示。

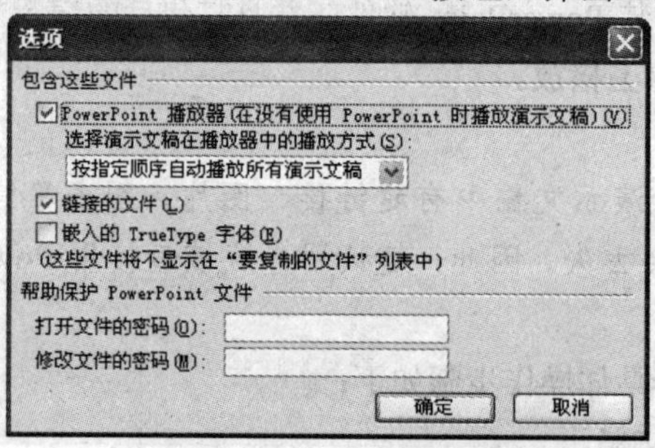


图 10.2.4 “选项”对话框

（7）在该对话框中选中☑嵌入的 TrueType 字体(E)复选框，打包的演示文稿可以确保在其他计算机上能看到正确的字体。

（8）在“帮助保护 PowerPoint 文件”设置区域中对打包文件进行保护设置。

（9）设置完毕后，单击确定按钮，关闭选项对话框，返回到打包成 CD对话框中。

（10）在打包成 CD对话框中单击复制到文件夹(F)...按钮，弹出复制到文件夹对话框，如图 10.2.5 所示。

图 10.2.5 “复制到文件夹”对话框

（11）在该对话框中输入文件夹名称，单击 浏览(B)... 按钮，在弹出的 选择位置 对话框中选择要打包的路径，单击 确定 按钮，返回到 打包成 CD 对话框中，单击 关闭 按钮即可。

（12）打开打包后的文件夹，所有打包后的文件如图 10.2.6 所示。

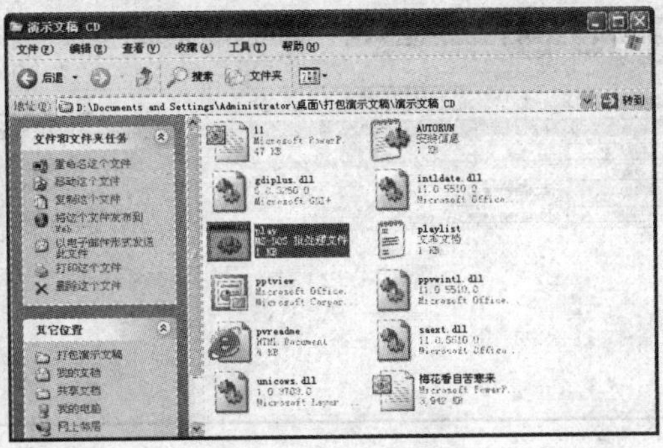

图 10.2.6　打包文件

（13）双击打包文件中的“Play”文件可以播放演示文稿。

## 10.2.2　还原打包文件

通过双击“Play”文件夹只能运行当前演示文稿，而不能运行添加的演示文稿，如果要运行其他演示文稿，其具体操作步骤如下：

（1）在如图 10.2.6 所示的 演示文稿 CD 窗口中，双击“pptview”文件，弹出如图 10.2.7 所示的对话框。

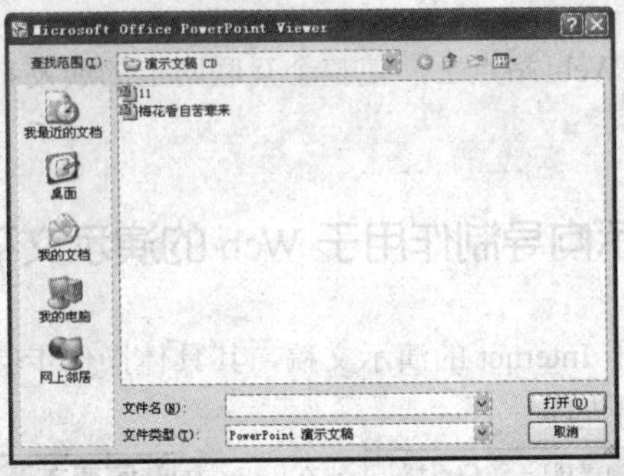

图 10.2.7　“Microsoft Office PowerPoint Viewer”对话框

（2）在该对话框中列出了打包的所有演示文稿，选择需要放映的演示文稿，单击 打开(O) 按钮即可。

（3）选中的演示文稿播放完成后，又会自动返回到如图 10.2.7 所示的对话框，在其中选择其他要播放的演示文稿，单击 打开(O) 按钮。

## 10.2.3　通过电子邮件传递演示文稿

如果要将制作完成的演示文稿以电子邮件的方式发送出去，例如发送至某个公司或保存在自己的邮箱里，就可以通过 Office 2003 内置的电子邮件来完成此项操作。

通过电子邮件传递演示文稿，其具体操作步骤如下：

（1）打开要传递的演示文稿。

（2）选择 文件(F) → 发送(D) → 邮件收件人（以附件形式）(A)... 命令，打开 Outlook 2003 应用程序，如图 10.2.8 所示。

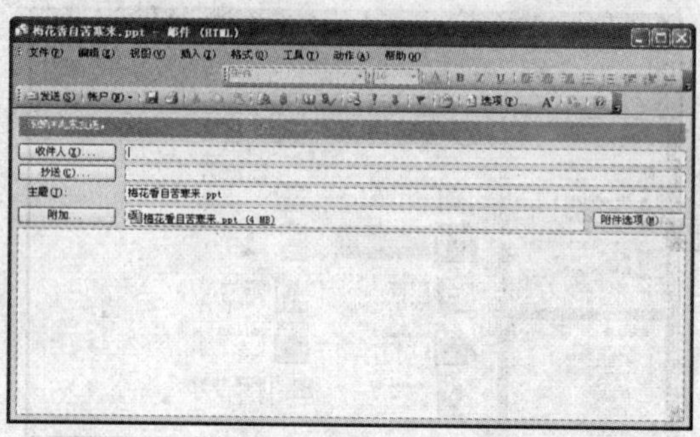

图 10.2.8　用 Outlook 以附件形式发送演示文稿

（3）在“收件人”文本框中输入收件人的邮箱地址。

（4）在“抄送”文本框中输入抄送人的邮箱地址，可输入多个邮箱地址，每个地址之间用逗号隔开，也就是可以将该演示文稿一次发送给多人。

（5）在下面的内容文本框中可以输入邮件的内容，设置完成后单击“常用”工具栏中的 发送(S) 按钮即可。

# 10.3　通过网络发布演示文稿

如果想将演示文稿发送至 Web 站点上，使整个互联网上的朋友都可以浏览，必须先把它保存为 Web 格式。

## 10.3.1　使用内容提示向导制作用于 Web 的演示文稿

使用内容提示向导创建用于 Internet 的演示文稿，其具体操作步骤如下：

（1）打开 PowerPoint 应用程序。

（2）选择 文件(F) → 新建(N)... Ctrl+N 命令，打开 新建演示文稿 任务窗格，如图 10.3.1 所示。

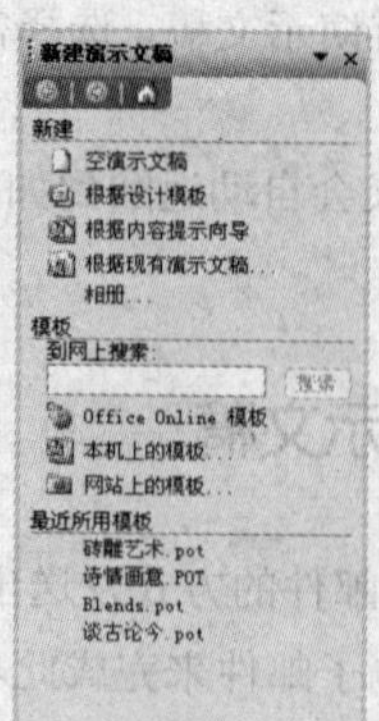


图 10.3.1　“新建演示文稿”任务窗格

（3）在该任务窗格中单击 根据内容提示向导 超链接，弹出 内容提示向导 对话框，如图 10.3.2 所示。

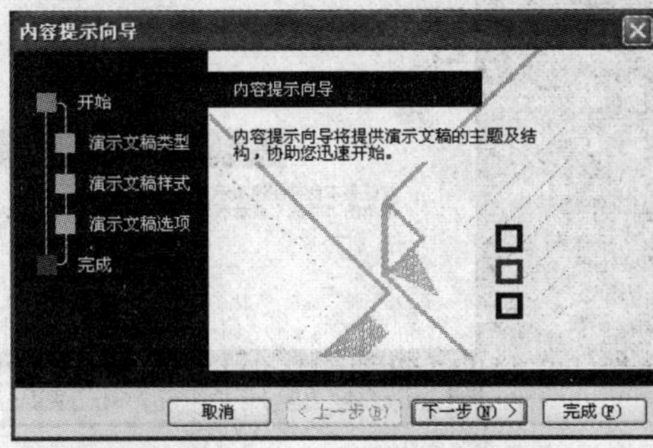


图 10.3.2　“内容提示向导”对话框

（4）在对话框中选择 演示文稿样式 选项，弹出 内容提示向导 － [通用] 对话框之一，如图 10.3.3 所示。

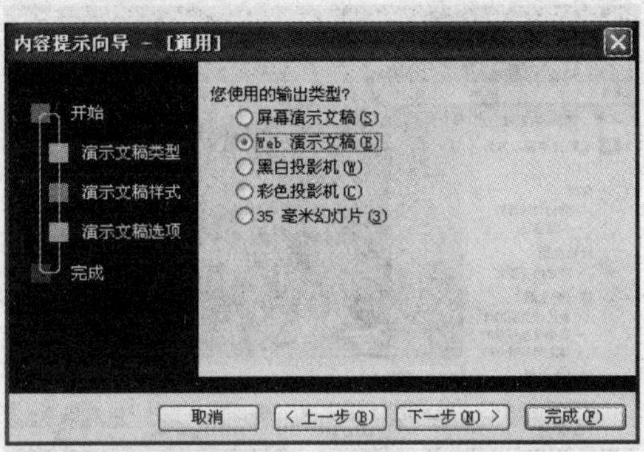


图 10.3.3　“内容提示向导-[通用]”对话框之一

（5）在对话框中选中 Web 演示文稿(E) 单选按钮，单击 下一步(N) > 按钮。

（6）弹出 内容提示向导 － [通用] 对话框之二，如图 10.3.4 所示。

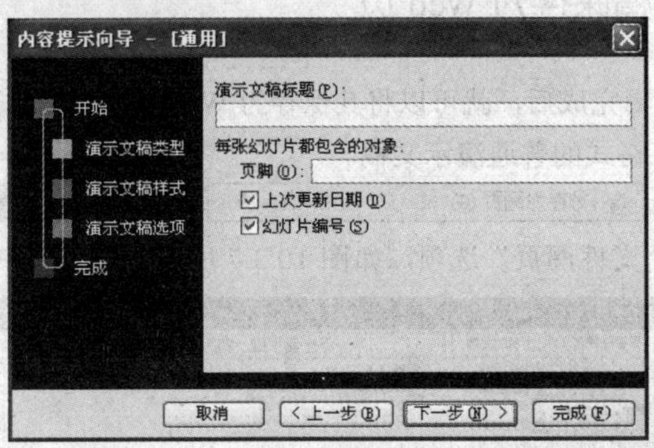


图 10.3.4　“内容提示向导-[通用]”对话框之二

（7）在“演示文稿标题”文本框输入演示文稿的标题；在“每张幻灯片都包含的对象”设置区域的“页脚”文本框中输入页脚的显示内容；选中 上次更新日期(D) 和 幻灯片编号(S) 复选框，单击 下一步(N) > 按钮。

（8）弹出 内容提示向导 － [通用] 对话框之三，如图 10.3.5 所示。

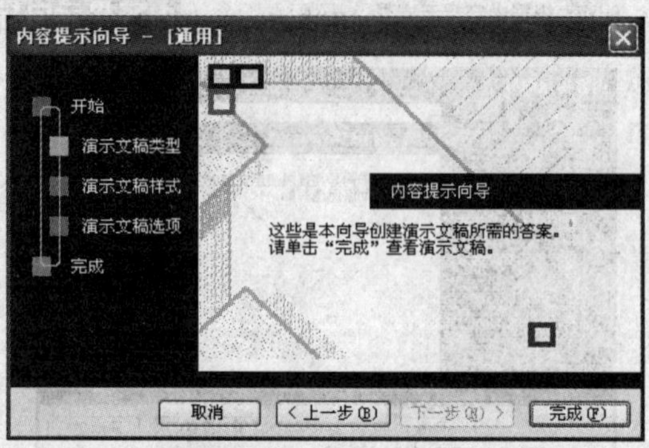


图 10.3.5 “内容提示向导-[通用]”对话框之三

（9）单击 完成(F) 按钮，即可产生一个用于 Internet 上放映的演示文稿，并出现在 PowerPoint 的窗口中，如图 10.3.6 所示。

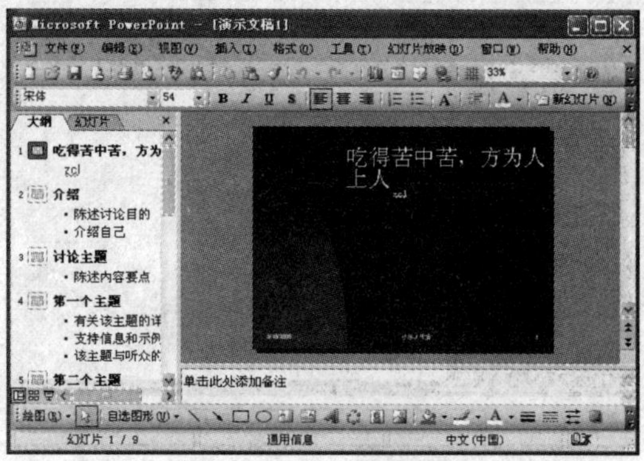


图 10.3.6 创建 Internet 演示文稿

（10）在该窗口中编辑幻灯片即可。

## 10.3.2 将演示文稿保存为 Web 页

在 Internet 演示文稿编辑完成后，就可以将其保存为 Web 页，在网上发布，具体操作步骤如下：

（1）打开要存为 Web 格式的普通演示文稿。

（2）选择 文件(F) → 另存为网页(G)... 命令，弹出 **另存为** 对话框。在“保存类型”下拉列表中选择“单个文件网页”选项，如图 10.3.7 所示。

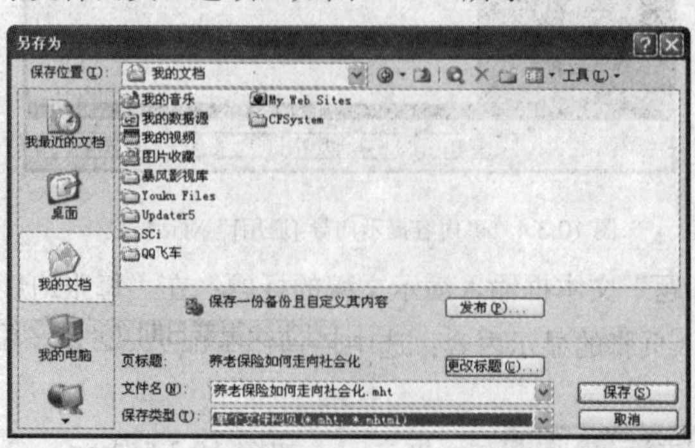


图 10.3.7 “另存为”对话框

（3）单击更改标题(C)...按钮，弹出设置页标题对话框，如图 10.3.8 所示，在“页标题”文本框中输入内容，例如输入“养老保险”，添加的标题将显示在浏览器的标题栏中。

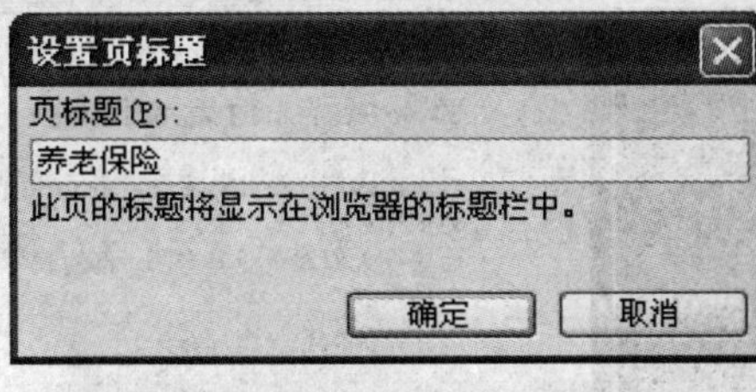


图 10.3.8　“设置页标题”对话框

（4）输入完成后单击确定按钮，返回到另存为对话框中。

（5）单击发布(P)...按钮，弹出发布为网页对话框，如图 10.3.9 所示。

图 10.3.9　“发布为网页”对话框

（6）在“发布内容”设置区域中选中整个演示文稿(C)单选按钮，设置发布演示文稿的内容；单击Web 选项(W)...按钮，在弹出的Web 选项对话框中可以对演示文稿的播放形式进行更加详细的设置。

（7）在“浏览器支持”选项组中选中Microsoft Internet Explorer 4.0 或更高(高保真)(4)单选按钮，选择浏览器。

（8）在“发布一个副本为”设置区域中单击浏览(B)...按钮，在弹出的发布为对话框中选择网页发布的位置。

（9）设置完成后单击发布(P)按钮，即可将演示文稿保存为 Web 格式，如图 10.3.10 所示。

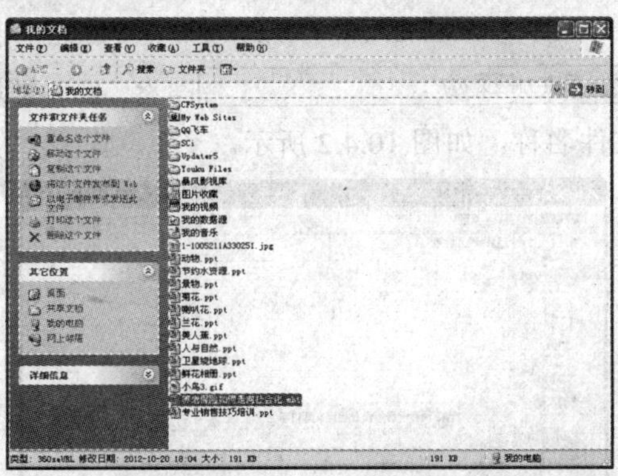

图 10.3.10　将演示文稿保存为 Web 格式

（10）在保存文档中双击“Web”文件，即可预览网页效果，如图 10.3.11 所示。

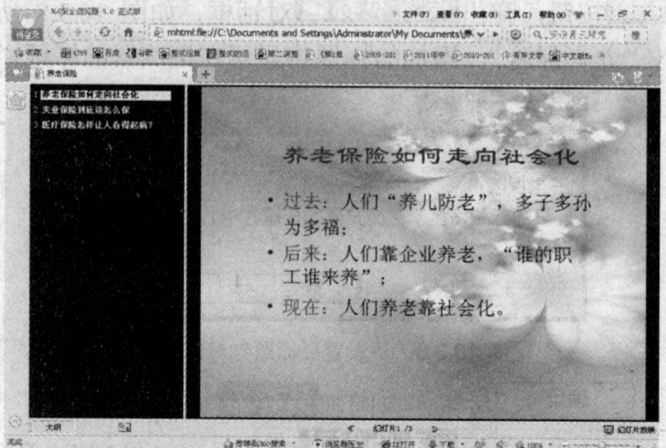


图 10.3.11　预览网页

## 10.4　应用实例——发布演示文稿

本例将制作的“月总结会议”演示文稿在网上发布。

**操作步骤**

（1）打开制作完成的“月总结会议.ppt”演示文稿，如图 10.4.1 所示。

图 10.4.1　打开演示文稿

（2）选择 文件(F) → 另存为网页(G)... 命令，弹出 **另存为** 对话框。在“文件名”文本框中输入发布网页的文件名称，如图 10.4.2 所示。

图 10.4.2　“另存为”对话框

（3）单击 发布(P)... 按钮，弹出**发布为网页**对话框，如图 10.4.3 所示。

（4）在“发布一个副本为”设置区域中单击 浏览(B)... 按钮，弹出**发布为**对话框。在“保存位置”下拉列表中选择“桌面”，如图 10.4.4 所示。

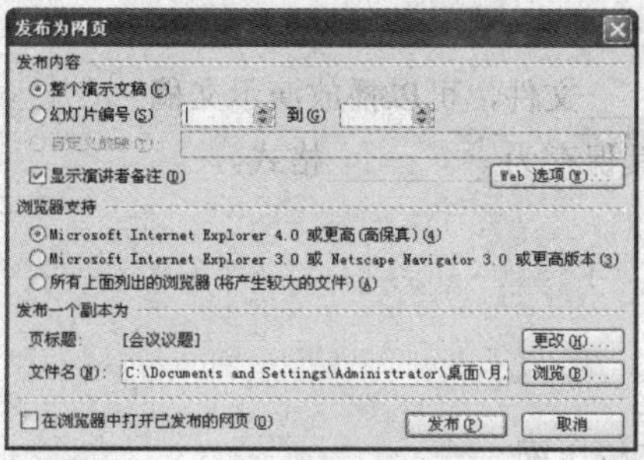


图 10.4.3　“发布为网页”对话框

图 10.4.4　“发布为”对话框

（5）单击 确定 按钮返回到**发布为网页**对话框中，再单击 发布(P) 按钮，将演示文稿保存为 Web 页的格式。

（6）回到桌面，可以看到一个 Web 页文件，如图 10.4.5 所示。

图 10.4.5　保存的 Web 页文件

（7）双击该文件预览网页，如图 10.4.6 所示。

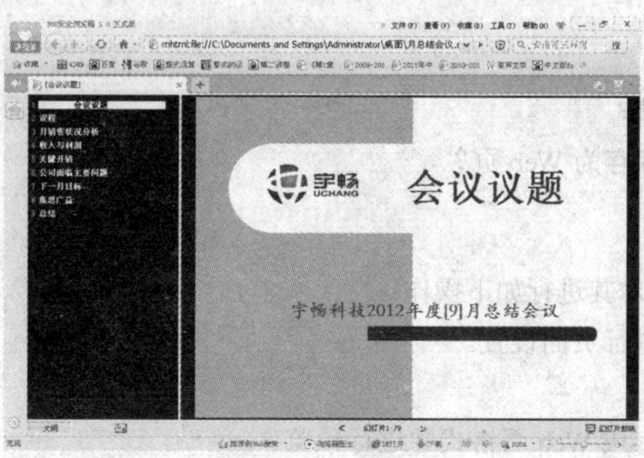


图 10.4.6　预览网页

## 本 章 小 结

本章主要介绍了打印演示文稿、打包演示文稿和通过网络发布演示文稿等内容。通过本章的学习，用户可以掌握演示文稿的基本输出方法，并能对打包的演示文稿进行解包的操作。

# 实 训 练 习

## 一、填空题

1．将演示文稿打包以后，选择________或________文件，可以播放演示文稿。

2．如果要想在互联网上预览演示文稿，就必须将其保存为________格式。

## 二、选择题

1．下列关于文件打包的叙述中，正确的是（　）。

A．打包的文件必须在 PowerPoint 环境下解包

B．将演示文稿打包是指利用压缩软件将演示文稿压缩

C．打包的演示文稿在使用时还需要解包

D．打包文件存放在若干张 CD 上，解包时必须按原 CD 的顺序展开

2．PowerPoint 提供的演示文稿的打印方式有（　）。

A．幻灯片　　B．讲义

C．大纲视图　　D．备注页

3．演示文稿打包后，在目标盘上产生一个名为（　）的解包可执行文件。

A．setup.exe　　B．Pngsetup.exe

C．Install.exe　　D．Preso.ppz

4．对用 PowerPoint 2003 制作完成的演示文稿，下列相关说法中错误的是（　）。

A．可以将其发布到 Internet 上供其他人浏览

B．只可以在制作它的计算机上进行演示

C．可以在其他计算机上演示

D．可以加上动画、声音等效果

## 三、简答题

1．如何打包演示文稿？

2．如何将演示文稿保存为 Web 页？

## 四、上机操作题

打开一个演示文稿，对其进行如下操作：

（1）对该演示文稿进行页面设置。

（2）打包演示文稿。

（3）将演示文稿保存成 Web 页格式并进行预览。

# 第 11 章　综合应用实例

为了更好地了解并掌握 PowerPoint 2003 的应用，本章列举了一些具有代表性的综合应用实例。所举实例由浅入深地贯穿本书的知识点，使读者能够深入了解 PowerPoint 的相关功能和具体应用。

## 知识要点

- 制作“电子月历”演示文稿
- 制作“岗位需求”演示文稿
- 制作“陕西古迹名胜介绍”幻灯片
- 制作“环境保护”演示文稿
- 制作“看图学英语”演示文稿
- 制作“广告加盟”演示文稿

## 综合实例 1　制作“电子月历”演示文稿

### 实例内容

本例制作“电子月历”演示文稿，预览效果如图 11.1.1 所示。

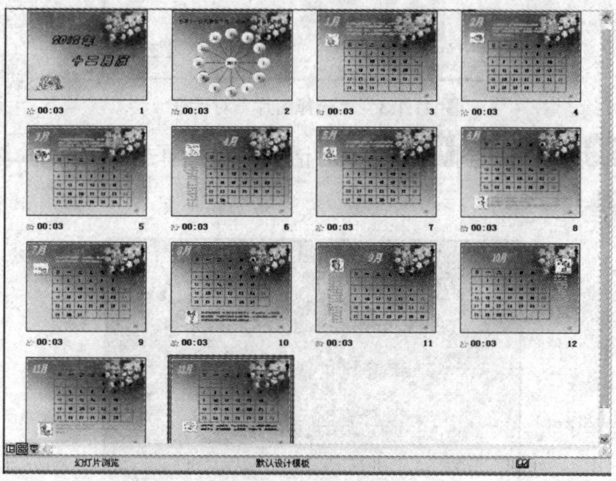


图 11.1.1　效果图

### 设计思想

在制作过程中，主要用到背景的设计、图片和艺术字的插入、图示的插入、文本框和表格的插入、表格格式设置、添加动作按钮和超链接、设置动画效果和切换效果等操作。

## 操作步骤

（1）启动 PowerPoint 2003，在**新建演示文稿**任务窗格中选择 空演示文稿 超链接，创建一个默认版式的演示文稿。

（2）在演示文稿的空白处单击鼠标右键，从弹出的快捷菜单中选择 背景(K)... 命令，弹出**背景**对话框。在“背景填充”下拉列表中选择 填充效果(F)... 命令，如图 11.1.2 所示。

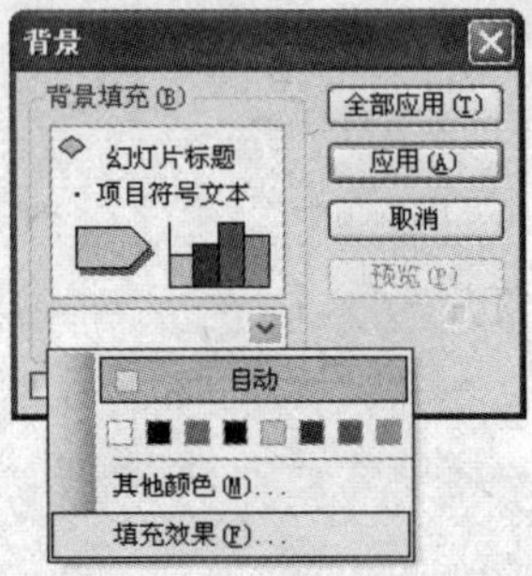


图 11.1.2 “背景”对话框

（3）这时弹出**填充效果**对话框，打开 图片 选项卡，单击 选择图片(L)... 命令，在弹出的**选择图片**对话框中选择一幅背景图片，如图 11.1.3 所示。

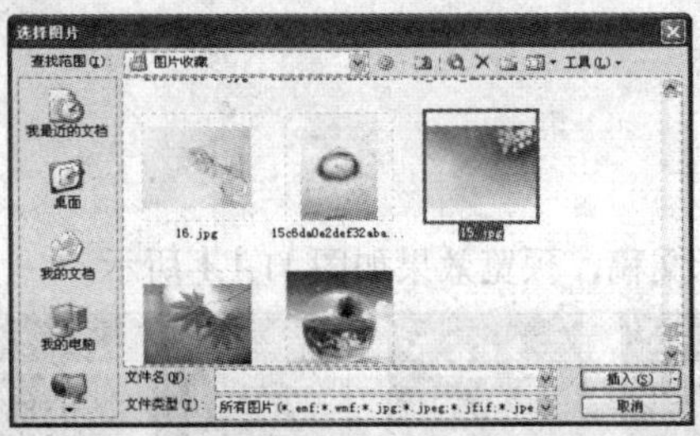


图 11.1.3 “选择图片”对话框

（4）单击 插入(S) 按钮返回到**填充效果**对话框中，再单击 确定 按钮就可将背景图片填充到幻灯片中了，如图 11.1.4 所示。

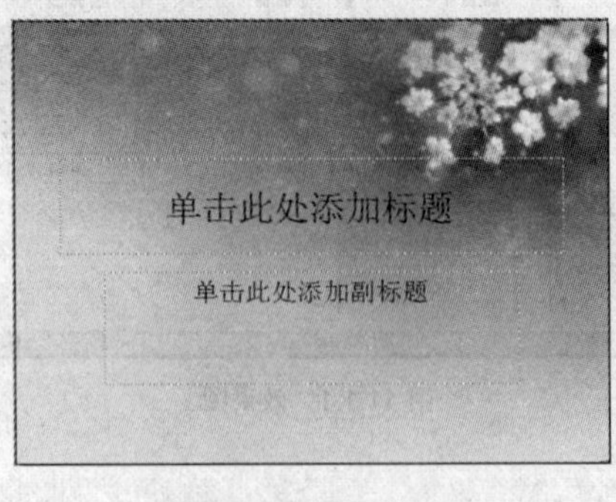


图 11.1.4 设置背景

（5）在占位符中输入文本“2012 年十二月历”，在格式工具栏中设置其字体为“华文彩云”，字号为“72”，字体为“加粗”，字形为“倾斜”，字体颜色为“蓝色”，效果如图 11.1.5 所示。

图 11.1.5　设置字体格式

（6）单击“绘图”工具栏中的“插入图片”按钮，弹出插入图片对话框，在“查找范围”下拉列表中选择一张“龙”的图片，如图 11.1.6 所示。

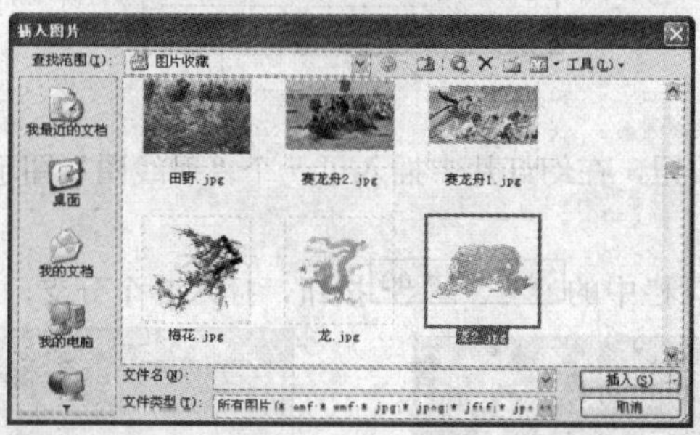


图 11.1.6　“插入图片”对话框

（7）单击插入(S)按钮，在幻灯片中插入龙的图片，如图 11.1.7 所示。

图 11.1.7　插入的图片

（8）单击插入的图片，在打开的“图片”工具栏中单击“设置透明色”按钮，当鼠标指针变为形状时，在图片上单击并调整图片的大小和位置，效果如图 11.1.8 所示。

图 11.1.8．设置图片格式

（9）单击“格式”工具栏中的新幻灯片(N)按钮，插入下一张幻灯片。在“标题”占位符中输入相关文本，并设置其字体为“黑体”，字号为“32”，字体颜色为“红色”。

（10）选择 插入(I) → 图示(G)... 命令，弹出图示库对话框，在图示列表中选择“射线图”类型，如图 11.1.9 所示。

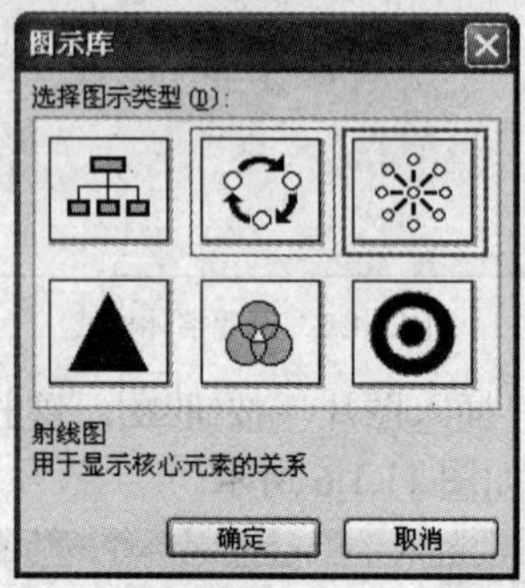


图 11.1.9 “图示库”对话框

（11）单击 确定 按钮，在幻灯片中插入了一个“射线图”图示，同时打开了“图示”工具栏，如图 11.1.10 所示。

（12）单击“图示”工具栏中的 插入形状(N) 按钮，插入 8 个分支，如图 11.1.11 所示。

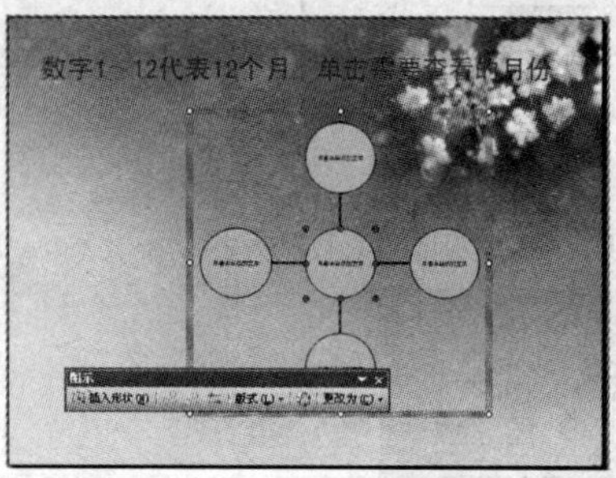

图 11.1.10 图示工具栏

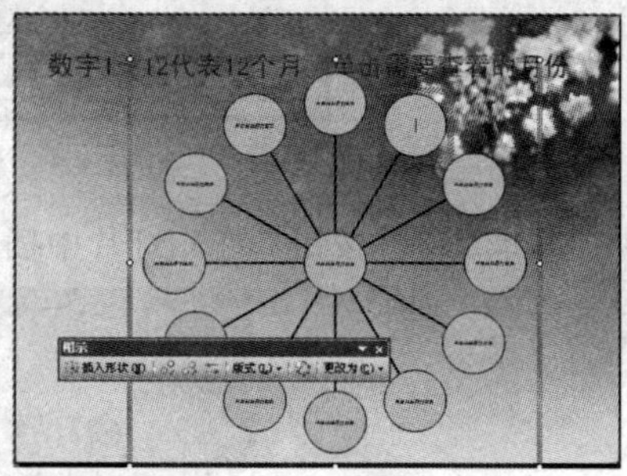

图 11.1.11 添加分支

（13）单击“图示”工具栏中的“自动套用格式”按钮，弹出图示样式库对话框。在图示样式列表中选择“三维颜色”，如图 11.1.12 所示。

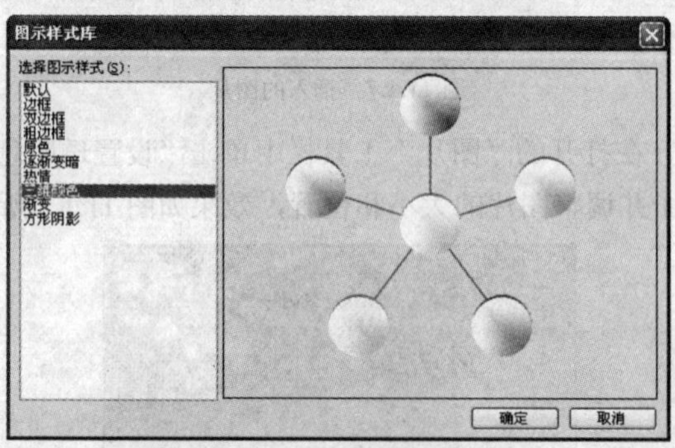


图 11.1.12 “图示样式库”对话框

（14）单击 确定 按钮返回幻灯片中，在“单击并添加文字”中输入 1～12 数字，设置其字体为“Arial”，字号为“24”，在中间的圆圈中输入“2012”，设置其字号为“28”，字体颜色为“红色”，如图 11.1.13 所示。

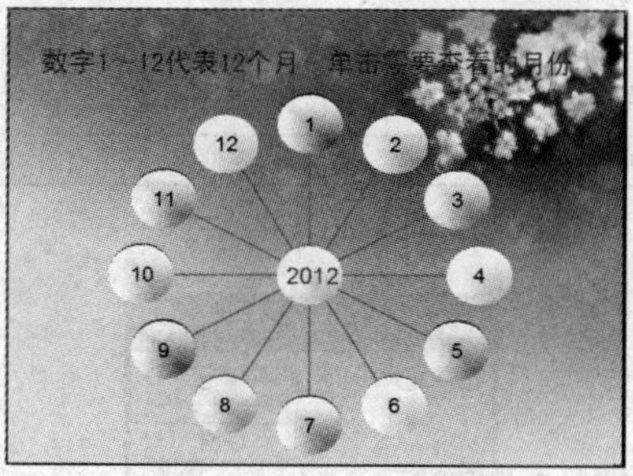


图 11.1.13　设置完成的图示

（15）按下“Ctrl+M”键插入下一张幻灯片，删除所有占位符。

（16）单击“绘图”工具栏中的“插入艺术字”按钮，弹出“艺术字”库对话框，选择第三行第四种艺术字样式，如图 11.1.14 所示。

图 11.1.14　“艺术字库”对话框

（17）单击确定按钮，弹出编辑“艺术字”文字对话框，输入文字“1 月”，设置字体为“宋体”，字号为“60”，单击“加粗”按钮B和“倾斜”按钮I，效果如图 11.1.15 所示。

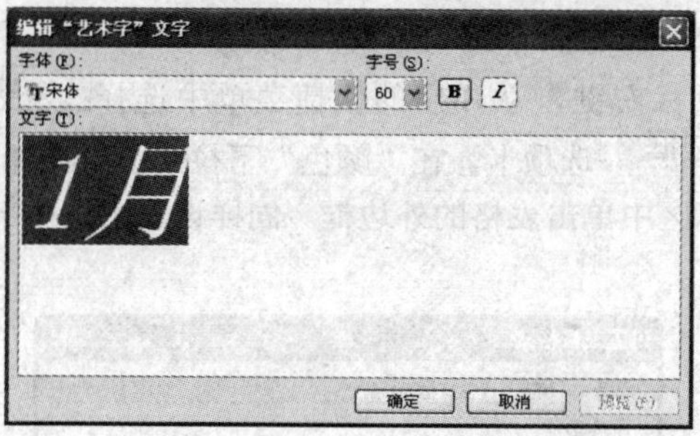


图 11.1.15　“编辑‘艺术字’文字”对话框

（18）单击确定按钮，即可在幻灯片中插入艺术字，如图 11.1.16 所示。

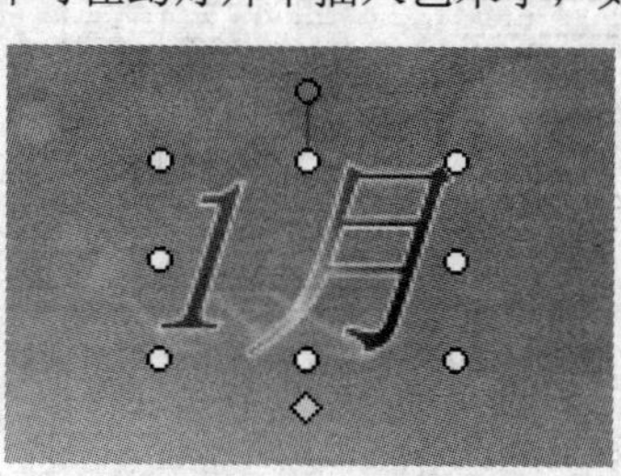


图 11.1.16　插入艺术字效果

（19）单击“绘图”工具栏中的“文本框”按钮，在幻灯片中插入一个文本框，并输入相关文本，设置其字体为“宋体”，字号为“18”，字形为“加粗”，字体颜色为“黄色”。

（20）选择 表格(A) → 插入(I) → 表格(T)... 命令，弹出 **插入表格** 对话框，设置其行数为“6”，列数为“7”，如图 11.1.17 所示。

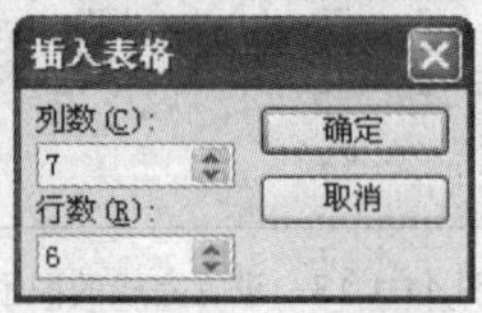


图 11.1.17 “插入表格”对话框

（21）单击 确定 按钮，在表格中输入 2012 年 1 月份的日历，如图 11.1.18 所示。

（22）单击插入的表格，在打开的“表格和边框”工具栏中单击“垂直居中”按钮，再单击“格式”工具栏中的“居中”按钮，使所有文本相对于表格居中对齐。

（23）选中表格中的文本，设置其字体为“黑体”，字号为“28”。将周日、周六列分别设置为不同的颜色，如图 11.1.19 所示。

图 11.1.18 插入表格并输入日历

图 11.1.19 设置表格的文本

（24）在表格上单击鼠标右键，从弹出的快捷菜单中选择 边框和填充(B)... 命令，弹出 **设置表格格式** 对话框。打开 边框 选项卡，在“颜色”下拉列表中选择“灰色”，在“宽度”下拉列表中选择“2.25 磅”，在预览区中单击表格的外边框。同样设置表格内部边线为“灰色”、“1.0 磅”，如图 11.1.20 所示。

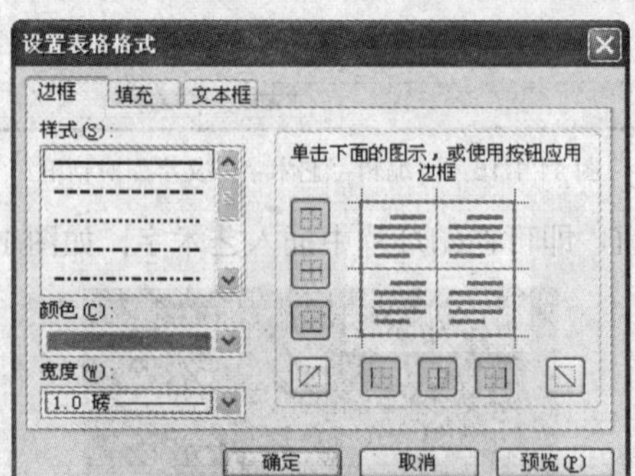


图 11.1.20 “设置表格格式”对话框

（25）单击 确定 按钮，效果如图 11.1.21 所示。

（26）单击“绘图”工具栏中的“插入图片”按钮，弹出 **插入图片** 对话框，在“查找范围”下拉列表中选择一张“老鼠”的图片插入到幻灯片中。

（27）选中插入的图片，单击“绘图”工具栏中的“阴影样式”按钮，为图片添加阴影效果。适当调整艺术字、文本框、表格和图片的位置，效果如图 11.1.22 所示。

图 11.1.21 设置表格格式

图 11.1.22 1 月份日历幻灯片制作完成

（28）单击“幻灯片浏览视图”按钮，将幻灯片切换至浏览视图。在第三张幻灯片上单击鼠标右键，从弹出的快捷菜单中选择 复制(C) 命令。在幻灯片的空白区域单击鼠标右键，在弹出的快捷菜单中选择 粘贴(P) 命令，将第三张幻灯片复制一份。

（29）单击“普通视图”按钮切换至普通视图中，双击第四张幻灯片中的月份艺术字，在弹出的**编辑“艺术字”文字**对话框中，将“1 月”改为“2 月”。同时更改文本框和表格中的文字以及插入的图片，如图 11.1.23 所示。

图 11.1.23 2 月份日历幻灯片制作完成

（30）重复第（28）～（29）步的操作，制作其余月份的幻灯片。为了使电子月历的形式多样，也可以在幻灯片中绘制竖排文本框，并调整艺术字、文本框、表格和图片的位置，如图 11.1.24 所示。

图 11.1.24 重新排列幻灯片中的元素

（31）切换至第二张幻灯片中，选中数字“1”，单击鼠标右键，从弹出的快捷菜单中选择 超链接(H)... 命令，打开**插入超链接**对话框。在“链接到”栏中单击 本文档中的位置(A) 按钮，在“请选择文档中的位置”列表中单击“3.幻灯片 3”，如图 11.1.25 所示。

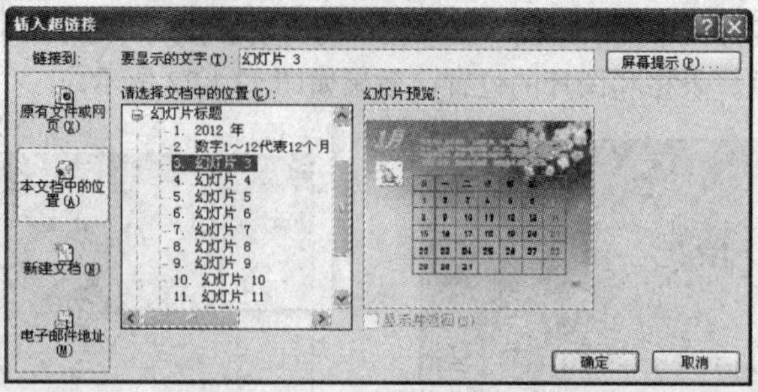

图 11.1.25 “插入超链接”对话框

（32）单击 确定 按钮完成超链接设置。依同样的方法，将数字“2”链接到第四张幻灯片，将数字“3”链接到第五张幻灯片，依此类推，如图 11.1.26 所示。

（33）切换至 1 月份日历中，单击“绘图”工具栏中的 自选图形(U) 按钮，从弹出的下拉列表中选择 动作按钮(I) →“后退或前一项”按钮，在幻灯片的右下角绘制一个动作按钮，同时弹出 动作设置 对话框。默认打开 单击鼠标 选项卡，在“超链接到”下拉列表中选择“幻灯片”选项，如图 11.1.27 所示。

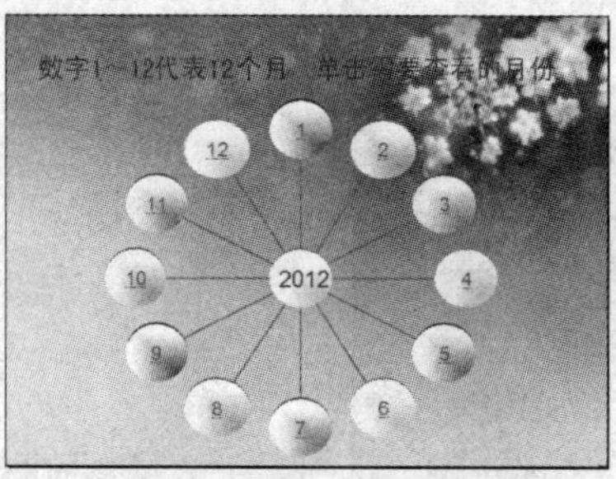

图 11.1.26 将所有月份日历设置超链接

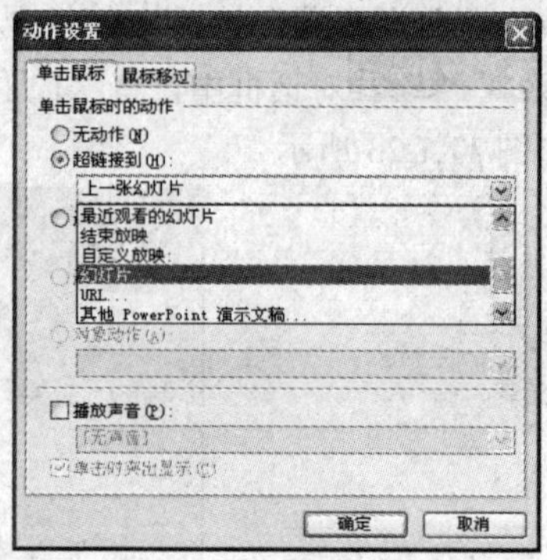

图 11.1.27 “动作设置”对话框

（34）这时弹出 超链接到幻灯片 对话框，在“幻灯片标题”列中选择第 2 张幻灯片，如图 11.1.28 所示。

（35）单击 确定 按钮返回幻灯片中，在幻灯片的右下角添加了一个动作按钮，如图 11.1.29 所示。将该动作按钮复制，分别粘贴至 2～12 月份日历中。

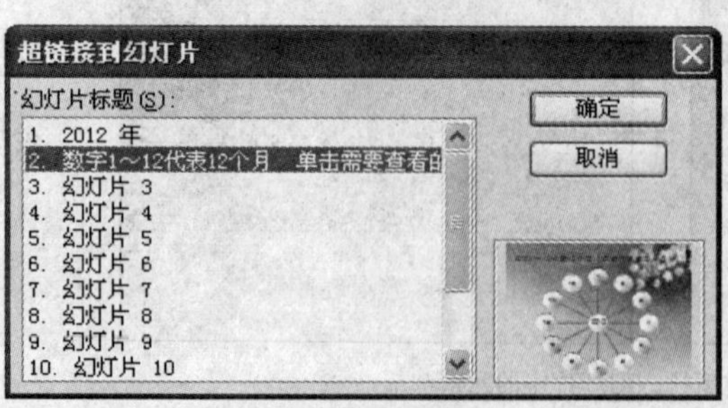

图 11.1.28 “超链接到幻灯片”对话框

图 11.1.29 添加动作按钮

（36）选中第一张幻灯片中的文本“2012 年”，选择 幻灯片放映(D) → 自定义动画(M)... 命令，打开“自定义动画”任务窗格。

（37）单击 添加效果 按钮，选择 进入(E) → 其他效果(M)... 命令，弹出 添加进入效果 对话框，从中选择 放大 效果，如图 11.1.30 所示。

图 11.1.30　“添加进入效果”对话框

（38）单击 确定 按钮完成设置。同样将“十二月历”文本设置为 进入(E) → 升起 动画效果，将“龙”设置为 进入(E) → 3. 翻转式由远及近 动画效果。

（39）将第二张幻灯片中的文本，设置为 进入(E) → 6. 渐入 动画效果，将图示设置为 进入(E) → 回旋 动画效果。

（40）将第三张幻灯片中的艺术字，设置为 进入(E) → 缩放 动画效果，将文本框设置为 进入(E) → 9. 颜色打字机 动画，将表格设置为 进入(E) → 1. 出现 动画。选中“鼠”图片，单击 添加效果 按钮，选择 强调(M) → 其他效果(M)... 命令，弹出 **添加强调效果** 对话框，从中选择 陀螺旋 动画效果，如图 11.1.31 所示。

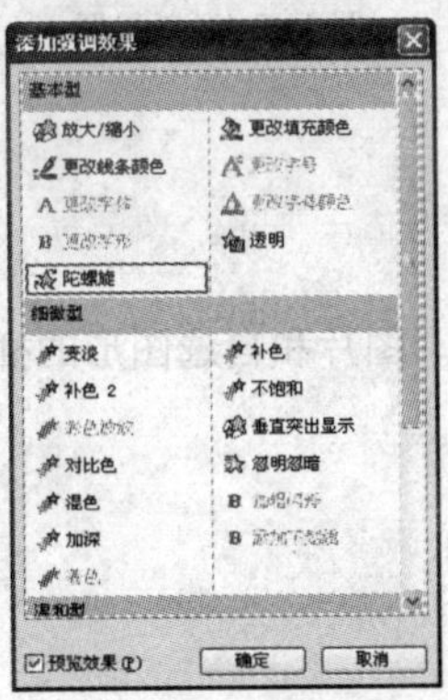


图 11.1.31　“添加强调效果”对话框

（41）重复第（40）步的操作，将其余幻灯片添加相同的动画效果，并将所有动画的“开始”设置为“之后”。

（42）选择 幻灯片放映(D) → 幻灯片切换(T)... 命令，打开“幻灯片切换”任务窗格。在“应用于所选幻灯片”列表中选择“无切换”，在“换片方式”栏选中 每隔 00:00 复选框，将间隔时间设置为 00:03 秒，再单击 应用于所有幻灯片 按钮。

（43）单击幻灯片放映按钮，即可播放该幻灯片。

（44）单击“常用”工具栏中的“保存”按钮，弹出 **另存为** 对话框，在“保存类型”下拉列表中选择“演示文稿设计模板（*.pot）”，在文件名文本框中输入“电子月历”，单击 保存(S) 按钮，将该电子月历保存为模板，以备后用。

至此，电子月历演示文稿制作完毕，预览的效果如图 11.1.1 所示。

# 综合实例 2　制作“岗位需求”演示文稿

## 实例内容

本例制作“岗位需求”演示文稿，最终效果如图 11.2.1 所示。

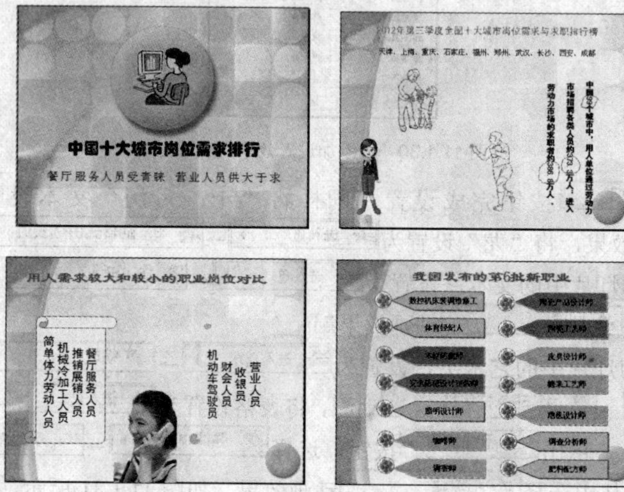


图 11.2.1　效果图

## 设计思想

在制作过程中，主要用到模板设计、图片和自选图形的插入、行距的设置、动画效果和切换效果的设置以及放映幻灯片等操作。

## 操作步骤

（1）启动 PowerPoint 2003，在“新建演示文稿”任务窗格中选择 本机上的模板... 超链接，弹出 新建演示文稿 对话框。选择 常用 选项卡，在左侧列表中选择所需要的模板，如图 11.2.2 所示。

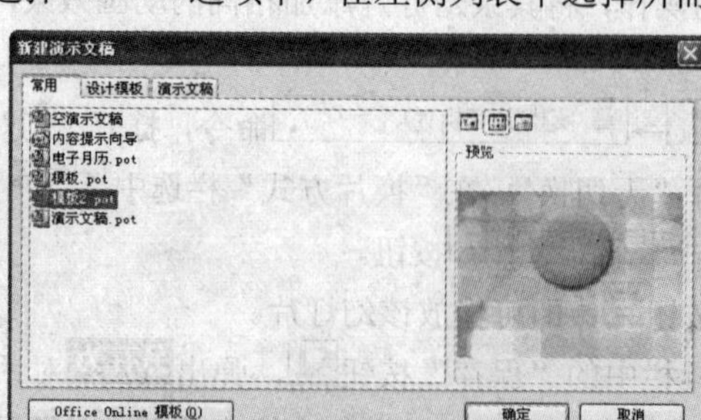


图 11.2.2　“新建演示文稿”对话框

（2）单击 确定 按钮，将幻灯片应用此设计模板，如图 11.2.3 所示。

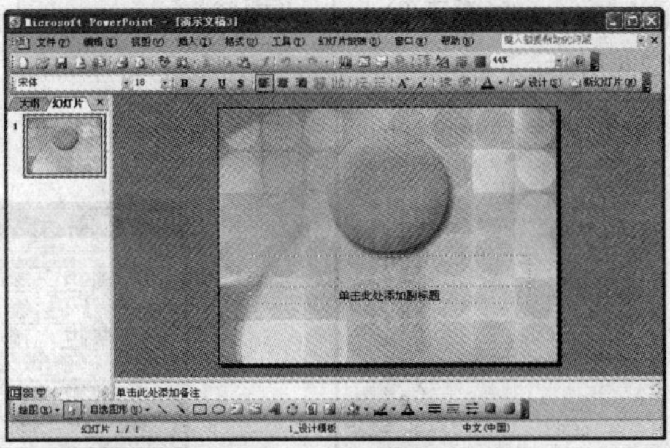


图 11.2.3　应用设计模板

（3）在占位符文本框中输入“中国十大城市岗位需求排行”文本，设置其字体为“华文琥珀”，字号为“40”，在“文本”占位符中输入“餐厅服务人员受青睐 营业人员供大于求”文本，设置其字体为“宋体”，字号为“28”，单击“格式”工具栏中的“阴影”按钮 S，效果如图 11.2.4 所示。

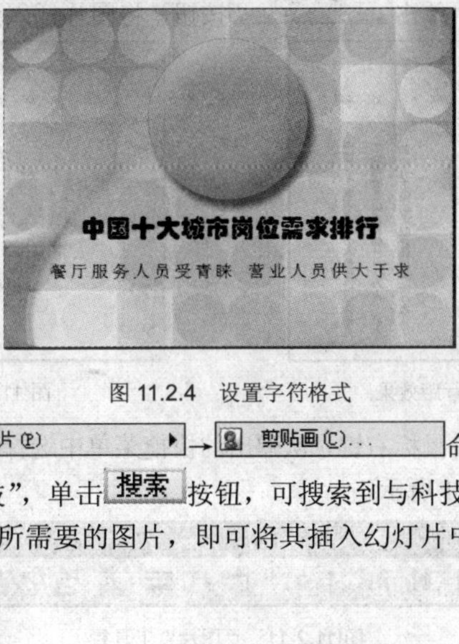


图 11.2.4　设置字符格式

（4）选择 插入(I) → 图片(P) → 剪贴画(C)... 命令，打开“剪贴画”任务窗格。在“搜索文字”栏中输入“科技”，单击 搜索 按钮，可搜索到与科技相关的图片，如图 11.2.5 所示。

（5）在剪贴画列表中单击所需要的图片，即可将其插入幻灯片中，如图 11.2.6 所示。

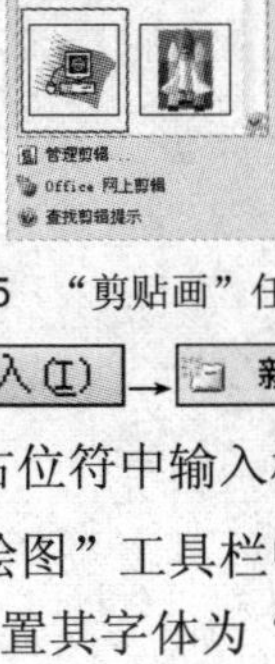

图 11.2.5　“剪贴画”任务窗格

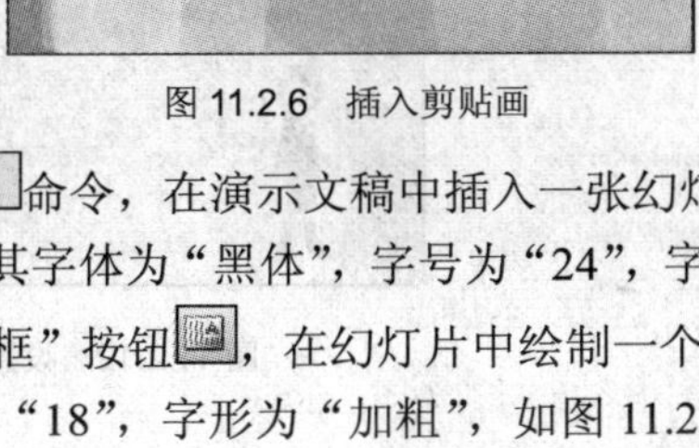


图 11.2.6　插入剪贴画

（6）选择 插入(I) → 新幻灯片(N)　Ctrl+M 命令，在演示文稿中插入一张幻灯片。

（7）在标题占位符中输入相关文本，设置其字体为“黑体”，字号为“24”，字体颜色为“红色”。

（8）单击“绘图”工具栏中的“竖排文本框”按钮，在幻灯片中绘制一个竖排文本框，并在其中输入文本，设置其字体为“宋体”，字号为“18”，字形为“加粗”，如图 11.2.7 所示。

（9）选中文本框中的文本，选择格式(O)→行距(S)...命令，弹出行距对话框，设置行距为“2”，如图 11.2.8 所示。

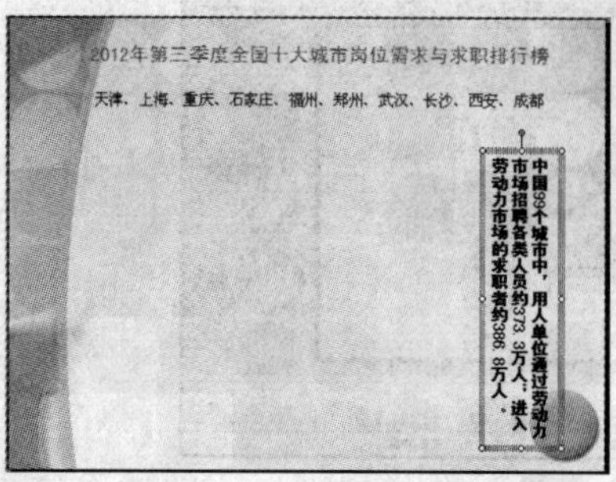


图 11.2.7　插入文本框

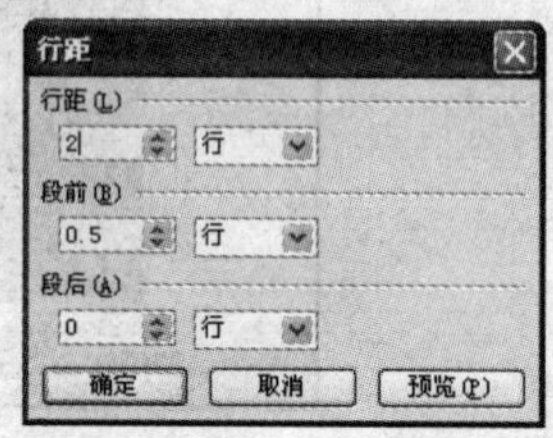


图 11.2.8　“行距”对话框

（10）单击确定按钮返回幻灯片，再单击“格式”工具栏中的“居中”按钮，效果如图 11.2.9 所示。

（11）选择插入(I)→图片(P)→来自文件(F)...命令，弹出插入图片对话框。在该对话框中选择需要的图片，单击插入(S)按钮，将图片插入到幻灯片中，如图 11.2.10 所示。

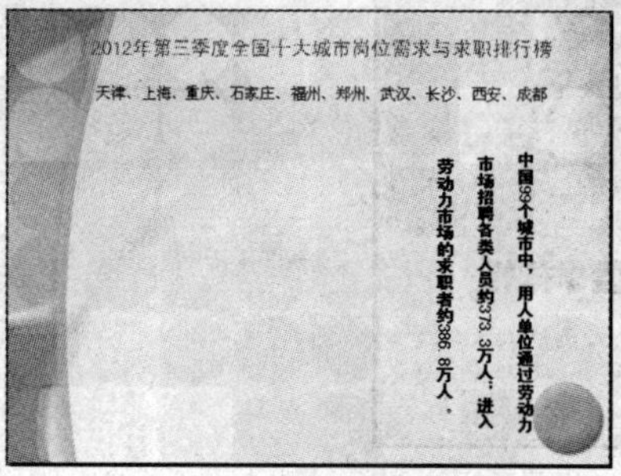


图 11.2.9　设置行距效果

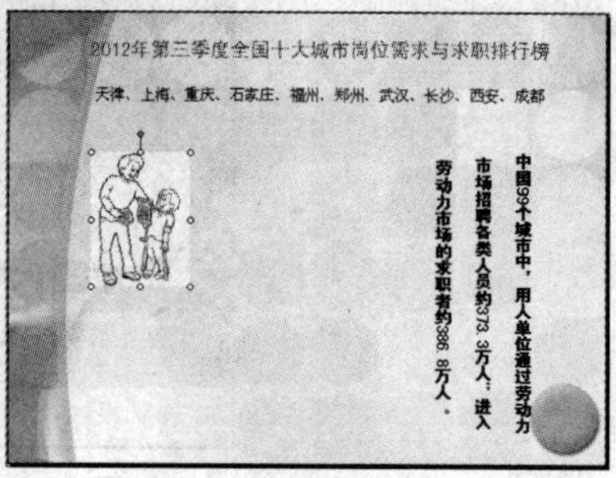


图 11.2.10　插入图片

（12）在插入的图片上单击鼠标右键，从弹出的快捷菜单中选择显示“图片”工具栏(L)命令，打开“图片”工具栏，如图 11.2.11 所示。

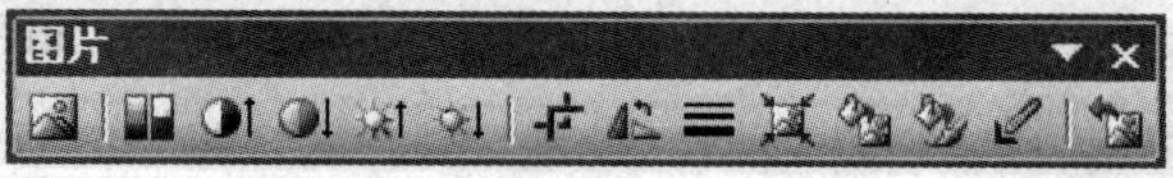


图 11.2.11　“图片”工具栏

（13）在该工具栏中单击“设置透明度”按钮，将图片的背景色设置为透明色。同样，在幻灯片中插入另外两张人物的图片，如图 11.2.12 所示。

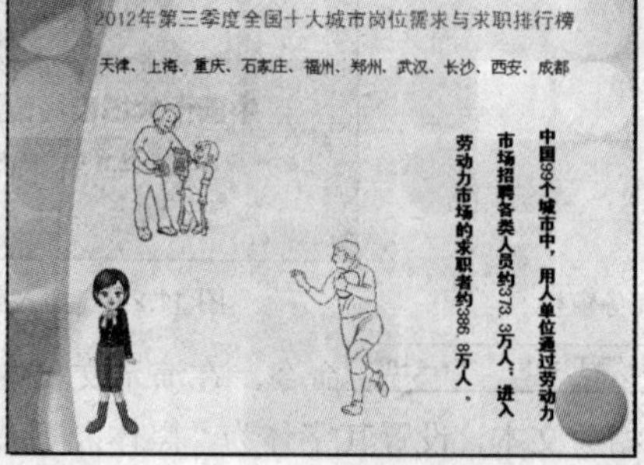


图 11.2.12　设置图片格式

（14）按下“Ctrl+M”快捷键，在演示文稿中插入一张新幻灯片。

（15）在标题占位符中输入“用人需求较大和较小的职业岗位对比”文本，设置其字体为“隶书”，字号为“36”，字形为“加粗”，字体颜色为“红色”。

（16）单击“绘图”工具栏中的 自选图形(U) → 星与旗帜(S) 命令，在弹出的下拉列表中选择“竖卷形”按钮，在幻灯片中绘制一个竖卷图形，如图 11.2.13 所示。

（17）在绘制的竖卷图形上单击鼠标右键，从弹出的快捷菜单中选择 添加文本(X) 命令，在图形上添加文字，并设置字体为“黑体”，字号为“28”，如图 11.2.14 所示。

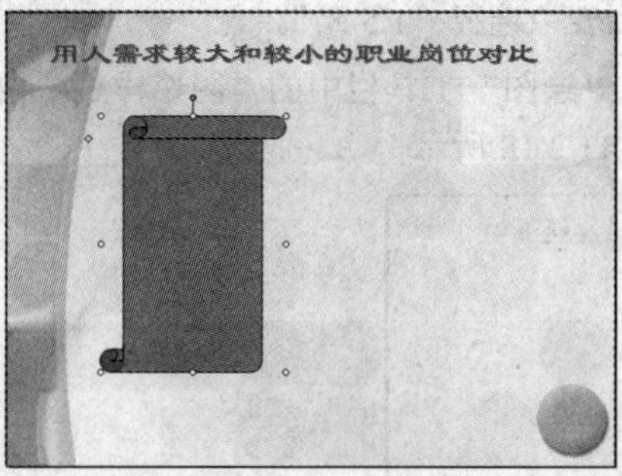


图 11.2.13　绘制自选图形

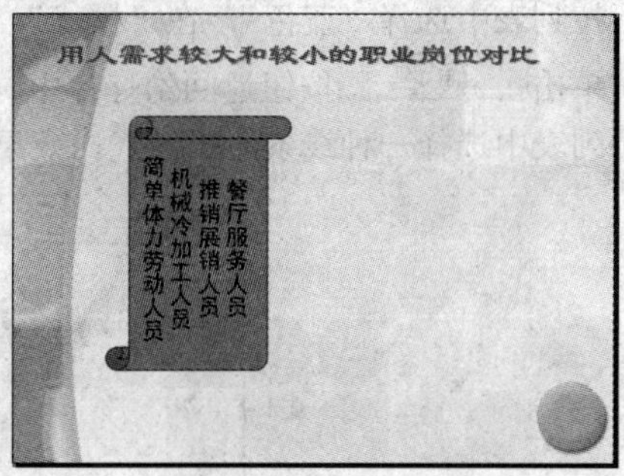


图 11.2.14　添加文本

（18）在绘制的竖卷图形上单击鼠标右键，从弹出的快捷菜单中选择 设置自选图形格式(O)... 命令，弹出**设置自选图形格式**对话框。在“填充”颜色下拉列表中选择“浅黄色”，在“线条”颜色下拉列表中选择“红色”，如图 11.2.15 所示。

（19）单击 确定 按钮返回幻灯片中。按住“Ctrl”，将绘制的竖卷图形复制一份，并设置其填充和颜色，效果如图 11.2.16 所示。

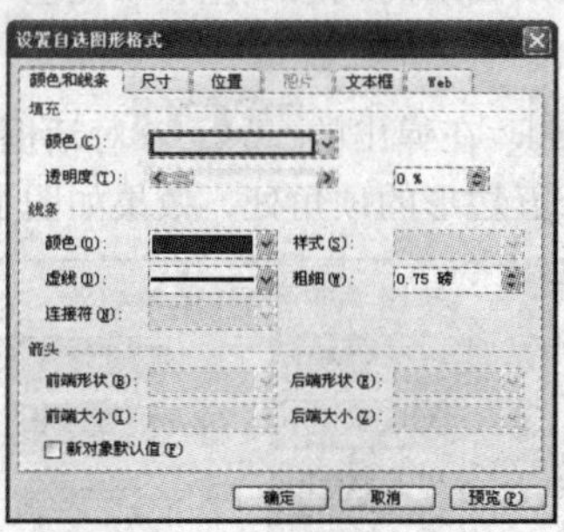


图 11.2.15　“设置自选图形格式”对话框

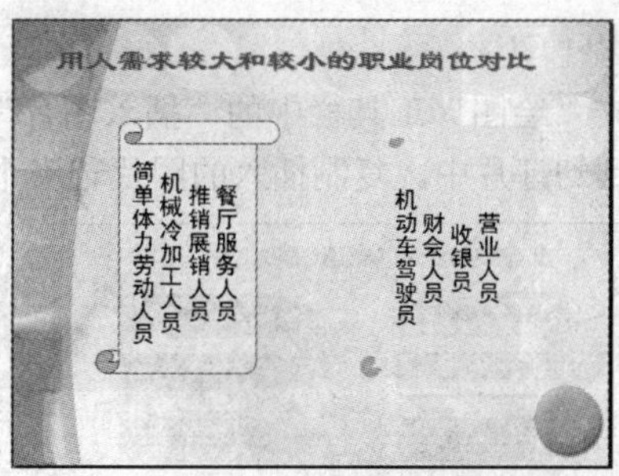


图 11.2.16　设置自选图形格式效果

（20）重复第（11）～（13）步的操作，在该幻灯片中插入一张商务人士图片，调整图片与自选图形的位置，如图 11.2.17 所示。

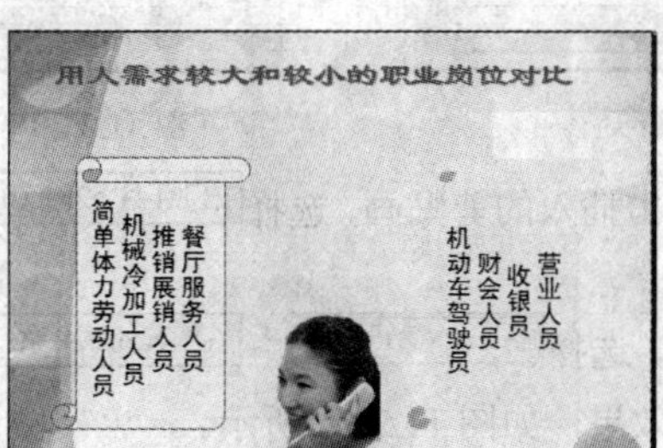


图 11.2.17　第二张幻灯片制作完成

（21）按下“Ctrl+M”快捷键，在演示文稿中插入一张新幻灯片，

（22）在标题占位符中输入相关文本，并设置字体为“隶书”，字号为“36”，字形为“加粗”和“阴影”，字体颜色为“红色”。

（23）单击“绘图”工具栏中的 自选图形(U) → 箭头总汇(A) 命令，在弹出的下拉列表中选择“五边形”，在幻灯片的空白处绘制一个五边形。

（24）在五边形上单击鼠标右键，从弹出的快捷菜单中选择 设置自选图形格式(O)... 命令，弹出 设置自选图形格式 对话框。选择 颜色和线条 选项卡，在“填充”颜色下拉列表中选择“金黄”，在“线条”颜色下拉列表中选择“蓝色”，在“样式”下拉列表中选择“1.5 磅”。

（25）单击 确定 按钮返回幻灯片中，单击“绘图”工具栏中的“阴影样式”按钮，从弹出的下拉列表中选择一种线条阴影样式，效果如图 11.2.18 所示。

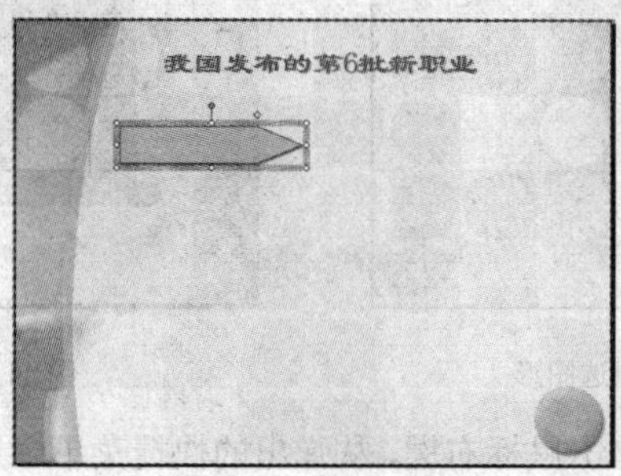


图 11.2.18 绘制的五边形

（26）单击“绘图”工具栏中的 绘图(R) → 旋转或翻转(P) → 水平翻转(H) 命令，将图形水平翻转。

（27）将绘制的箭头复制若干个排列在幻灯片中，更改图形的线条颜色和填充色，并添加文本，效果如图 11.2.19 所示。

（28）单击“绘图”工具栏中的“插入图片”按钮，在弹出的 插入图片 对话框中选择一幅图片，将其插入到幻灯片中。复制插入的图片若干个到每个五边形的顶角处，效果如图 11.2.20 所示。

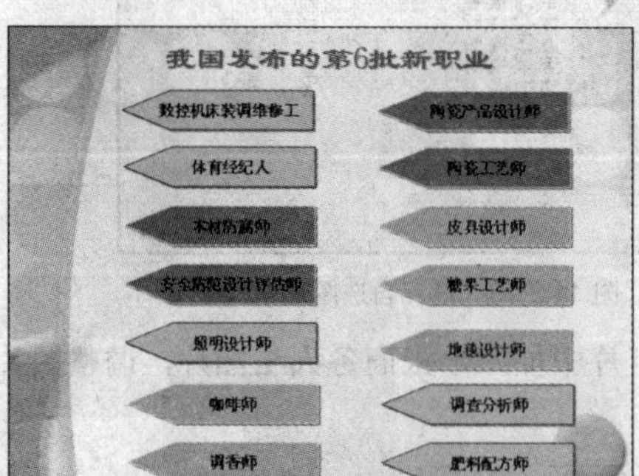


图 11.2.19 复制的箭头

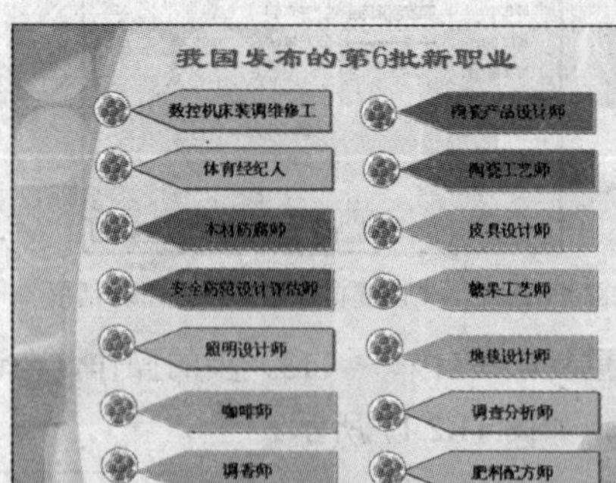


图 11.2.20 第 4 张幻灯片制作完成

（29）选择第一张幻灯片，单击插入的剪贴画，选择 幻灯片放映(D) → 自定义动画(M)... 命令，打开“自定义动画”任务窗格。

（30）单击 添加效果 按钮，选择 进入(E) → 其他效果(M)... 命令，弹出 添加进入效果 对话框，从中选择 出现 效果，如图 11.2.21 所示。

（31）单击 确定 按钮完成设置，将占位符中的文本同时设置为 进入(E) → 飞入 和 5. 回旋 动画效果，将“开始”设置为“之后”。

（32）选择第二张幻灯片，单击文本占位符，选择 强调(M) → 其他效果(M)... 命令，弹出 **添加强调效果** 对话框，从中选择 陀螺旋 动画效果，如图 11.2.22 所示。

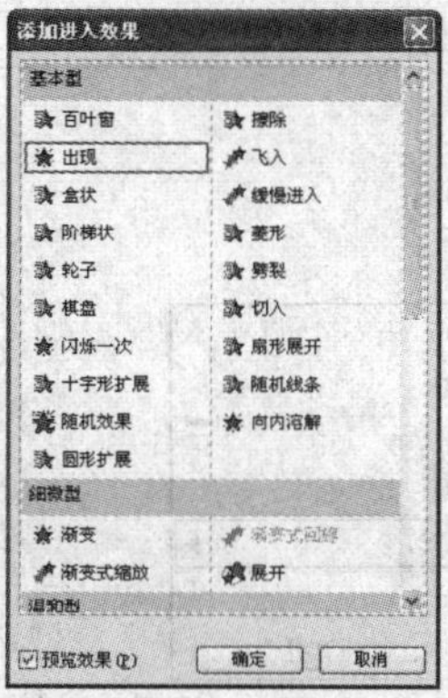


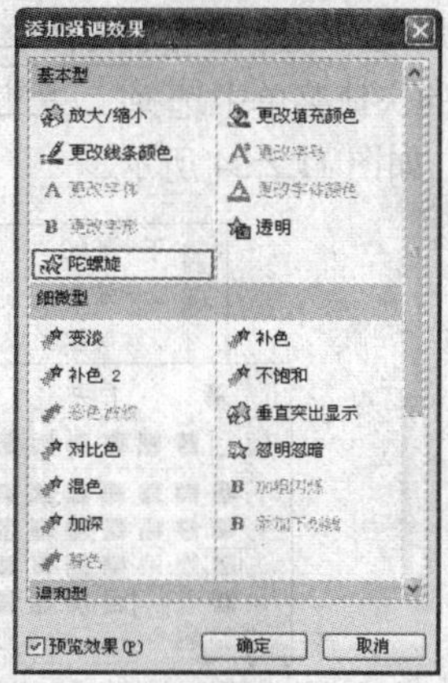


图 11.2.21　“添加进入效果”对话框　图 11.2.22　“添加强调效果”对话框

（33）选择文本框文本，设置其动画为 进入(E) → 8. 颜色打字机。将插入的图片分别设置为 进入(E) → 6. 渐入 和 1. 出现 动画效果。

（34）选择“自定义动画”任务窗格中的第 5 个“人物 3”动画，单击“重新排序”按钮，调整其动画顺序，如图 11.2.23 所示。将该幻灯片中所有动画的“开始”修改为“之后”。

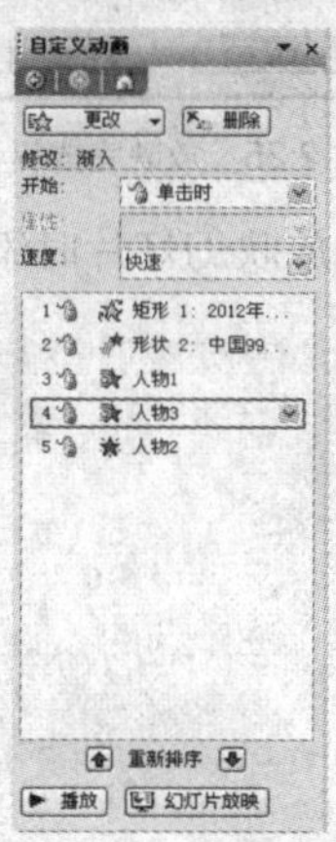


图 11.2.23　调整动画顺序

（35）选择第三张幻灯片，将占位符中的文本设置为 进入(E) → 7. 缩放 动画效果；将两个竖卷图形同时设置为 进入(E) → 8. 颜色打字机 和 强调(M) → B 样式强调 动画；将插入的图片设置为 进入(E) → 1. 出现 动画效果。将该幻灯片中所有动画的“开始”修改为“之后”。

（36）选择第四张幻灯片，将占位符中的文本设置为 进入(E) → 3. 放大 动画，将“开始”修改为“之后”；选中所有的箭头，设置其动画为 进入(E) → 飞入 效果，将“开始”修改为“之后”；选中箭头前所有图片，设置其动画为 强调(M) → 5. 陀螺旋 效果，将“开始”修改为“之前”，将“数量”修改为“360 顺时针”，速度为“中速”。

（37）选择 幻灯片放映(D) → 幻灯片切换(T)... 命令，打开“幻灯片切换”任务窗格。在“应用于所选幻灯片”列表中选择“无切换”；在“修改切换效果”栏中设置“速度”为“中速”，“声音”为“打字机”；在“换片方式”栏选中 ☑每隔 00:00 复选框，再单击 应用于所有幻灯片 按钮。

（38）单击 ▶ 播放 按钮将在编辑区中播放该幻灯片，可以看到预览的效果。

（39）选择第二张幻灯片，单击“视图”栏中的“幻灯片放映”按钮，在全屏放映的幻灯片中单击鼠标右键，从弹出的快捷菜单中选择 指针选项(O) → 圆珠笔(B) 命令。再单击鼠标右键，从弹出的快捷菜单中选择 指针选项(O) → 墨迹颜色(C) 命令，在打开的色板中选择“红色”，如图 11.2.24 所示。

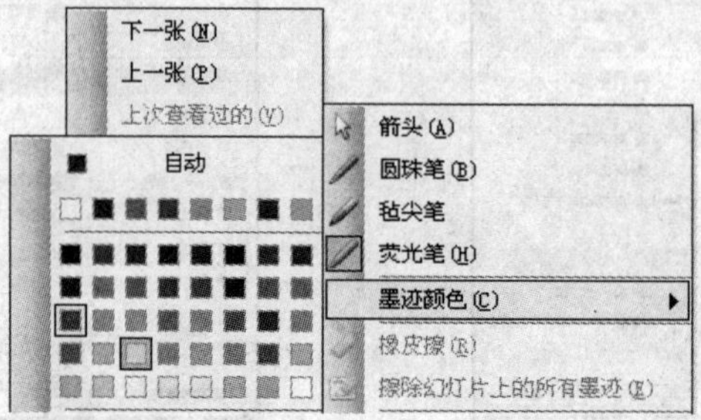


图 11.2.24　选择圆珠笔的颜色

（40）用圆珠笔圈出文本框中的数字，在放映完成后，系统会自动弹出一个提示框，如图 11.2.25 所示。

图 11.2.25　放映完成提示框

（41）单击 保留(K) 按钮，将保留在放映幻灯片时添加的墨迹注释，效果如图 11.2.26 所示。

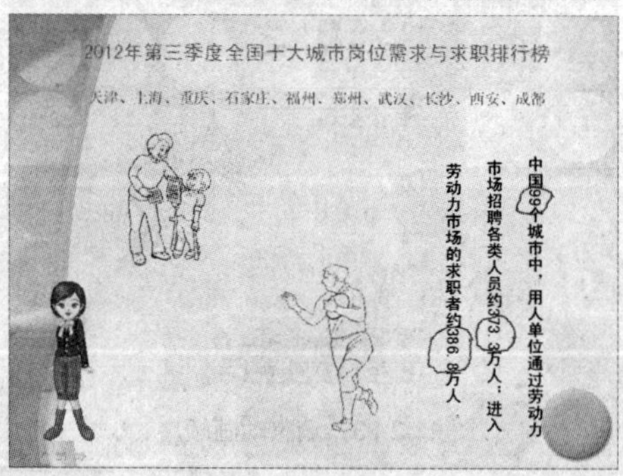


图 11.2.26　保留添加墨迹

至此，岗位需求演示文稿制作完毕，最终效果如图 11.2.1 所示。

## 综合实例 3　制作“陕西古迹名胜介绍”幻灯片

### 实例内容

本例制作“陕西古迹名胜介绍”幻灯片，最终效果如图 11.3.1 所示。

图 11.3.1　效果图

## 设计思想

在制作的过程中，主要用到母版的设计、版式的设计、图片的插入、超链接的使用和动画切换效果等操作。

## 操作步骤

（1）打开 PowerPoint 2003 应用程序，新建空白演示文稿。

（2）选择 视图(V) → 母版(M) → 幻灯片母版(S) 命令，打开“幻灯片母版”视图。

（3）选中标题栏中的文本，设置其字体为“华文隶书”，字号为“48”，字体颜色为“蓝色”；将“对象区”中的文本设置为“华文中宋”，字号为“20”，如图 11.3.2 所示。

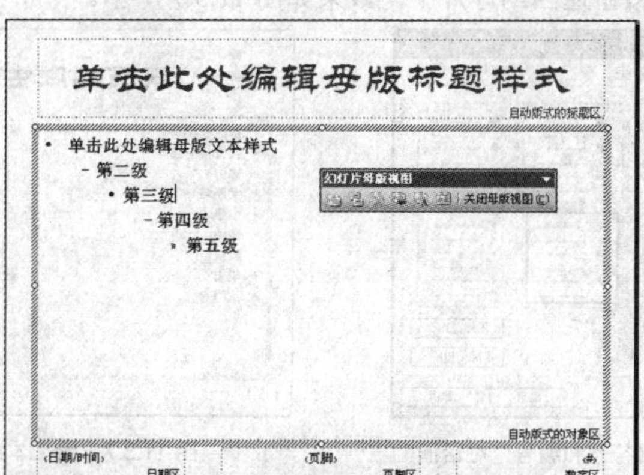


图 11.3.2　设置幻灯片母版

（4）选择 插入(I) → 图片(P) → 来自文件(F)... 命令，弹出 插入图片 对话框。在该对话框中选择一幅剪纸图片，单击 插入(S) 按钮，将图片插入到幻灯片中，如图 11.3.3 所示。

（5）单击“图片”工具栏中的“裁剪”按钮，将图片周围多余的部分剪去，再单击“设置透明色”按钮，在图片上单击后将其设置为透明色，调整图片的大小及位置，效果如图 11.3.4 所示。

图 11.3.3　插入的图片

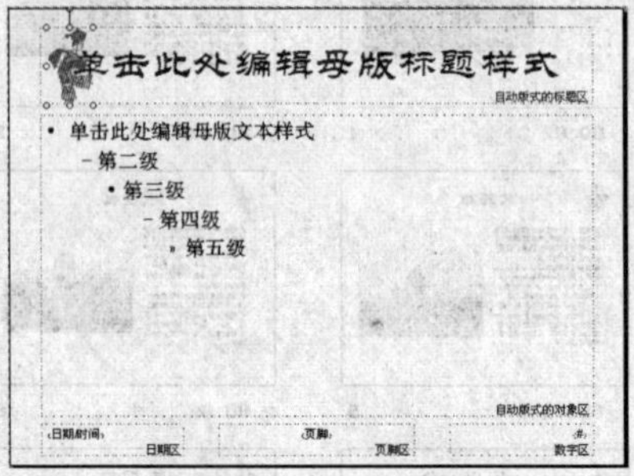

图 11.3.4　设置图片格式

（6）单击“幻灯片母版”工具栏中的 关闭母版视图(C) 按钮，关闭该视图返回幻灯片中。

（7）选择 格式(O) → 幻灯片版式(L)... 命令，打开“幻灯片版式”任务窗格。在“应用幻灯片版式”列中选择“文字和内容版式”的第一种样式，效果如图 11.3.5 所示。

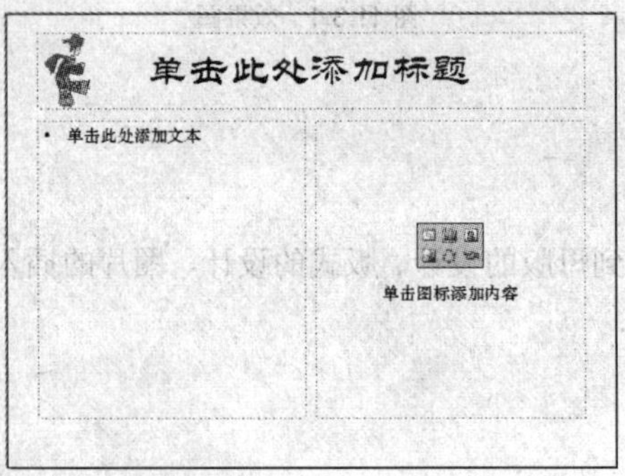


图 11.3.5　应用幻灯片版式

（8）在占位符中输入文本，选中文本占位符中的文字，单击鼠标右键，从弹出的快捷菜单中选择 项目符号和编号(B)... 命令，弹出 **项目符号和编号** 对话框。选择 项目符号 选项卡，从其列表中选择一种项目符号样式，如图 11.3.6 所示。

（9）单击 确定 按钮返回幻灯片中，效果如图 11.3.7 所示。

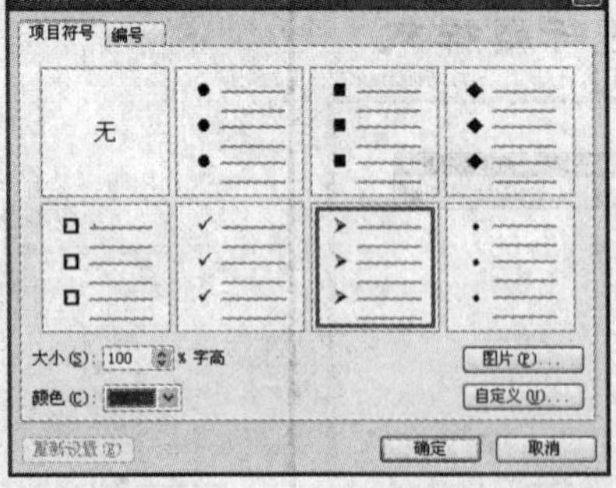

图 11.3.6　“项目符号和编号”对话框

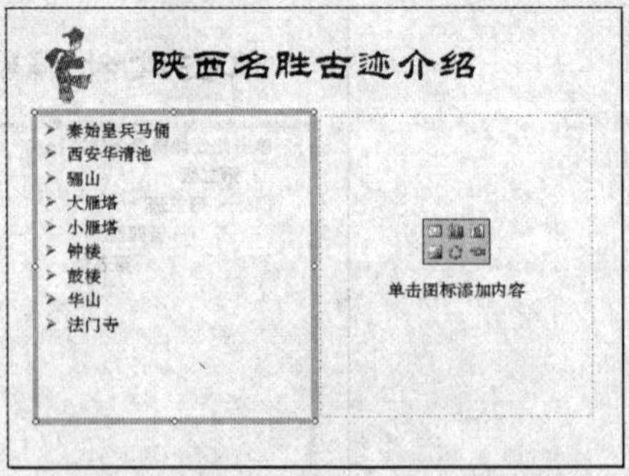


图 11.3.7　给文本添加项目符号

（10）选中文本占位符中的文字，选择 格式(O) → 行距(S)... 命令，弹出 **行距** 对话框。在“行距”下拉列表中选择“1.2”，如图 11.3.8 所示。

（11）单击 确定 按钮为文本设置 1.2 倍行间距。

（12）单击幻灯片右侧占位符中的“插入图片”按钮，弹出插入图片对话框，在该对话框中选择一幅脸谱图片插入，如图 11.3.9 所示。

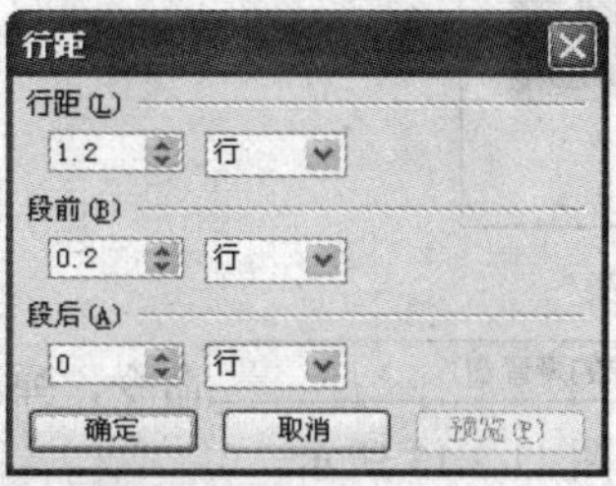


图 11.3.8　“行距”对话框

图 11.3.9　在占位符中插入图片

（13）按下“Ctrl+M”快捷键，插入一张新幻灯片，设置与第一张幻灯片相同的版式。

（14）在占位符中输入“秦始皇兵马俑”及其简介，在右侧的占位符中插入兵马俑的图片，如图 11.3.10 所示。

图 11.3.10　制作的第二张幻灯片

（15）重复上述步骤，依次制作其余的 8 张幻灯片。

（16）选择第一张幻灯片，选中文本“秦始皇兵马俑”，单击鼠标右键，从弹出的快捷菜单中选择超链接(H)...命令，打开插入超链接对话框。在“链接到”栏中单击本文档中的位置(A)按钮，在“请选择文档中的位置”列表中选择“幻灯片标题”中的第 2 张幻灯片，如图 11.3.11 所示。

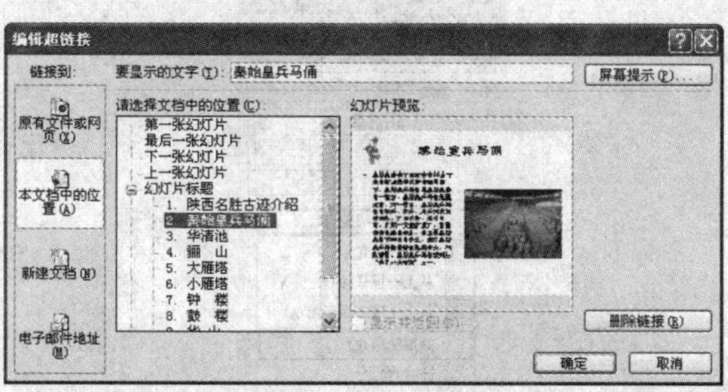


图 11.3.11　“插入超链接”对话框

（17）单击确定按钮完成超链接设置。依同样的方法，将其余标题文本设置超链接，效果如图 11.3.12 所示。

图 11.3.12　设置超链接效果

（18）选择 插入(I) → 影片和声音(V) → 文件中的声音(N)... 命令，弹出 插入声音 对话框，在“查找范围”下拉列表中选择一首秦腔唱段，如图 11.3.13 所示。

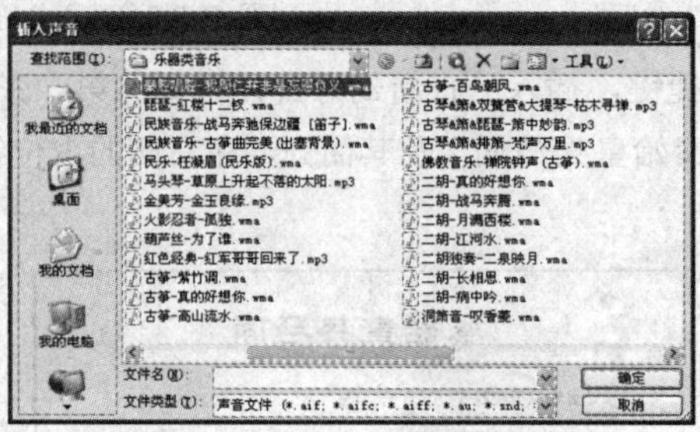


图 11.3.13　“插入声音”对话框

（19）单击 确定 按钮，弹出如图 11.3.14 所示的提示框，如果要在幻灯片中自动播放声音，单击 自动(A) 按钮。

图 11.3.14　如何播放声音提示框

（20）单击插入的声音图标，选择 幻灯片放映(D) → 自定义动画(M)... 命令，打开“自定义动画”任务窗格。在添加的动画上单击鼠标右键，从弹出的快捷菜单中选择 效果选项(E)... 命令，如图 11.3.15 所示。

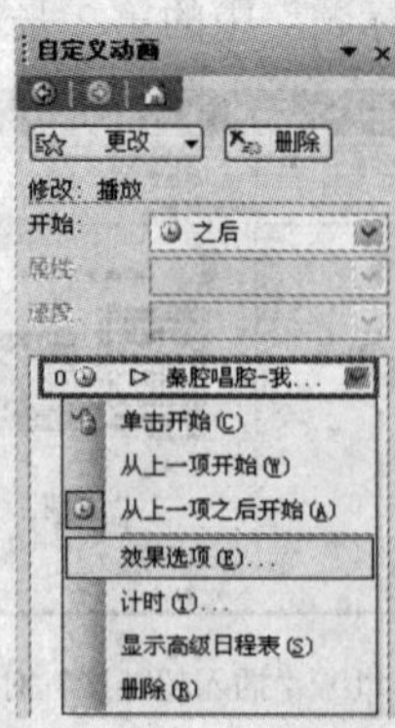


图 11.3.15　选择“效果选项”菜单

（21）这时弹出 播放 声音 对话框，选择 效果 选项卡，在“开始播放”栏中单击 从头开始(B)

单选按钮，在“停止播放”栏中单击“在(F): 1 张幻灯片后”单选按钮，并在其下拉列表中选择“10”，如图 11.3.16 所示。

（22）选择“计时”选项卡，在“重复”下拉列表中选择“直到幻灯片末尾”；选择“声音设置”选项卡，在“显示选项”栏选中“幻灯片放映时隐藏声音图标(H)”复选框，如图 11.3.17 所示。

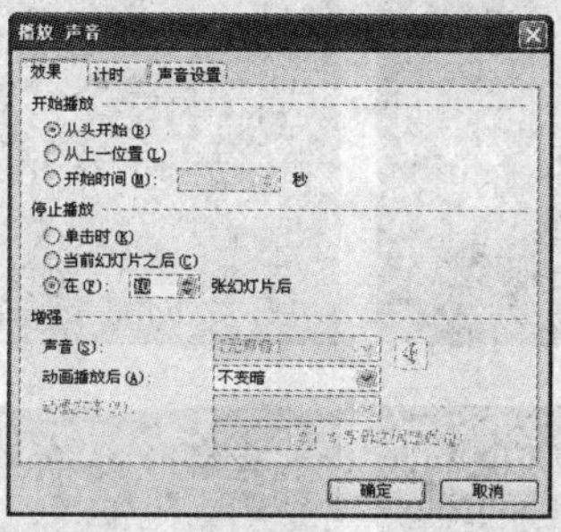

图 11.3.16　“播放 声音”对话框

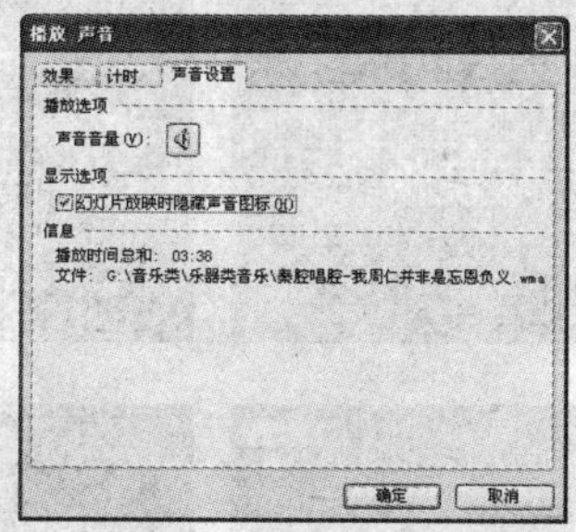

图 11.3.17　“声音设置”选项卡

（23）单击“确定”按钮返回幻灯片中。选择“幻灯片放映(D)”→“幻灯片切换(T)...”命令，打开“幻灯片切换”任务窗格。

（24）在“应用于所选幻灯片”列表中选择“顺时针回旋，3 根轮辐”；在“修改切换效果”栏中设置“速度”为“中速”；在“换片方式”栏选中“每隔 00:00”复选框，设置间隔时间为“2”秒，如图 11.3.18 所示。

（25）单击“播放”按钮将在编辑区中播放该幻灯片，可以看到预览的效果，如图 11.3.19 所示。

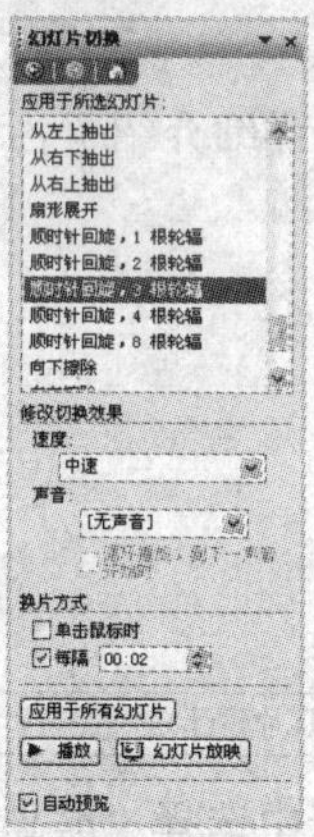

图 11.3.18　设置幻灯片切换

图 11.3.19　幻灯片播放效果

（26）单击“应用于所有幻灯片”按钮，将该动画应用于所有幻灯片。

（27）单击“视图”栏中的“幻灯片放映”按钮，可播放该幻灯片，最终效果如图 11.3.1 所示。

# 综合实例 4　制作“环境保护”演示文稿

## 实例内容

随着社会的不断发展，“环保”问题越来越引起广大市民的关注。为了我们的后代、为了我们的国家、为了整个地球，我们每个人都必须提高“环保”意识。在“环境保护”这一公益广告中，我们使用了代表环境保护的绿色作为背景色，插入国宝大熊猫的图片，以此吸引人们的眼球。通过相关图片和文字的讲解，将环保思想深入人心，最终效果如图 11.4.1 所示。

图 11.4.1 最终效果图

## 设计思想

本例中的图片均以同样的动画方式进入、退出，之后用文字方式详细介绍了各种污染的来源、危害及治理措施。

（1）设置幻灯片声音播放效果，并隐藏声音播放图标。

（2）为本例中的图片设置进入、退出动画方式。

## 操作步骤

（1）新建一个空白演示文稿，选择 格式(O) → 幻灯片设计(D)... 命令，打开 幻灯片设计 任务窗格，在“应用设计模板”下拉列表中选择“熊猫翠竹”设计模板，如图 11.4.2 所示。

图 11.4.2 应用设计模板

（2）在“单击此处添加标题”占位符中输入文字“人类所看到的最后一滴水将是自己的眼泪”，并设置字体为“隶书”，字号为“50”，字体颜色为“白色”，添加文字阴影。

（3）在“单击此处添加副标题”占位符中输入“环境保护”文字，设置字体为“黑体”，字号为“70”，字体颜色为“白色”，加文字阴影，如图 11.4.3 所示。

图 11.4.3 设置文字

（4）选择 插入(I) → 影片和声音(V) → 文件中的声音(N)... 命令，弹出 插入声音 对话框。选择需要的声音文件，如图 11.4.4 所示。

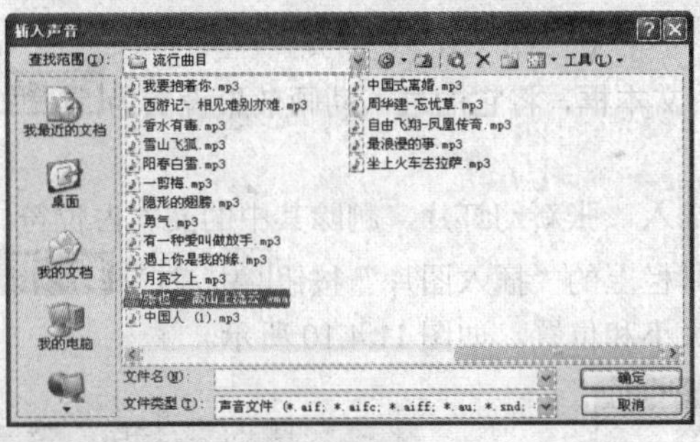


图 11.4.4 插入声音文件

（5）这时出现提示对话框（见图 11.4.5），单击 自动(A) 按钮后，在幻灯片上会出现一个声音图标。

（6）打开 自定义动画 任务窗格，在列表中的“声音播放”动画上单击鼠标右键，在弹出的下拉列表中选择 效果选项(E)... 命令，如图 11.4.6 所示。

图 11.4.5 如何开始播放提示框

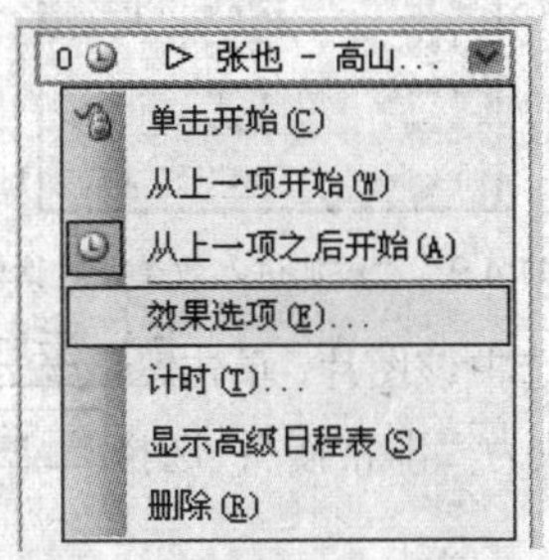


图 11.4.6 选择效果选项

（7）在打开的 播放 声音 对话框中，单击 效果 标签。在“开始播放”栏中单击 从上一位置(L) 单选按钮；在“停止播放”栏中单击 在(F): 8 张幻灯片后 单选按钮，并在其中的数值框中输入“8”，如图 11.4.7 所示。

（8）单击 声音设置 标签，选中 ☑幻灯片放映时隐藏声音图标(H) 复选框，单击 确定 按钮，如图 11.4.8 所示。

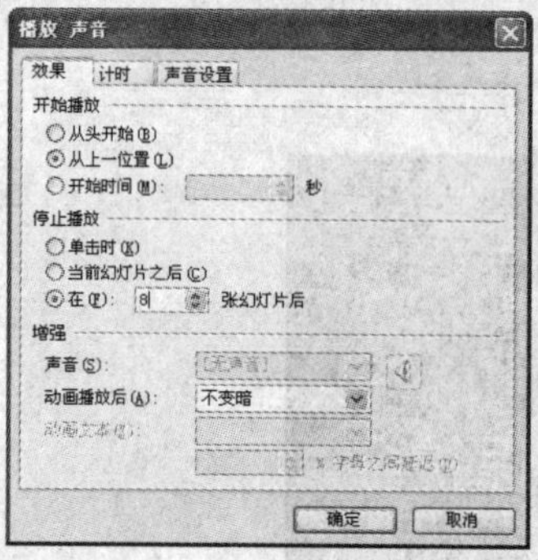

图 11.4.7　播放效果设置

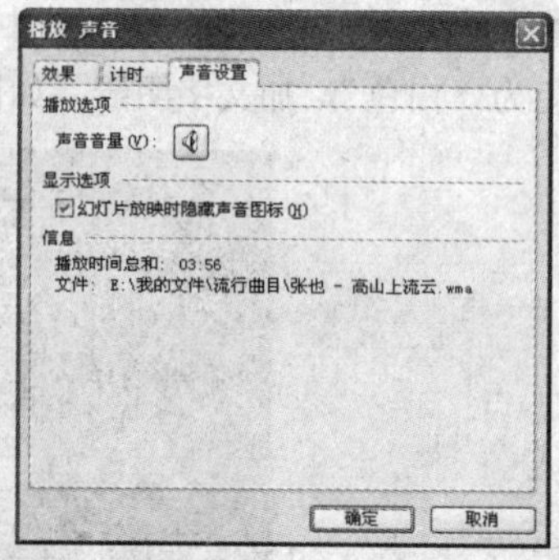

图 11.4.8　声音设置

（9）选中“人类所看到的最后一滴水将是自己的眼泪”文本框，单击 添加效果 按钮，在弹出的下拉列表中选择 进入(E) → 其他效果(M)... 命令，弹出 添加进入效果 对话框，从中选择 放大 效果，如图 11.4.9 所示。

（10）单击 确定 按钮，可为文本框设置放大动画效果，将开始改为“之后”，速度改为“中速”。

（11）选中“环境保护”文本框，将它的进入动画效果设置为 擦除 ，将开始改为“之后”，速度改为“快速”。

（12）按下“Ctrl+M”插入一张新幻灯片，删除其中的文本占位符。

（13）单击“绘图”工具栏上的“插入图片”按钮，打开 插入图片 对话框，将“图片 1”插入到幻灯片中，调整图片的大小和位置，如图 11.4.10 所示。

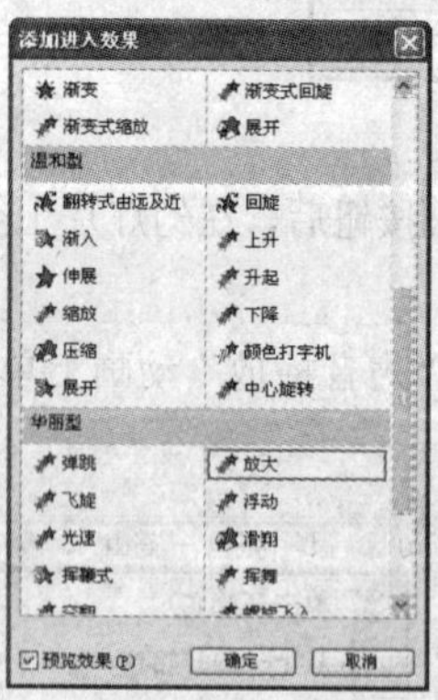

图 11.4.9　“添加进入效果”对话框

图 11.4.10　插入图片

（14）选中该图片，单击 添加效果 按钮，选择 进入(E) → 5. 飞旋 命令，开始改为“之后”，速度改为“非常慢”；选择 强调(M) → 2. 放大/缩小 命令，将开始改为“之后”，速度改为“中速”。

（15）单击 添加效果 按钮，选择 退出(X) → 6. 螺旋飞出 命令，设置退出效果，将开始改为“之后”，速度改为“非常慢”，如图 11.4.11 所示。

（16）将图片 2～图片 6 依次插入到该张幻灯片中，调整好图片的位置和大小，设置与图片 1 相同的动画效果，如图 11.4.12 所示。

（17）选择 幻灯片放映(D) → 幻灯片切换(T)... 命令，打开 幻灯片切换 任务窗格。在切换效果列表中单击“新闻快报”，在“换片方式”栏中选中☑每隔复选框，取消☐单击鼠标时复选框的选中，如图 11.4.13 所示。

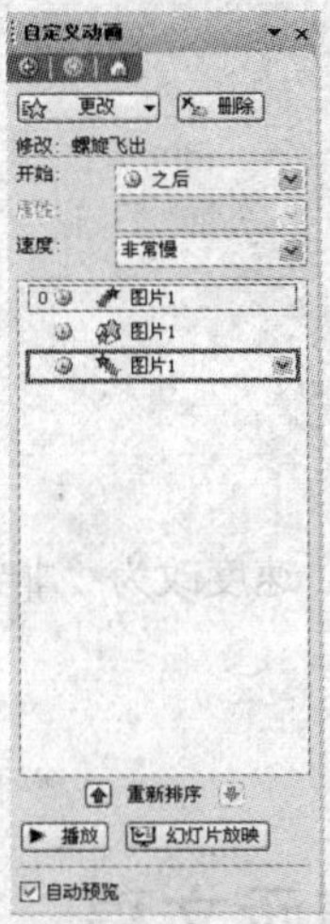

图 11.4.11　设置图片 1 的动画效果

图 11.4.12　设置所有图片动画效果

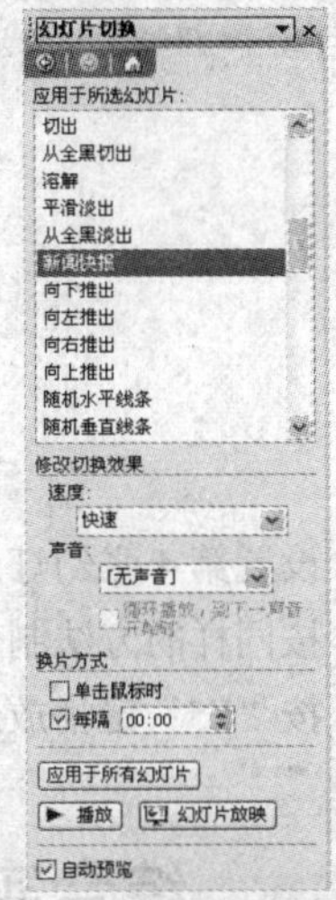

图 11.4.13　设置切换效果

（18）单击应用于所有幻灯片按钮，将该动画效果应用于所有的幻灯片中。

（19）按下“Ctrl+M”插入一张新幻灯片，删除其中的文本占位符，将“环境保护.txt”中的文本内容复制到幻灯片中。设置字体为“黑体”，字号为“32”，字体颜色为“白色”，如图 11.4.14 所示。

（20）选中该文本框，将它的进入动画效果设置为翻转式由远及近，开始改为“之后”，速度改为“快速”。

（21）按下“Ctrl+M”键插入一张新幻灯片，在文本占位符中输入文本，并设置字体与字号大小。

（22）选中该张幻灯片中的正文文本，选择格式(O)→项目符号和编号(B)...命令，弹出项目符号和编号对话框，如图 11.4.15 所示。

（23）单击自定义(U)...按钮，弹出符号对话框，从中选择所需的符号，如图 11.4.16 所示。

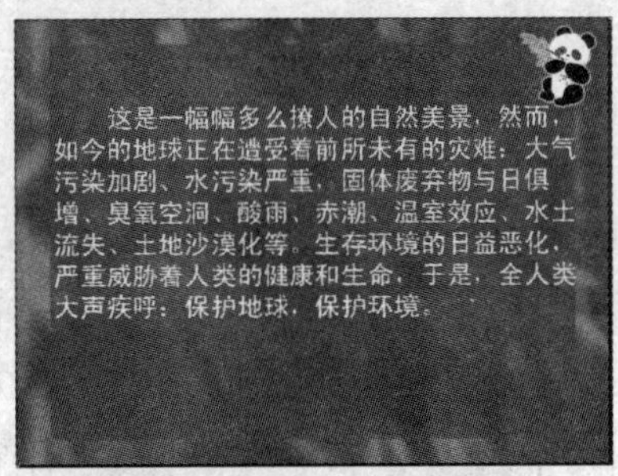


图 11.4.14　输入文本并设置格式

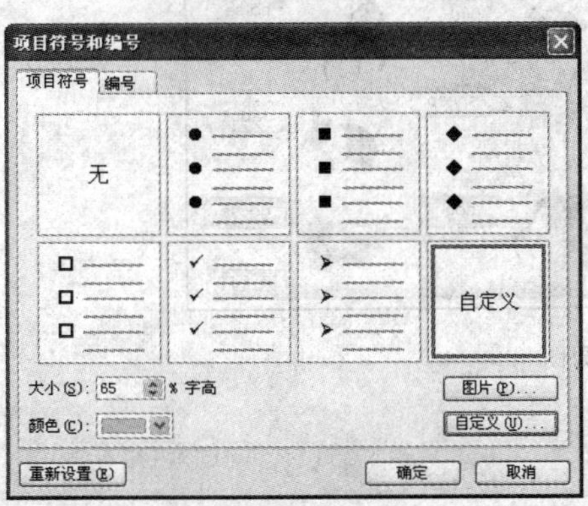

图 11.4.15　“项目符号和编号”对话框

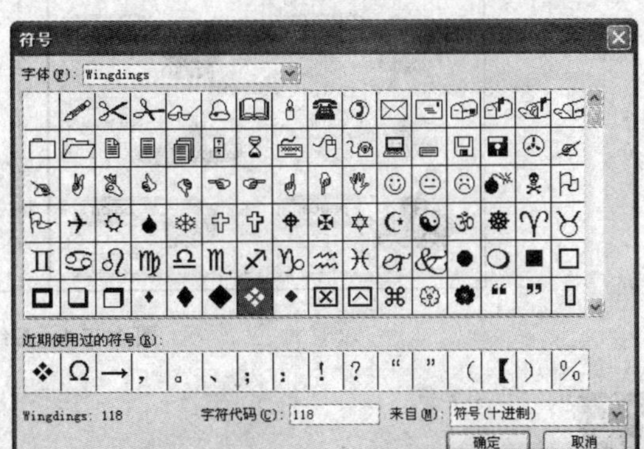

图 11.4.16　“符号”对话框

（24）单击确定按钮即可在文本前加上项目符号，如图 11.4.17 所示。

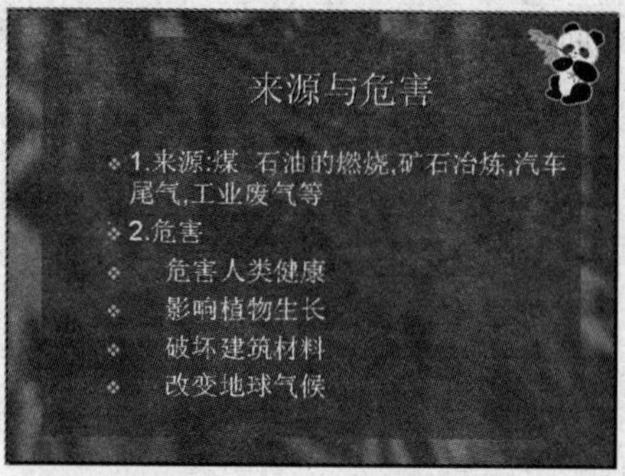


图 11.4.17 添加的项目符号

（25）设置第 4 张幻灯片的动画效果为“飞入”，方向改为“自底部”，速度改为“非常快”。

（26）按同样的方法制作第 5～6 张幻灯片，并设置相应的动画效果。

（27）按“F5”键播放幻灯片，最终效果如图 11.4.1 所示。

# 综合实例 5 制作“看图学英语”演示文稿

## 实例内容

本例利用 PowerPoint 2003 制作看图学英语演示文稿，最终效果如图 11.5.1 所示。

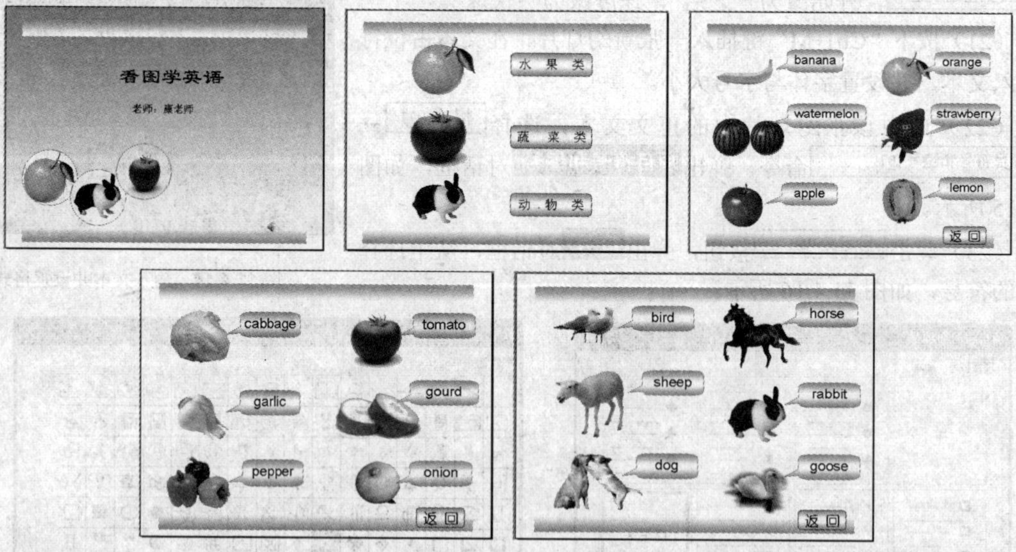


图 11.5.1 最终效果图

## 设计思想

本实例将生涩的英文单词与对应的实物图片关联起来，摆脱了常规教学中老师带领学生重复念生词的空洞教学方式，让学生在欣赏图片的同时，对学习英语产生兴趣。

本实例将每个单词及声音的出现时间都定义在点击相应的图片后，这样可以让学生自由选择学习的进度及先后顺序，体现了多媒体课件在教学互动上的优势。在制作的过程中主要用到以下知识点：

（1）修改幻灯片母版。

（2）利用触发器，制作单击图片弹出文本框并播放声音的效果。

（3）为超链接设置屏幕提示，在鼠标移动到链接时给观众提示性文字。

（4）制作“返回”按钮。

## 操作步骤

（1）启动 PowerPoint 2003，新建一个空白演示文稿，选中幻灯片中的占位符并将其删除。

（2）按住“Shift”键的同时，单击窗口右下角的“普通视图”按钮，快速打开幻灯片母版，如图 11.5.2 所示。

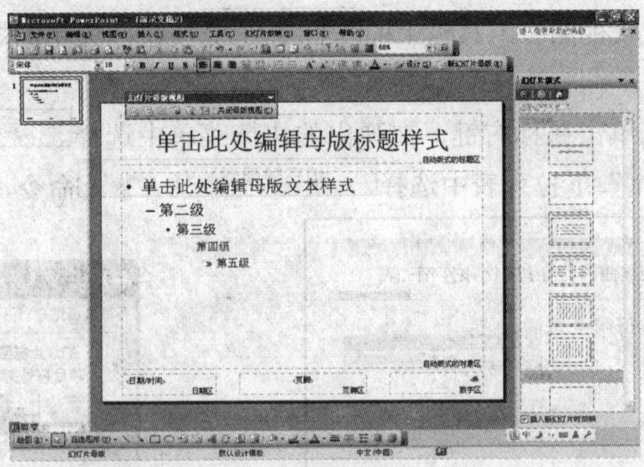


图 11.5.2　打开幻灯片母版

（3）在幻灯片母版视图中绘制一个矩形并单击鼠标右键，在弹出的快捷菜单中选择 设置自选图形格式(O)... 命令，弹出 设置自选图形格式 对话框。打开 尺寸 选项卡，将高度设为“1.4 厘米”，宽度设为“22.81 厘米”，如图 11.5.3 所示。

（4）打开 颜色和线条 选项卡，在填充下拉列表中选择 填充效果(F)... 命令，弹出 填充效果 对话框。打开 渐变 选项卡，将填充色设置为由草绿色到白色的渐变色，在“底纹样式”栏中选中 ◉水平(Z) 单选按钮，如图 11.5.4 所示。

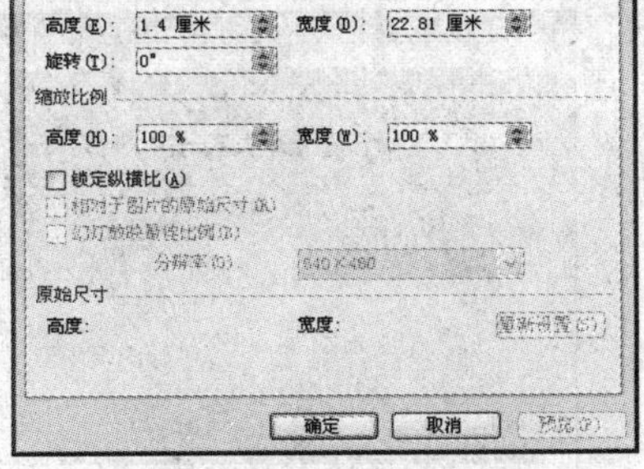


图 11.5.3　设置矩形的大小

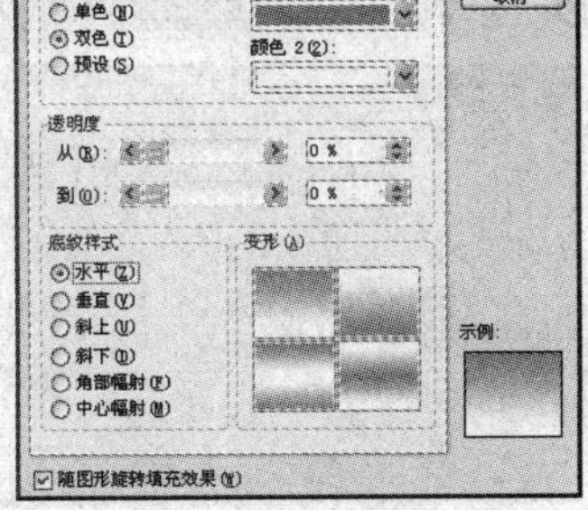


图 11.5.4　填充矩形效果

（5）单击 确定 按钮返回到 设置自选图形格式 对话框中，设置线条颜色为无线条颜色。

（6）单击 确定 按钮，把设置好的矩形放在页面的顶端，如图 11.5.5 所示。

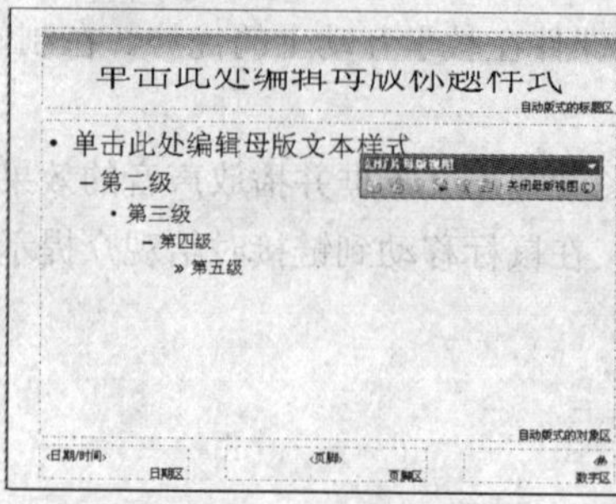

图 11.5.5 设置的填充效果

（7）复制一个相同的矩形，将它放在页面的底端。选中复制的矩形，单击“绘图”工具栏的 绘图(R) 按钮，在弹出的下拉列表中选择 旋转或翻转(P) → 垂直翻转(V) 命令，效果如图 11.5.6 所示。

（8）单击“幻灯片母版视图”工具栏上的 关闭母版视图(C) 按钮，关闭幻灯片母版视图，返回到普通视图。

（9）在幻灯片空白处单击鼠标右键，在弹出的快捷菜单中选择 背景(K)... 命令，弹出 背景 对话框，在“背景填充”下拉列表中选择 填充效果(F)... 命令，如图 11.5.7 所示。

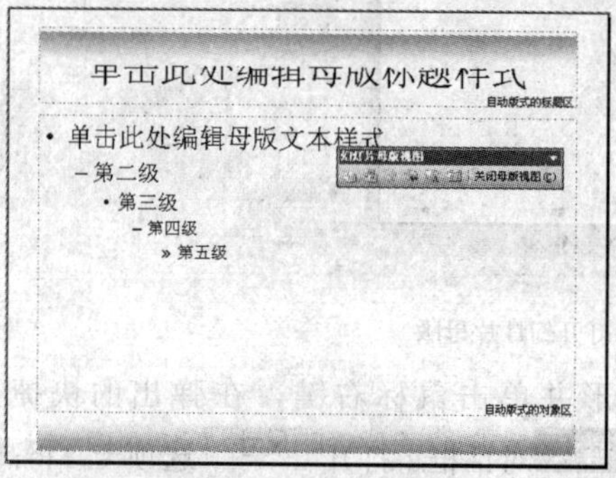

图 11.5.6 调整矩形形状

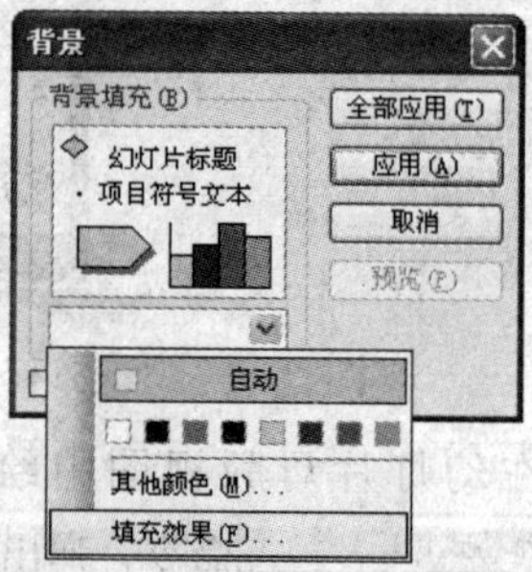


图 11.5.7 “背景”对话框

（10）这时弹出 填充效果 对话框，将背景色设为与图 11.5.4 所示一样的效果，单击 应用(A) 按钮，效果如图 11.5.8 所示。

（11）单击“绘图”工具栏中的“文本框”按钮，在幻灯片中插入两个文本框，输入文本“看图学英语”并设置字体为“隶书”“48 磅”；设置“老师：康老师”文本字体为“宋体”“24 磅”，如图 11.5.9 所示。

图 11.5.8 设置幻灯片背景效果

图 11.5.9 设置文本格式

（12）在“绘图”工具栏中单击“椭圆”按钮，按住“Shift”键在页面上绘制 3 个大小相同的圆，设置高度和宽度均为“4.4 厘米”，线条颜色为“橙色”，调整圆的位置，效果如图 11.5.10 所示。

图 11.5.10　绘制的圆

（13）选中其中的一个圆形，单击“填充颜色”按钮右侧的下拉箭头，选择 填充效果(F)... 命令，如图 11.5.11 所示。

（14）这时弹出 **填充效果** 对话框，打开 图片 选项卡，单击 选择图片(L)... 按钮，打开 **选择图片** 对话框，选中所需插入的“橙子”图片，如图 11.5.12 所示。

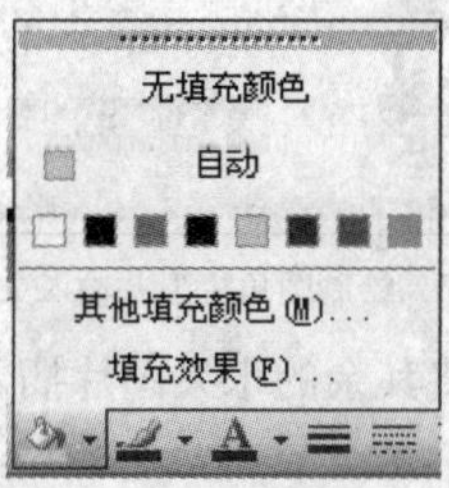


图 11.5.11　选择填充效果命令

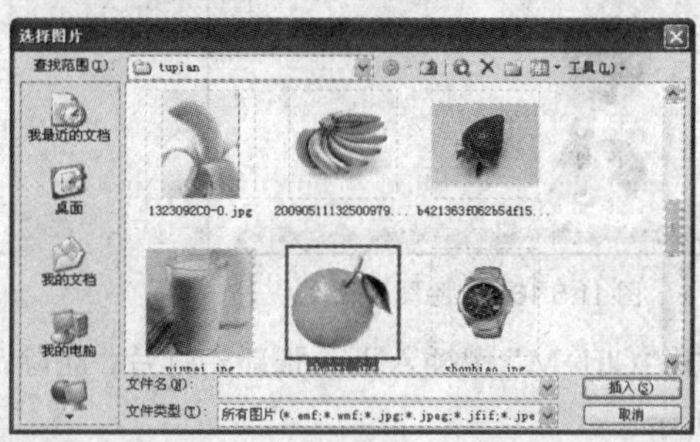


图 11.5.12　选择插入的图片

（15）单击 插入(S) 按钮返回到 **填充效果** 对话框中，再单击 确定 按钮就可将“橙子”图片填充到图形中了。

（16）同样地，将“兔子”和“西红柿”的图片填充到另外两个图形中，如图 11.5.13 所示。

（17）选择 插入(I) → 影片和声音(V) → 文件中的影片(F)... 命令，弹出 **插入声音** 对话框，将选择的背景音乐插入到当前幻灯片中，如图 11.5.14 所示。

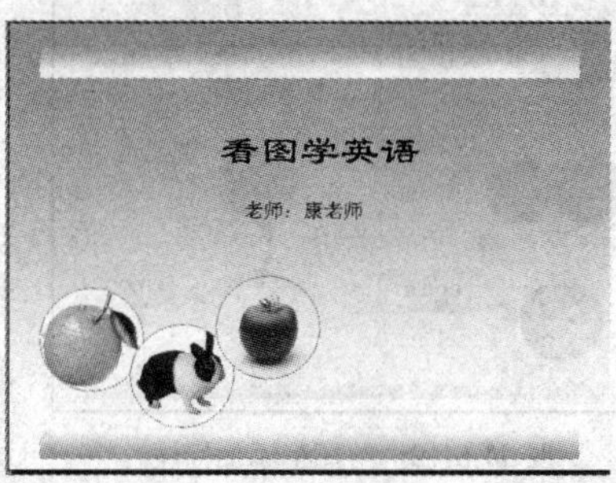


图 11.5.13　填充图形

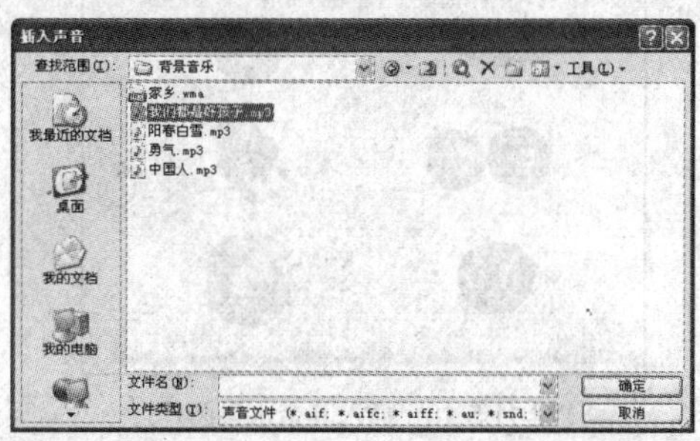


图 11.5.14　插入背景音乐

（18）单击 确定 按钮，弹出询问对话框（见图 11.5.15），单击 自动(A) 按钮。

（19）按下“Ctrl+M”键插入一张新幻灯片，删除占位符。将刚才插入的“橙子”“西红柿”和“兔子”的图片插入到幻灯片中。

图 11.5.15 询问对话框

（20）选中插入的 3 张图片，单击“图片”工具栏中的“设置透明色”按钮，在图片上单击，去掉图片的底纹，调整图片的大小和位置，如图 11.5.16 所示。

（21）单击“绘图”工具栏中的 自选图形(U) 按钮，在弹出的下拉列表中选择 基本形状(B) 命令，单击“圆角矩形”按钮，在幻灯片中绘制一个圆角矩形，调整其大小。

（22）重复步骤（3）（4）的操作，设置圆角矩形的填充色为“草绿-白色-草绿”，线条颜色为“蓝色”。将绘制好的圆角矩形再复制两个，移到合适的位置，分别输入文字“水果类”“蔬菜类”和“动物类”，如图 11.5.17 所示。

图 11.5.16 去除图片底纹

图 11.5.17 绘制圆角矩形并输入文字

（23）按下“Ctrl+M”键插入下一张新幻灯片，删除占位符，将其余的水果图片插入到幻灯片中，如图 11.5.18 所示。

（24）单击“绘图”工具栏中的 自选图形(U) 按钮，在弹出的下拉列表中选择 标注(C) 下的“圆角矩形标注”按钮，设置圆角矩形标注的填充色为“草绿-白色-草绿”，线条颜色为“橙色”。

（25）将绘制好的圆角矩形标注复制到每个水果图旁边，分别输入对应的英文名字，如图 11.5.19 所示。

图 11.5.18 插入其余水果图片

图 11.5.19 给图形添加标注

（26）选中“banana”图形标注，选择 幻灯片放映(D) → 自定义动画(M)... 命令，打开“自定义动画”任务窗格，单击 添加效果 按钮，选择 进入(E) → 其他效果(M)... 命令，弹出 添加进入效果 对话框，从中选择“百叶窗”效果，如图 11.5.20 所示。

（27）在“自定义动画”任务窗格中，使用鼠标右键单击设置的动画，在弹出的快捷菜单中选择 效果选项(E)... 命令，弹出 百叶窗 对话框，在“声音”下拉列表中选择“其他声音”选项，如

图 11.5.21 所示。

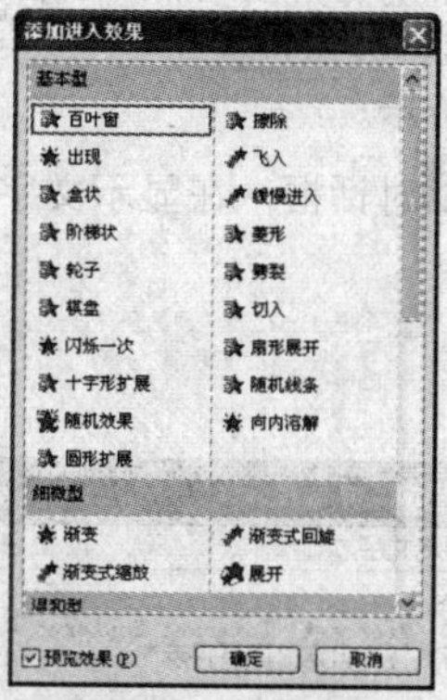


图 11.5.20 添加进入动画效果

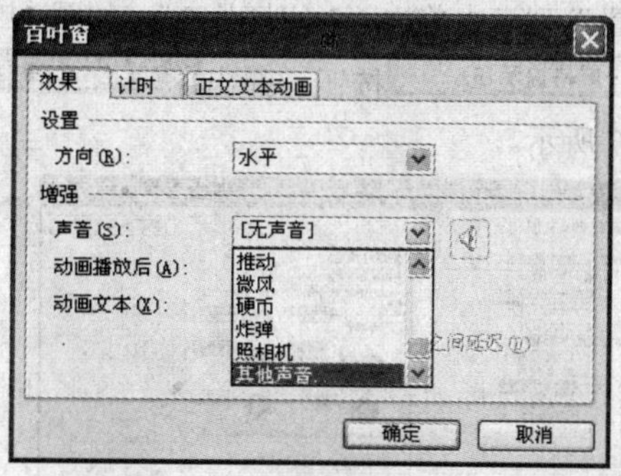


图 11.5.21 设置百叶窗效果

（28）在**添加声音**对话框中，选择 banana.wav 声音文件，单击 确定 按钮返回到**百叶窗**对话框。打开 计时 选项卡，单击 触发器(T) 按钮，再单击 ⊙单击下列对象时启动效果(C): 按钮，选中下拉列表中的“香蕉”，如图 11.5.22 所示。

（29）单击 确定 按钮完成设置。按“Shift+F5”键切换幻灯片到放映视图，当单击香蕉图片时，即可出现“banana”标注框，并播放“banana”声音文件。依次设置其他图片的触发器效果，如图 11.5.23 所示。

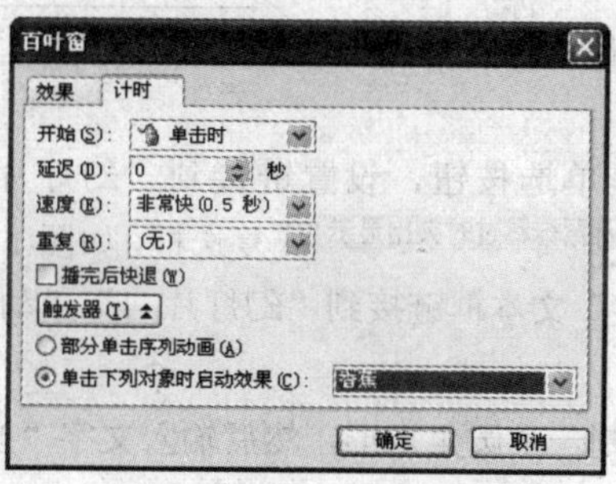


图 11.5.22 设置触发器效果

图 11.5.23 为各图片设置触发器效果

（30）按下“Ctrl+M”键插入下一张新幻灯片，删除占位符，将蔬菜类图片插入到幻灯片中，并设置其他图片的触发器效果，如图 11.5.24 所示。

（31）按下“Ctrl+M”键插入下一张新幻灯片，删除占位符，将动物类图片插入到幻灯片中，并设置其他图片的触发器效果，如图 11.5.25 所示。

图 11.5.24 蔬菜类幻灯片制作完成

图 11.5.25 动物类幻灯片制作完成

（32）选中第 2 张幻灯片中的“橙子”图片，单击鼠标右键，在弹出的快捷菜单中选择超链接(H)... 命令，打开插入超链接对话框。在“链接到”栏中单击本文档中的位置(A)按钮，在“请选择文档中的位置”列表中单击“3.幻灯片 3”，如图 11.5.26 所示。

（33）单击屏幕提示(P)...按钮，弹出设置超链接屏幕提示对话框，在显示文字框中输入“水果类”，如图 11.5.27 所示。

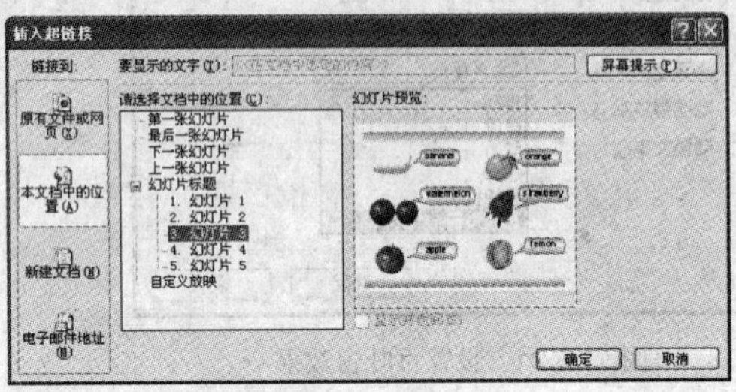

图 11.5.26 插入超链接

图 11.5.27 设置屏幕提示

（34）单击确定按钮完成超链接设置。按下“Shift+F5”键切换到幻灯片放映视图，当鼠标指针移动到橙子图片上停留片刻，即可显示出“水果类”提示文字，单击鼠标左键即可跳转到幻灯片 3 中。

（35）使用同样的方法，将“西红柿”图片链接到第四张幻灯片，设置提示文字为“蔬菜类”；将“兔子”图片链接到第五张幻灯片，设置提示文字为“动物类”。

（36）在“水果类”文本框上单击鼠标右键，在弹出的快捷菜单中选择动作设置(A)...命令，弹出动作设置对话框。

（37）打开单击鼠标选项卡，单击超链接到(H):单选按钮，设置链接到“幻灯片 3”，选中单击时突出显示(C)复选框；打开鼠标移过选项卡，选中鼠标移过时突出显示(O)复选框，如图 11.5.28 所示。

（38）重复步骤（35）（36）的操作，将“蔬菜类”文本框链接到“幻灯片 4”，“动物类”文本框链接到“幻灯片 5”。

（39）使用“圆角矩形”工具，在幻灯片 3 中绘制一个圆角矩形，然后输入文字“返回”。将该圆角矩形应用与幻灯片 2 中圆角矩形相同的填充效果，然后将它链接到“幻灯片 2”，提示文字设置为“返回目录页”，如图 11.5.29 所示。

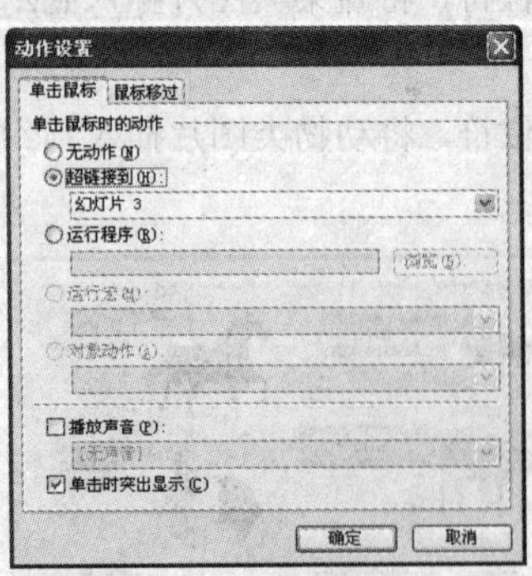

图 11.5.28 动作设置

图 11.5.29 制作返回按钮

（40）将“返回”按钮复制到幻灯片 4 和幻灯片 5 中。选中幻灯片 1～5，打开“幻灯片切换”任务窗格，在“换片方式”中取消单击鼠标时复选框的选中，在“每隔”微调框中输入“00:02”秒，单击应用于所有幻灯片按钮。

（41）单击幻灯片放映按钮，即可播放该幻灯片，最终效果如图 11.5.1 所示。

# 综合实例 6　制作“广告加盟”演示文稿

## 实例内容

本例制作“广告加盟”演示文稿，最终效果如图 11.6.1 所示。

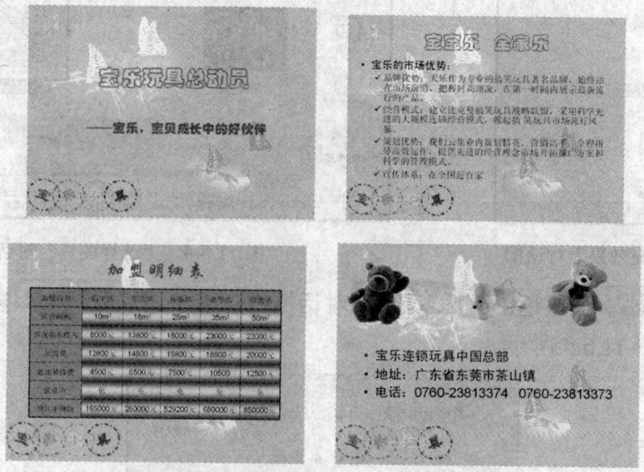


图 11.6.1　效果图

## 设计思想

在制作过程中，主要用到母版的设计、绘图工具的使用、项目符号的运用、表格的插入以及动画的切换等操作。

## 操作步骤

（1）启动 PowerPoint 2003，新建一个空白演示文稿。

（2）按住“Shift”键的同时，单击窗口右下角的“普通视图”按钮，快速打开幻灯片母版，如图 11.6.2 所示。

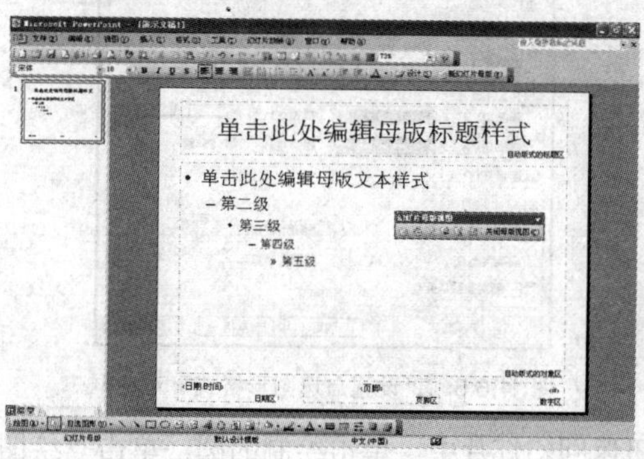


图 11.6.2　打开幻灯片母版

（3）选择 格式(O) → 背景(K)... 命令，弹出**背景**对话框。在“背景填充”下拉列表中选择 填充效果(F)... 命令，如图 11.6.3 所示。

（4）这时弹出**填充效果**对话框，打开 图片 选项卡，单击 选择图片(L)... 命令，在弹出的**选择图片**对话框中选择一幅背景图片，如图 11.6.4 所示。

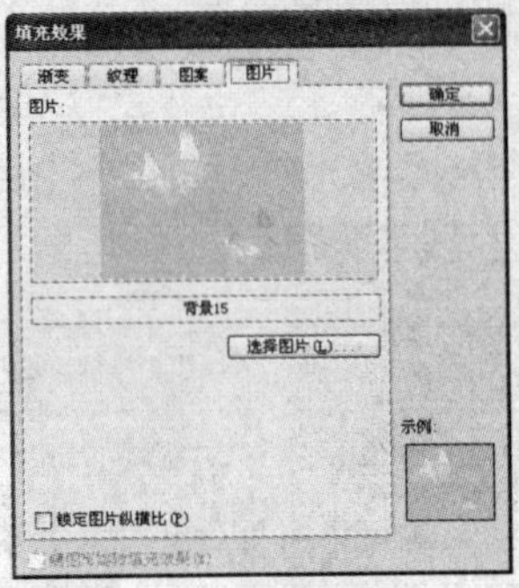


图 11.6.3 “填充效果”对话框

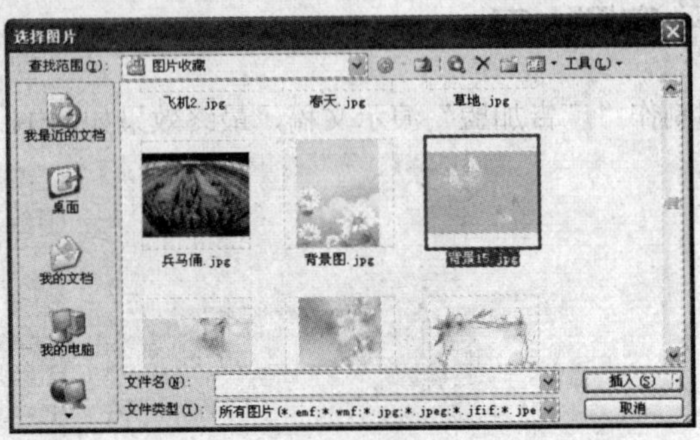


图 11.6.4 “选择图片”对话框

（5）单击 插入(S) 按钮返回到**填充效果**对话框中，再单击 确定 按钮就可将背景图片填充到幻灯片中了，如图 11.6.5 所示。

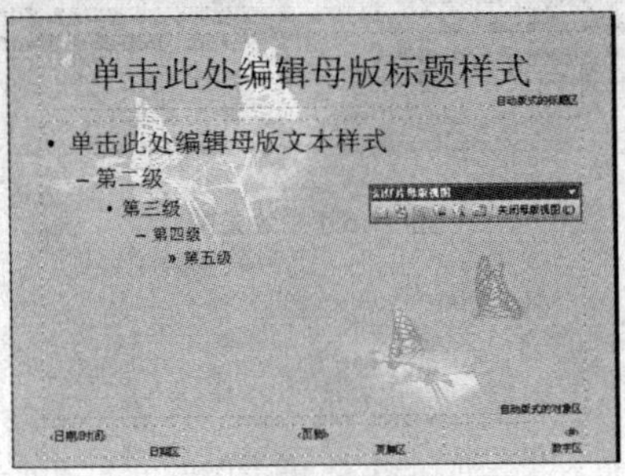


图 11.6.5 设置背景

（6）单击“绘图”工具栏中的“椭圆”按钮，同时按住“Shift”键，在母版中绘制一个圆。在绘制的圆上单击鼠标右键，从弹出的快捷菜单中选择 设置自选图形格式(O)... 命令，弹出**设置自选图形格式**对话框。

（7）选择 颜色和线条 选项卡，在“填充”颜色下拉列表中选择“无填充颜色”，在“线条”颜色下拉列表中选择“红色”，在线条“样式”下拉列表中选择虚线“2.2.5 磅”，如图 11.6.6 所示。

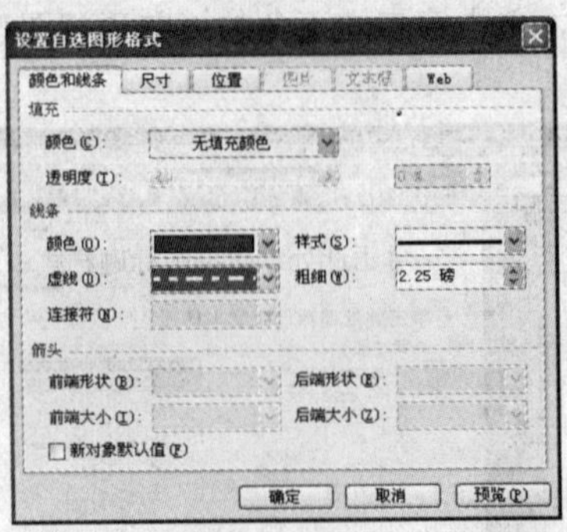


图 11.6.6 “设置自选图形格式”对话框

（8）单击 确定 按钮返回幻灯片中。单击绘制的圆，单击“绘图”工具栏中的“阴影样式”

按钮，从中选择阴影样式 14，效果如图 11.6.7 所示。

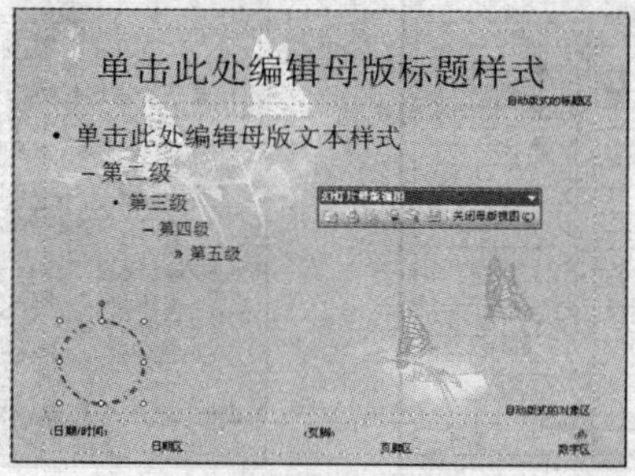


图 11.6.7　绘制的圆

(9) 在绘制的圆上单击鼠标右键，从弹出的快捷菜单中选择 添加文本(X) 命令，在圆上添加文本“宝”字，并设置其字体为“华文隶书”，字号为“40”，字体颜色为“红色”，加阴影。

(10) 将制作好的圆复制三个，分别设置不同的颜色，按住图形上的绿色手柄，将 4 个圆旋转一定的角度，再将它们排列起来，效果如图 11.6.8 所示。

(11) 单击 关闭母版视图(C) 按钮，关闭幻灯片母版视图，返回到普通视图，效果如图 11.6.9 所示。

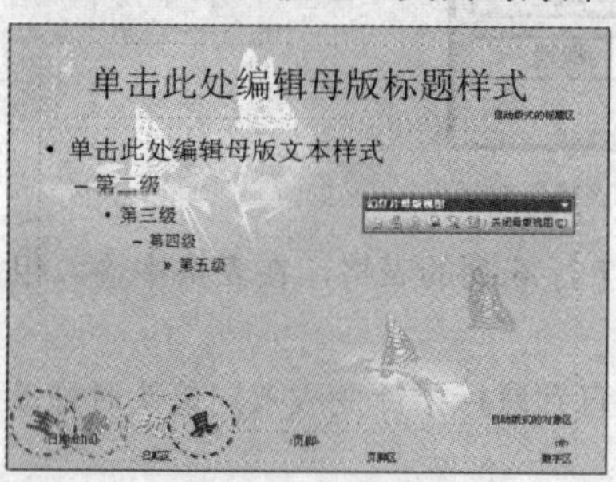


图 11.6.8　复制的圆

图 11.6.9　设置好的母版

(12) 在标题占位符输入文本，设置其字体为“华文彩云”，字号为“54”，在文本占位符中输入文本，设置其字体为“华文琥珀”，字号为“32”，字体颜色为淡绿色，加阴影，如图 11.6.10 所示。

(13) 按下“Ctrl+M”键插入一张新幻灯片。在占位符中输入文本，设置其字体和字号，效果如图 11.6.11 所示。

图 11.6.10　在占位符中输入文本

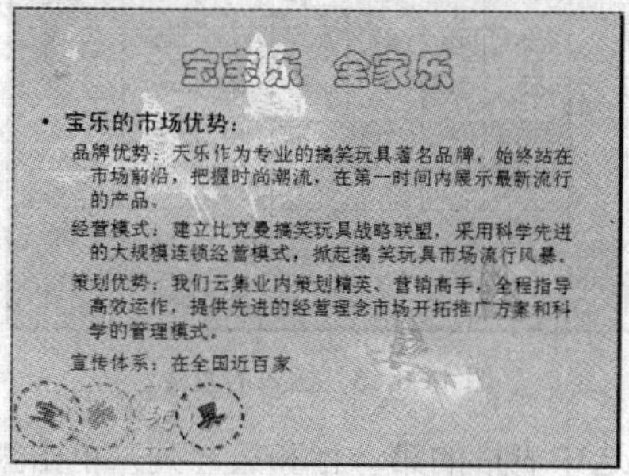


图 11.6.11　在第二张幻灯片中输入文本

(14) 选中占位符中文本，单击鼠标右键，从弹出的快捷菜单中选择 项目符号和编号(B)... 命令，弹出 **项目符号和编号** 对话框。选择 项目符号 选项卡，从其列表中选择一种项目符号样式，如图 11.6.12 所示。

(15) 单击 确定 按钮返回幻灯片中，效果如图 11.6.13 所示。

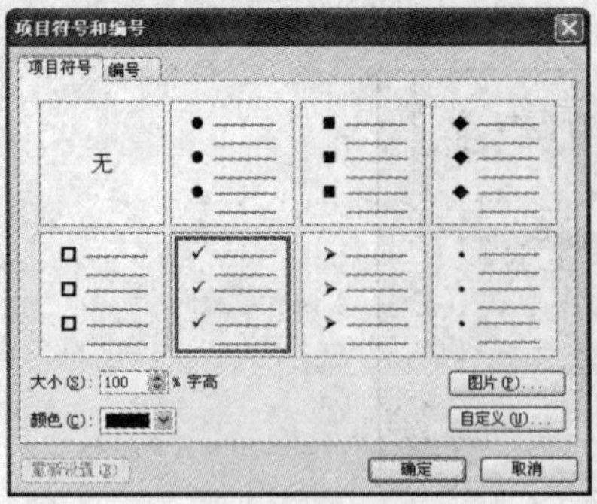


图 11.6.12 “项目符号和编号”对话框

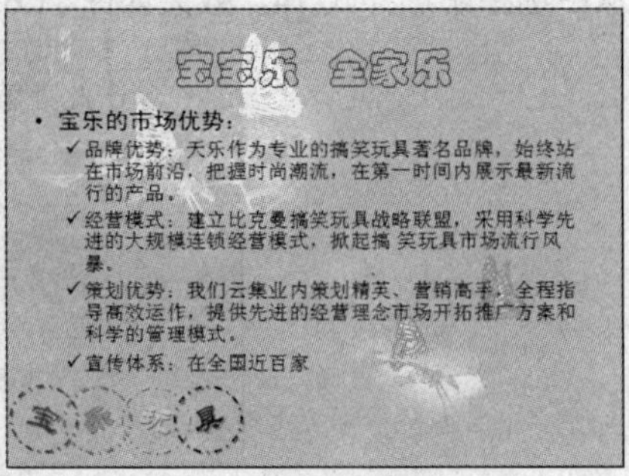


图 11.6.13 添加项目符号效果

（16）按下“Ctrl+M”键插入一张新幻灯片，删除文本占位符。

（17）选择 插入(I) → 表格(B)... 命令，弹出 插入表格 对话框，设置列数为“6”，行数为“7”，如图 11.6.14 所示。

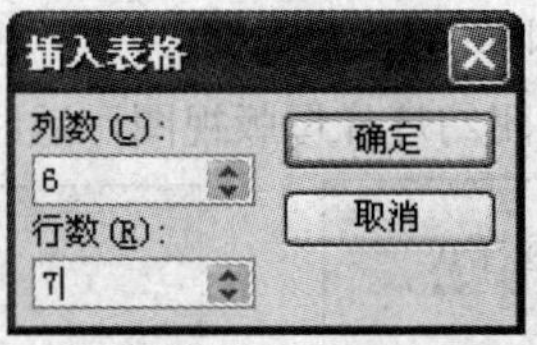


图 11.6.14 “插入表格”对话框

（18）单击 确定 按钮在幻灯片中插入一个 7 行 6 列的表格，在表格中输入相关信息，效果如图 11.6.15 所示。

（19）将鼠标指针放在要调整列宽的边框线上，直到鼠标指针变成双向箭头时拖动边框线，调整列宽至合适位置。

（20）单击插入的表格，在打开的“表格和边框”工具栏中单击“垂直居中”按钮，再单击“格式”工具栏中的“居中”按钮，使所有文本相对于表格居中对齐，如图 11.6.16 所示。

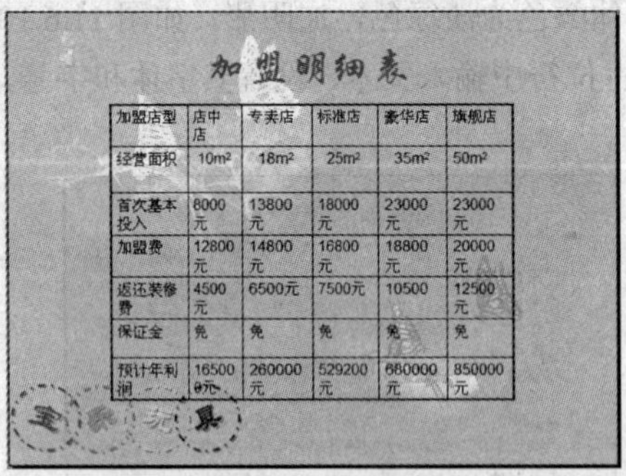


图 11.6.15 插入的表格

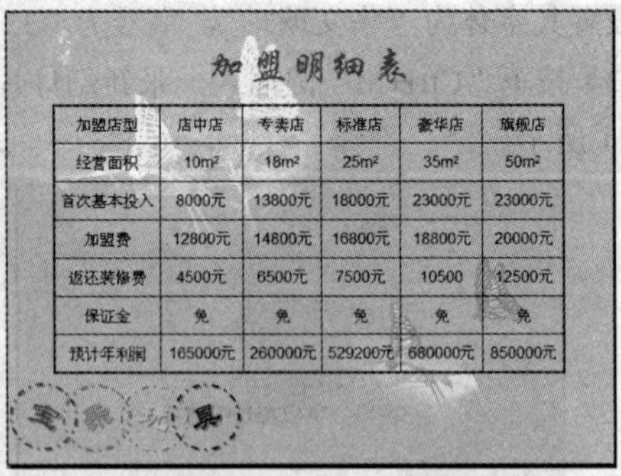


图 11.6.16 设置表格中文本对齐方式

（21）选中表格的第一行和第一列，单击“表格和边框”工具栏中的“填充颜色”按钮，从弹出的下拉列表中选择橘红色。

（22）选中其余单元格，单击“表格和边框”工具栏中的“填充颜色”按钮，从弹出的下拉列表中选择 填充效果(F)... 命令，弹出 填充效果 对话框。在“颜色”栏中单击 单色(N) 单选按钮，从“颜色 1”下拉列表中选择一种颜色；在“底纹样式”栏中单击 水平(Z) 单选按钮；在“变形”栏中选择第四种样式，如图 11.6.17 所示。

（23）单击 确定 按钮返回幻灯片中，效果如图 11.6.18 所示。

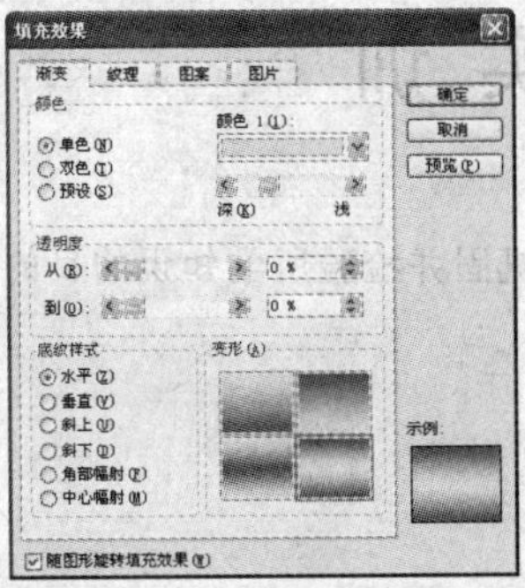

图 11.6.17　“填充效果”对话框

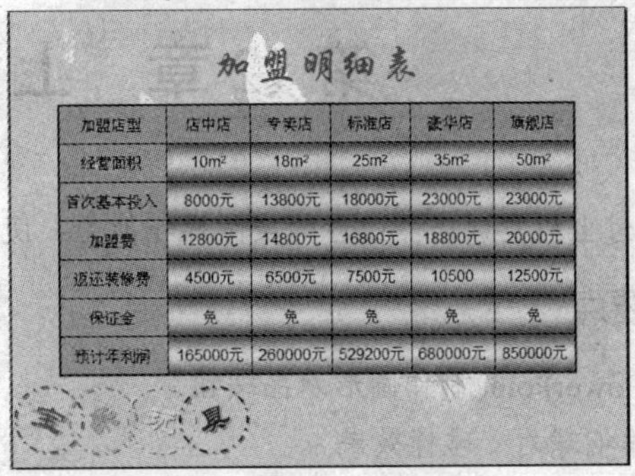


图 11.6.18　设置表格底纹

（24）在占位符中输入文本并设置字体、字号，在该幻灯片中插入几张玩具图片，如图 11.6.19 所示。

（25）在插入的图片上单击，打开“图片”工具栏。单击“裁剪”按钮，将图片多余部分裁剪掉，单击“设置透明色”按钮，将图片的背景色设置为透明色，如图 11.6.20 所示。

图 11.6.19　插入的图片

图 11.6.20　设置图片格式

（26）选择 幻灯片放映(D) → 幻灯片切换(T)... 命令，打开“幻灯片切换”任务窗格。在“应用于所选幻灯片”列表中选择“向右推出”；在“修改切换效果”栏中设置“速度”为“中速”；在“换片方式”栏选中 ☑每隔 00:00 复选框，将换片时间设定为“2 秒”，单击 应用于所有幻灯片 按钮，如图 11.6.21 所示。

图 11.6.21　设置幻灯片切换效果

（27）选择 幻灯片放映(D) → 观看放映(V) F5 命令，即可观看该幻灯片，最终效果如图 11.6.1 所示。

# 第 12 章　上 机 实 训

本章通过上机实训培养读者的实际操作能力，使读者达到巩固并检验所学知识的目的。

## 知识要点

- 用 PowerPoint 制作圆形水晶按钮
- 制作钢球对心碰撞效果
- 制作落叶动画特效
- 制作“月总结会议”演示文稿
- 制作“快乐运动”演示文稿
- 制作“飞舞的蝴蝶”幻灯片
- 制作“展翅飞翔的小鸟”演示文稿
- 制作交互式选择题
- 制作梦想幻灯片

## 实训 1　用 PowerPoint 制作圆形水晶按钮

### 1．实训内容

本例利用 PowerPoint 的绘图功能来制作圆形水晶按钮，最终效果如图 12.1.1 所示。

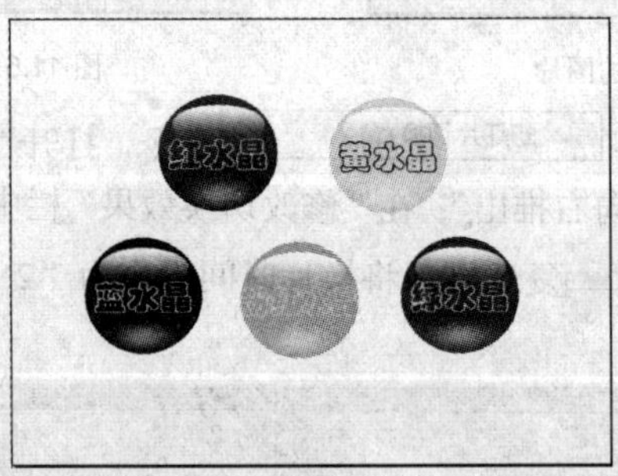


图 12.1.1　效果图

### 2．实训目的

掌握在幻灯片中绘制图形、设置图形格式、动作设置等知识。

### 3．操作步骤

（1）启动 Microsoft PowerPoint 2003，新建一个空白演示文稿，删除占位符。

（2）绘制圆形底图。单击“绘图”工具栏的“椭圆”按钮，按住“Shift”键的同时按下鼠标左键拖动，绘制一个圆。

（3）在绘制的圆上单击鼠标右键，从弹出的快捷菜单中选择 设置自选图形格式(O)... 命令，弹出**设置自选图形格式**对话框。在“线条”颜色下拉列表中选择“无线条颜色”选项，如图 12.1.2 所示。

（4）在“填充”颜色下拉列表中选择 填充效果(F)... 命令，弹出 填充效果 对话框。在 渐变 选项卡中，单击 单色(N) 单选按钮，在“颜色 1”下拉列表中选择“红色”，如图 12.1.3 所示。

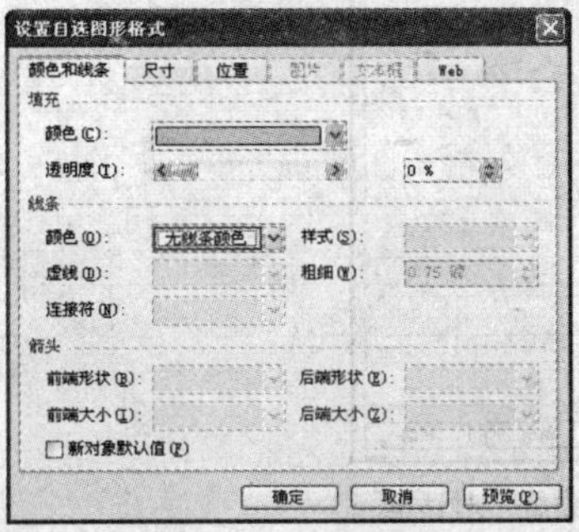

图 12.1.2　“设置自选图形格式”对话框

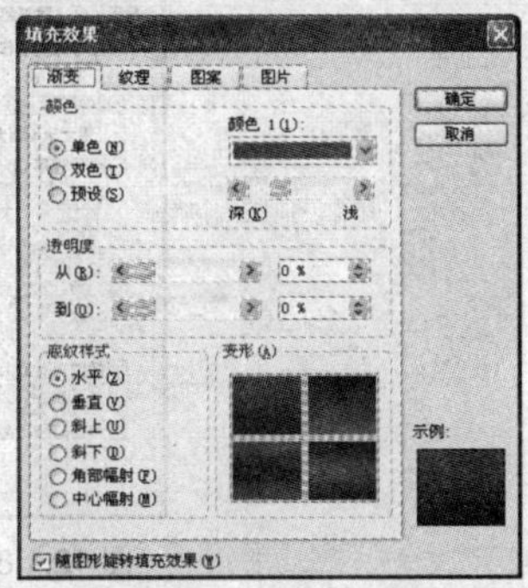

图 12.1.3　“填充效果”对话框

（5）单击 确定 按钮返回 设置自选图形格式 对话框，再单击 确定 按钮，效果如图 12.1.4 所示。

（6）绘制上部高光。依照前面的步骤，在圆的上部再绘制一个椭圆，同样设置它为“无线条颜色”。在 填充效果 对话框中，单击 单色(N) 单选按钮，在“颜色 1”下拉列表中选择“白色”；“透明度”从 0%到 100%；在“底纹样式”栏中选中 水平(Z) 按钮，“变形”为默认的第一种效果。

（7）单击 确定 按钮后，效果如图 12.1.5 所示。

图 12.1.4　绘制圆形底图

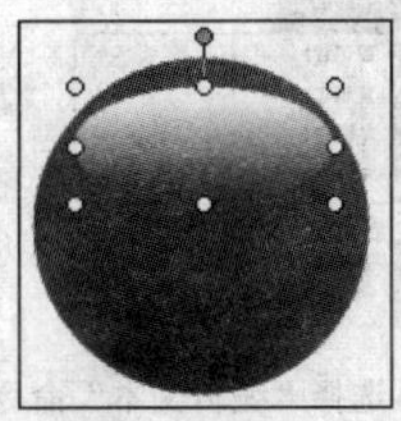

图 12.1.5　绘制上部高光

（8）绘制下部反光。重复步骤（6）的操作，在圆的下部再绘制一个椭圆，同样设置它为“无线条颜色”。在 填充效果 对话框中，单击 单色(N) 单选按钮，在“颜色 1”下拉列表中选择“白色”；“透明度”从 40%到 100%；在“底纹样式”栏中选中 中心辐射(M) 按钮，“变形”为默认的第一种效果。单击 确定 按钮，效果如图 12.1.6 所示。

（9）按下“Ctrl+A”键，选中这三个部分并单击鼠标右键，从弹出的快捷菜单中选择 组合(G) → 组合(G) 命令，将这三个部分组合成一个整体，如图 12.1.7 所示。

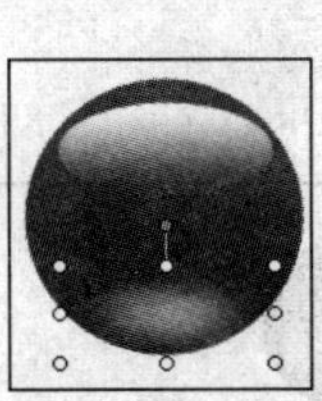

图 12.1.6　绘制下部反光

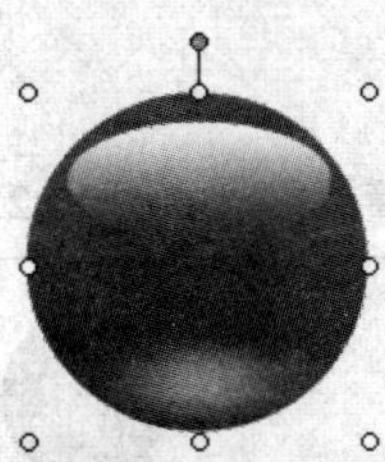

图 12.1.7　组合图形

（10）先单击整个按钮，再在高光部分单击，从弹出的快捷菜单中选择 动作设置(A)... 选项，弹出 动作设置 对话框。在 超链接到(H): 下拉列表中选择“第一张幻灯片”，并选中

☑单击时突出显示(C)复选框，如图 12.1.8 所示。

图 12.1.8 “动作设置”对话框

（11）用同样的方法设置下部反光部分的动作。

（12）在图形上单击鼠标右键，从弹出的快捷菜单中选择 编辑文本(X) 命令，如图 12.1.9 所示。

（13）在图形光标处输入“红水晶”文本，在“格式”工具栏中设置其字体为“华文彩云”，字号为“40”，字体颜色为“黄色”，效果如图 12.1.10 所示。

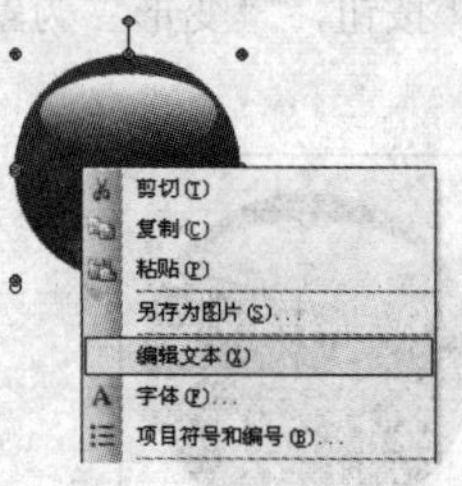


图 12.1.9 选择“编辑文本”命令

图 12.1.10 制作好的水晶按钮

（14）按住“Ctrl”键不放，在刚做的红色按钮上按下鼠标左键拖动，复制一个按钮。单击圆形底图部分，给它填充不同的颜色，绚丽多彩的水晶按钮就诞生了，如图 12.1.1 所示。

**提示：**还可以给圆形底图填充图片。若图片是 GIF 格式的，水晶按钮还可以自由地运动。

## 实训 2 制作钢球对心碰撞效果

### 1. 实训内容

本例制作钢球对心碰撞效果，如图 12.2.1 所示。

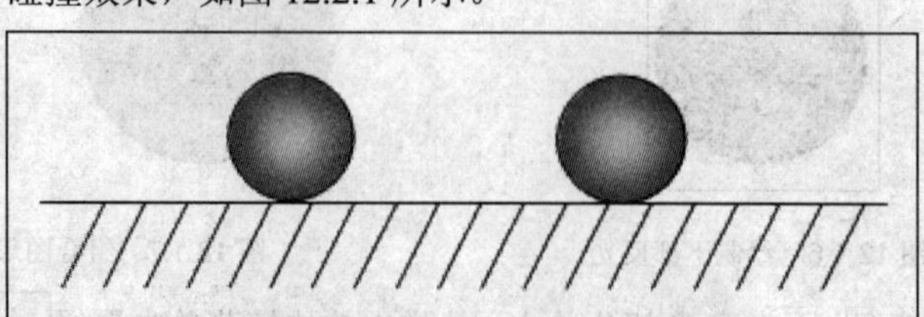

图 12.2.1 效果图

2．实训目的

在制作的过程中，主要用到自选图形的绘制与格式设置、添加动作路径、设置动画效果等知识。

3．操作步骤

（1）打开 PowerPoint 2003 应用程序，新建空白演示文稿并删除占位符。

（2）单击绘图工具栏中的“直线”按钮，绘制一条直线和一条短斜线，按住“Ctrl”键复制多个短斜线，如图 12.2.2 所示。

（3）按住“Shift”键，再单击“椭圆”按钮，绘制两个同样大小的圆球，并调整平面和圆球的位置，如图 12.2.3 所示。

图 12.2.2　绘制的平面

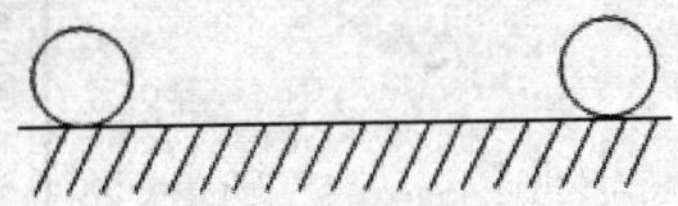

图 12.2.3　绘制的圆球

（4）选中绘制的圆，单击鼠标右键，在弹出的快捷菜单中选择 设置自选图形格式(O)... 命令，弹出 设置自选图形格式 对话框。打开 颜色和线条 选项卡，在“填充”下拉列表中选择 填充效果(F)... 命令，如图 12.2.4 所示。

（5）这时弹出 填充效果 对话框，打开 渐变 选项卡，选中 单色(N) 和 中心辐射(M) 单选按钮，如图 12.2.5 所示。

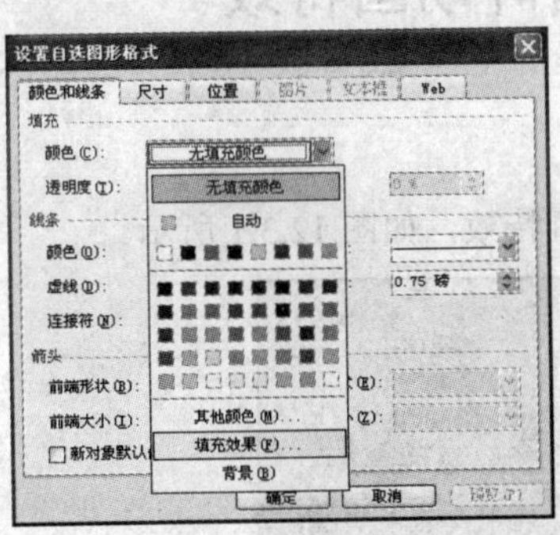

图 12.2.4　“颜色和线条”选项卡

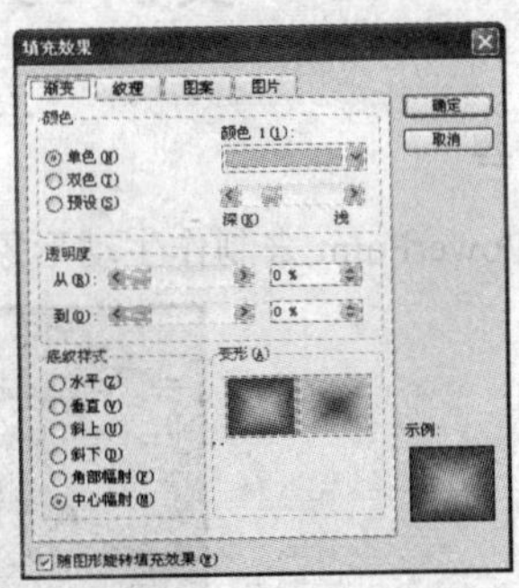

图 12.2.5　“渐变”选项卡

（6）单击 确定 按钮返回 设置自选图形格式 对话框，再单击 确定 按钮，效果如图 12.2.6 所示。

（7）选中平面左边的“钢球”，打开“自定义动画”任务窗格，单击 添加效果 按钮，从弹出的下拉菜单中选择 动作路径(P) → 绘制自定义路径(D) → 曲线(C) 命令。

（8）将十字光标移到“钢球”上面，按下鼠标左键再向右移动绘制出钢球碰撞前的轨迹，当直线长度达到两个钢球中点位置时，先松开鼠标然后单击，即可在两个钢球中间留下一个顶点。接着按下鼠标左键向右移动，绘制出钢球碰撞后的运动轨迹。光标到达钢球所在位置后双击鼠标结束，就可以看到钢球先向右后向左的运动效果了，如图 12.2.7 所示。

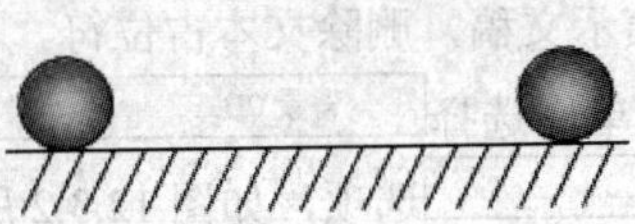

图 12.2.6　设置自选图形格式

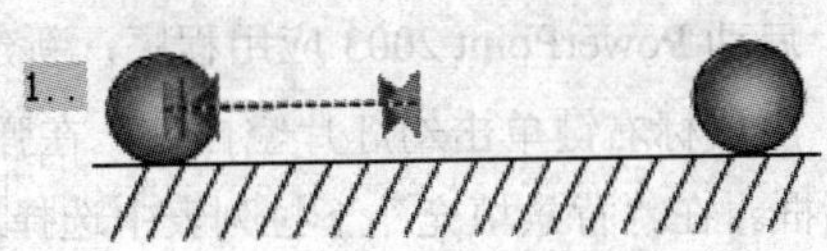

图 12.2.7　绘制左边钢球运动的轨迹

（9）重复上述的操作，就可以给右边的钢球设置运动路径了。

（10）选中水平面右边的钢球，它在“自定义动画”任务窗格中的名称就会被选中。单击该名称右边的下拉按钮打开菜单，选中 从上一项开始(W) 选项，就可以实现左右两边的钢球同时运动的效果。

（11）如果需要增大或减小钢球碰撞前后的运动速度，可以用鼠标双击幻灯片中的钢球运动轨迹，打开自定义路径对话框中的 计时 选项卡，设置合适的运动速度和重复次数，如图 12.2.8 所示。

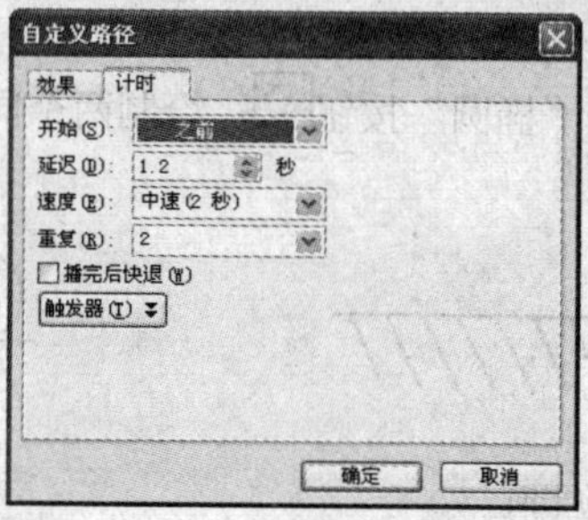


图 12.2.8 “自定义路径”对话框

（12）单击 幻灯片放映(D) → 观看放映(V) F5 命令，就可以看到两个钢球对心碰撞的效果了，如图 12.2.1 所示。

# 实训 3 制作落叶动画特效

**1．实训内容**

本例使用 PowerPoint 来制作生动形象的落叶动画特效，如图 12.3.1 所示。

图 12.3.1 效果图

**2．实训目的**

掌握幻灯片中背景设置、添加图片、设置自定义动画及放映等操作。

**3．操作步骤**

（1）启动 PowerPoint 2003 应用程序，新建一个空白演示文稿，删除文本占位符。

（2）用鼠标右键单击幻灯片空白处，在弹出的快捷菜单中选择 背景(K)... 命令，弹出背景对话框。在“背景填充”下拉列表中选择 填充效果(F)... 选项，如图 12.3.2 所示。

（3）这时弹出填充效果对话框，打开 渐变 选项卡，选中 ◉ 单色(N)、◉ 斜下(D) 单选按钮，如

图 12.3.3 所示。

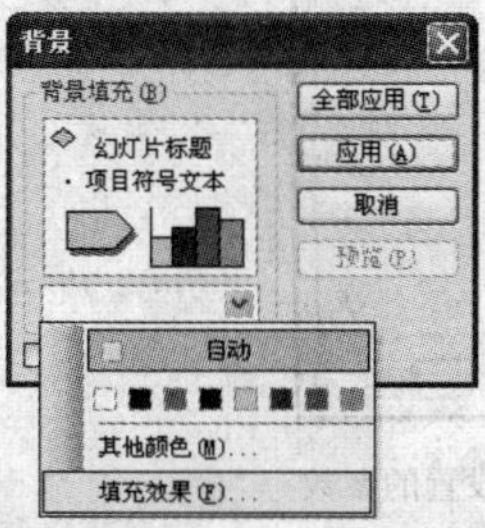


图 12.3.2 选择“填充效果”命令

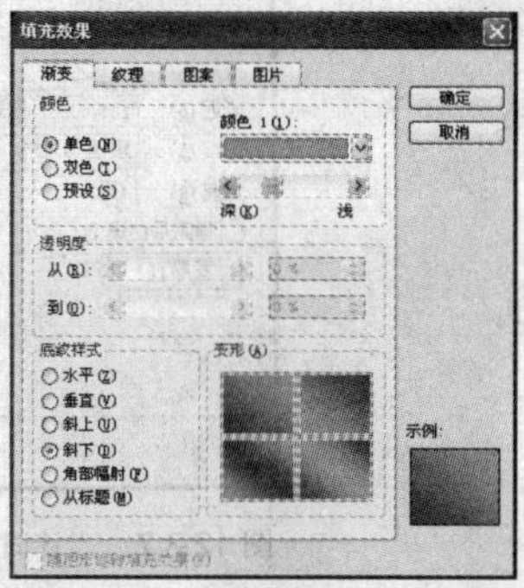


图 12.3.3 “渐变”选项卡

（4）单击 确定 按钮返回 背景 对话框，再单击 应用(A) 按钮，效果如图 12.3.4 所示。

（5）选择 插入(I) → 图片(P) → 来自文件(F)... 命令，弹出 插入图片 对话框，从中选择多张 PNG 格式的树叶图片，调整图片的大小并放置到幻灯片预览区域的左边，如图 12.3.5 所示。

图 12.3.4 设置的背景色

图 12.3.5 插入图片

（6）选择 幻灯片放映(D) → 自定义动画(M)... 命令，打开“自定义动画”任务窗格。

（7）选中导入到幻灯片预览区域左边的任意一张 PNG 格式的树叶图片，单击 添加效果 按钮，从弹出的下拉菜单中选择 动作路径(P) → 绘制自定义路径(D) → 任意多边形(F) 命令，在幻灯片的预览窗口中画出一条轨迹线，为该树叶图片添加一个任意多边形的动画特效，将“开始”修改为“之前”，“速度”修改为“慢速”，如图 12.3.6 所示。

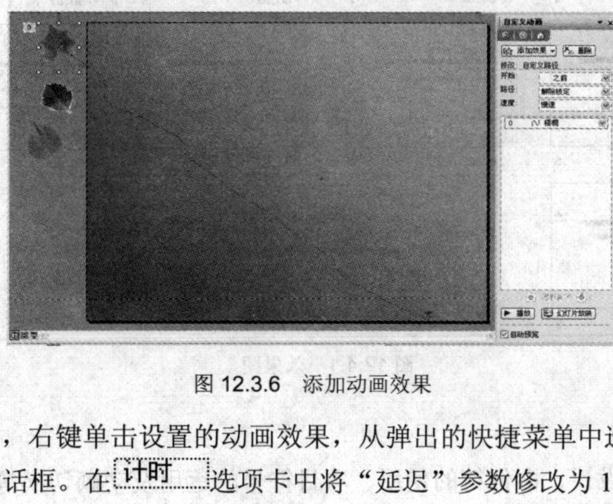

图 12.3.6 添加动画效果

（8）在右边窗格中，右键单击设置的动画效果，从弹出的快捷菜单中选择 计时(T)... 命令，弹出 自定义路径 对话框。在 计时 选项卡中将“延迟”参数修改为 1.1 秒，如图 12.3.7 所示。

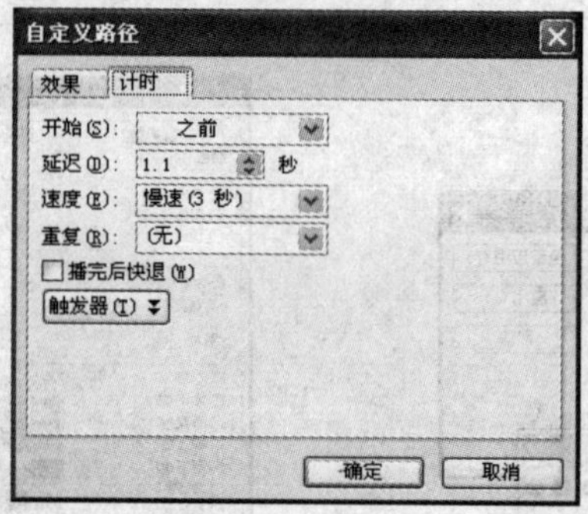


图 12.3.7 “计时”选项卡中设置的参数

（9）选中添加了任意多边形的动画特效的那张树叶图片，单击 添加效果 按钮，选择 强调(M) → 5. 陀螺旋 命令，为选中的树叶图片添加陀螺旋动画特效，并将“开始”修改为“之前”，“速度”修改为“2.5 秒”。

（10）再次选中这张树叶图片，单击 添加效果 按钮，选择 进入(E) → 其他效果(M)... 命令，弹出 添加进入效果 对话框。在“华丽型”栏中选择 旋转 动画效果，并将“开始”修改为“之前”，“速度”修改为“2.5 秒”。

（11）重复以上步骤，为导入到幻灯片中的其他树叶图片添加落叶特效即可。

（12）完成幻灯片中所有树叶图片的落叶特效的添加工作后，按下 F5 快捷键，就可以预览到最终的落叶特效了，如图 12.3.1 所示。

# 实训 4　制作“月总结会议”演示文稿

## 1. 实训内容

本例制作“月总结会议”演示文稿，最终效果如图 12.4.1 所示。

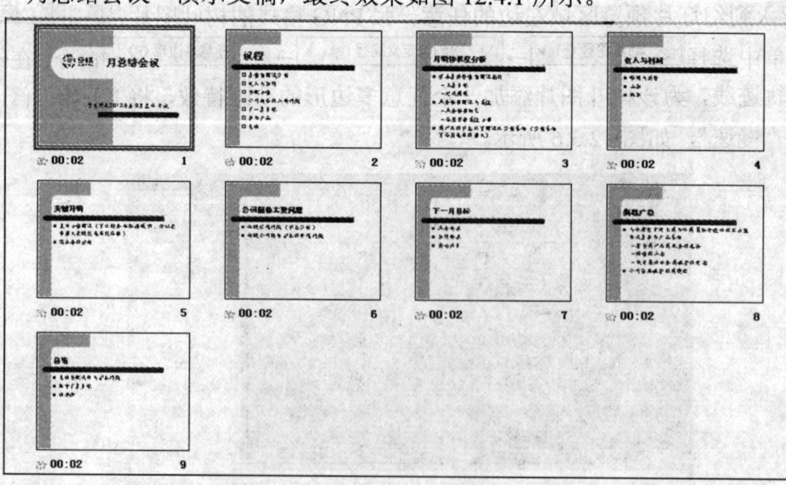

图 12.4.1 效果图

## 2. 实训目的

掌握幻灯片中母版的设计、占位符的使用、项目符号的运用及动画切换等操作。

3．操作步骤

（1）打开 PowerPoint 2003 应用程序，新建空白演示文稿。

（2）选择 视图(V) → 母版(M) → 幻灯片母版(S) 命令，打开“幻灯片母版”视图。

（3）选中标题栏中的文本，设置其字体为“宋体”，字号为“48”，字体颜色为“红色”；将“对象区”中的文本设置为“华文楷体”，字号为“28”；在“页脚区”中输入公司名称“宇畅科技”，如图 12.4.2 所示。

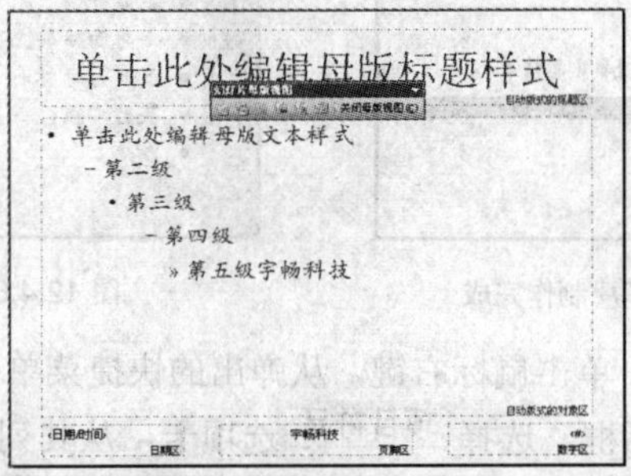


图 12.4.2　设置幻灯片母版

（4）单击“幻灯片母版”工具栏中的 关闭母版视图(C) 按钮，关闭该视图返回幻灯片中。

（5）在幻灯片的空白处，单击鼠标右键，从弹出的快捷菜单中选择 幻灯片设计(D)... 命令，打开“幻灯片设计”任务窗格，在“应用设计模板”列表中选择“Capsulcs.pot”模板，如图 12.4.3 所示。

图 12.4.3　选择应用模板

（6）单击标题占位符，选择 插入(I) → 图片(P) → 来自文件(F)... 命令，弹出 插入图片 对话框。在该对话框中选择公司标识图片，单击 插入(S) 按钮，将图片插入到幻灯片中，如图 12.4.4 所示。

图 12.4.4　在占位符中插入图片

（7）在占位符中输入相应文本，并调整占位符的位置，效果如图 12.4.5 所示。

（8）按下“Ctrl+M”快捷键，插入一张新幻灯片，在占位符中输入文本，如图 12.4.6 所示。

图 12.4.5 第一张幻灯片制作完成

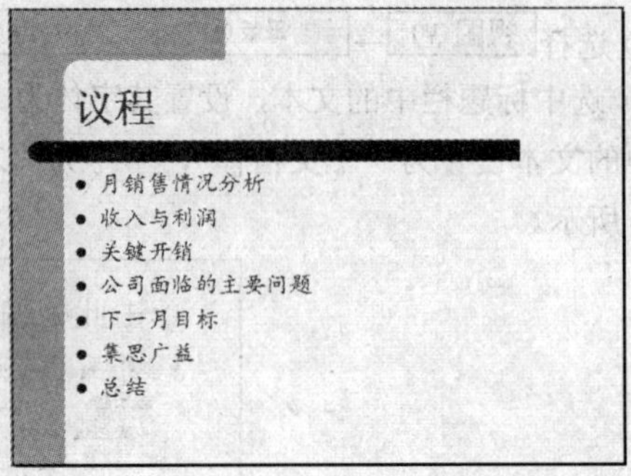


图 12.4.6 制作第二张幻灯片

（9）选中占位符中的文本，单击鼠标右键，从弹出的快捷菜单中选择 项目符号和编号(B)... 命令，弹出**项目符号和编号**对话框。选择 项目符号 选项卡，从其列表中选择一种项目符号样式，如图 12.4.7 所示。

（10）单击 确定 按钮返回幻灯片中，效果如图 12.4.8 所示。

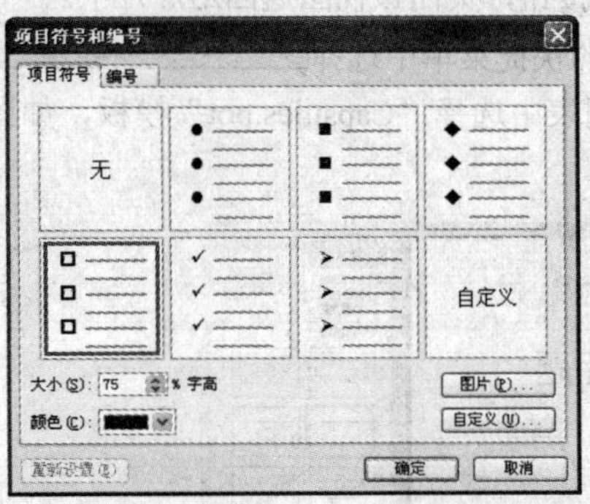


图 12.4.7 “项目符号和编号”对话框

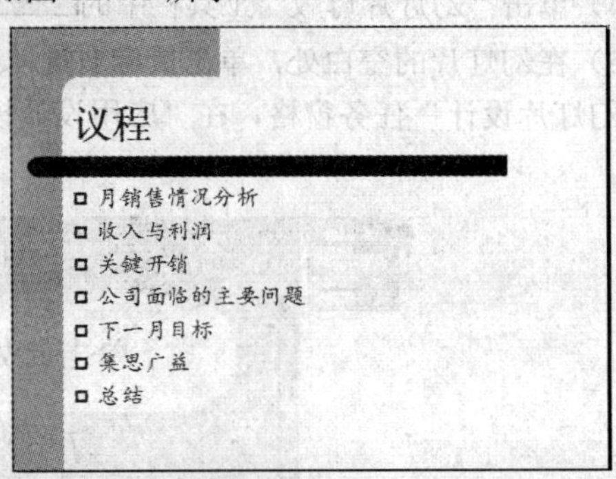


图 12.4.8 应用项目符号样式

（11）重复步骤（8）～（10）的操作，制作其余幻灯片。选择 幻灯片放映(D) → 幻灯片切换(T)... 命令，打开“幻灯片切换”任务窗格。

（12）在“应用于所选幻灯片”列表中选择“向右推出”；在“修改切换效果”栏中设置“速度”为“中速”；在“换片方式”栏选中 ☑每隔 00:00 复选框，设置间隔时间为“2”秒，如图 12.4.9 所示。

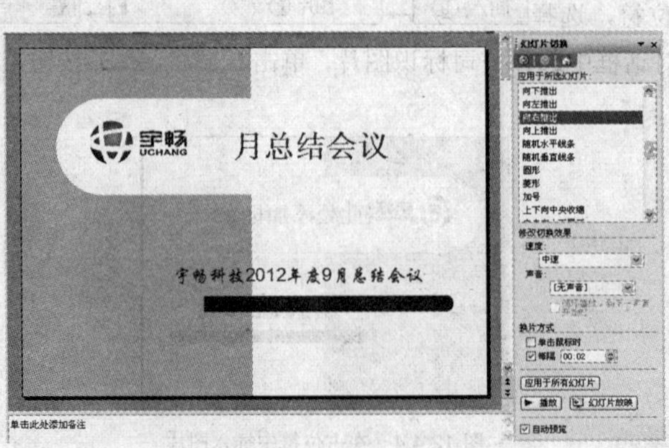


图 12.4.9 设置幻灯片切换

（13）单击[▶ 播放]按钮将在编辑区中播放该幻灯片，可以看到预览的效果。单击[应用于所有幻灯片]按钮，将该动画应用于所有幻灯片。

（14）选择[幻灯片放映(D)]→[观看放映(V) F5]命令，即可观看该幻灯片的播放效果，最终效果如图 12.4.1 所示。

# 实训 5　制作“快乐运动”幻灯片

## 1．实训内容

本例制作“快乐运动”幻灯片，效果如图 12.5.1 所示。

图 12.5.1　效果图

## 2．实训目的

掌握幻灯片中图片、剪贴画、艺术字和自选图形的插入以及其动态效果设置等知识。

## 3．操作步骤

（1）启动 Microsoft PowerPoint 2003，新建一个空白演示文稿，删除占位符。

（2）单击“格式”工具栏上的[设计(S)]命令，弹出“幻灯片设计”任务窗格，如图 12.5.2 所示。在“应用设计模板”中选择“万里长城”模板。

（3）单击“绘图”工具栏上的[自选图形(U)]→[基本形状(B)]→“笑脸”按钮，在幻灯片的左上方插入一个“笑脸”图形。

（4）单击“绘图”工具栏上的“插入文本框”按钮，在“笑脸”图形左边插入一个文本框，输入文本“Smiley”，设置字体为“宋体”，字号为“36 磅”，颜色为“红色”。

（5）重复第（4）步操作，在“笑脸”图形右边插入“Sports”文本框，效果如图 12.5.3 所示。

图 12.5.2　“幻灯片设计”任务窗格

图 12.5.3　插入文本框

（6）单击“绘图”工具栏上的 自选图形(U) → 星与旗帜(S) → 按钮，在幻灯片上插入一个“爆炸”图形。

（7）单击“绘图”工具栏上的“插入艺术字”按钮，弹出“艺术字”库对话框，如图 12.5.4 所示。选择第四行第二种样式，单击 确定 按钮，弹出 编辑“艺术字”文字 对话框，如图 12.5.5 所示。输入文本：“快乐运动”，设置其字体为“华文新魏”，字号为“40 磅”，单击 确定 按钮。

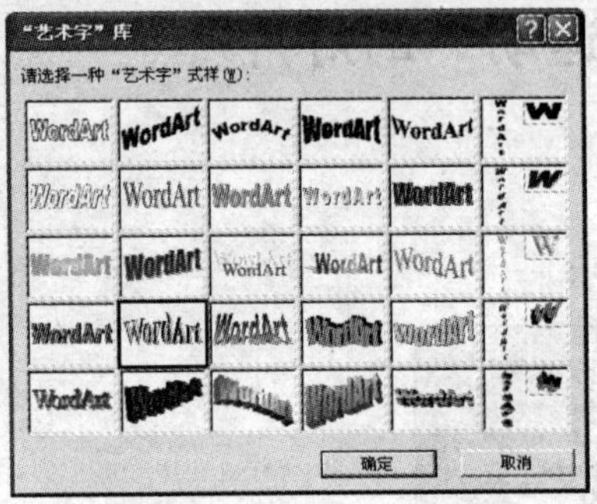

图 12.5.4 “‘艺术字’库”对话框

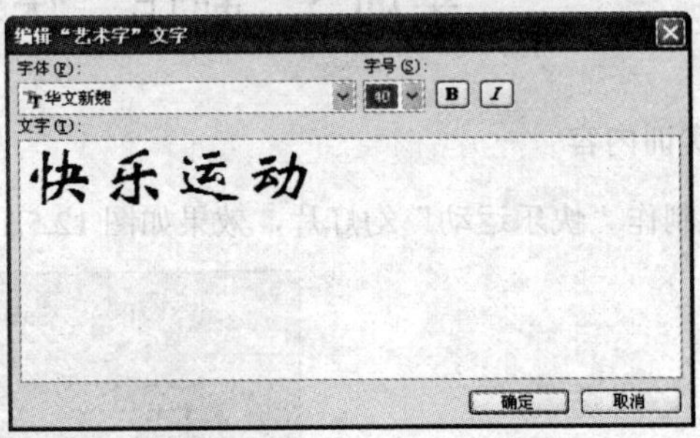

图 12.5.5 “编辑‘艺术字’文字”对话框

（8）选中艺术字，单击鼠标右键，在弹出的快捷菜单中选择 设置艺术字格式(O)... 命令，弹出 设置艺术字格式 对话框，在“填充颜色”下拉菜单中选择 填充效果(F)... 命令，如图 12.5.6 所示。

（9）这时弹出 填充效果 对话框，选择 渐变 选项卡，将“颜色 1”设置为“粉色”，“颜色 2”设置为“浅蓝色”，如图 12.5.7 所示，单击 确定 按钮，回到 设置艺术字格式 对话框。

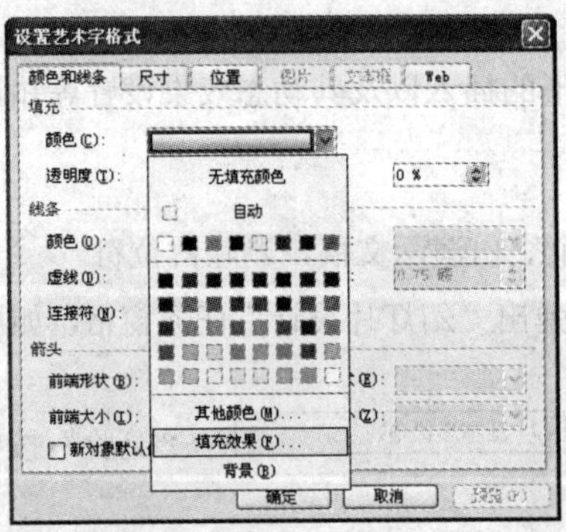

图 12.5.6 “设置艺术字格式”对话框

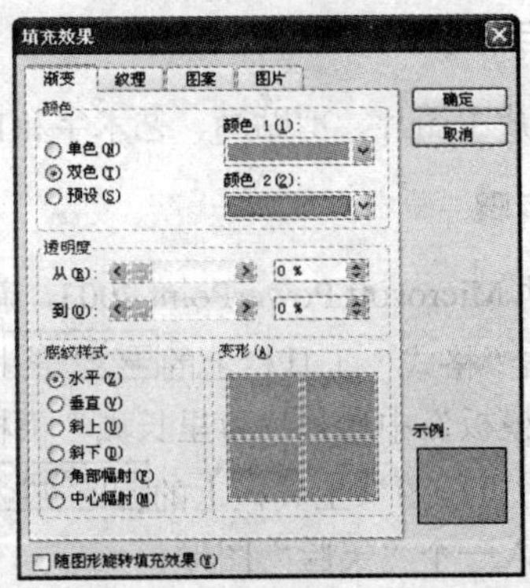

图 12.5.7 “填充效果”对话框

（10）单击 确定 按钮，调整艺术字形状和位置，效果如图 12.5.8 所示。

（11）选择 插入(I) → 图片(P) → 剪贴画(C)... 命令，弹出“插入剪贴画”任务窗格。搜索“运动”，将剪贴画插入到幻灯片中，如图 12.5.9 所示。

图 12.5.8 插入自选图形与艺术字

图 12.5.9 插入剪贴画

（12）调整幻灯片中文本框、自选图形、艺术字、剪贴画的位置，效果如图 12.5.10 所示。

图 12.5.10 调整幻灯片中各部分位置

（13）单击“绘图”工具栏上的 自选图形(U) → 流程图(F) → “库存数据”按钮，在幻灯片中插入一个“库存数据”图形。

（14）在插入的“库存数据”图形上单击鼠标右键，从弹出的快捷菜单中选择 添加文本(X) 命令，输入文本“棒球小知识”，设置字体为“宋体”，字号为“28 磅”。

（15）单击“绘图”工具栏上的“插入文本框”按钮，在“库存数据”图形下面插入文本框，输入下列文本：

“棒球是一种非常具有挑战性的运动，国际棒球联合会是业余棒球运动的世界管理机构。棒球已列入国际奥林匹克运动会比赛项目。”。

设置字体为“宋体”，字形为“常规”，字号为“20 磅”。

（16）添加动态效果。选择 幻灯片放映(D) → 自定义动画(M)... 命令，弹出“自定义动画”任务窗格。

（17）按住“Shift”键，选中艺术字“Smiley”，“Sports”和图形，单击“自定义动画”任务窗格中的 添加效果 按钮，从弹出的下拉菜单中选择 进入(E) → 其他效果(M)... 命令，打开 **添加进入效果** 对话框，从中选择 翻转式由远及近 动画，如图 12.5.11 所示。

图 12.5.11 “添加进入效果”对话框

（18）单击 确定 按钮，为艺术字和“笑脸”图形添加相同的动画效果。

（19）选中艺术字“快乐运动”和“爆炸”图形，在“自定义动画”任务窗格中选择 进入(E) 至 放大 命令。同样为剪贴画设置动态效果 弹跳，为“库存数据”图形设置 6. 渐入 效果。

（20）选中文本框“棒球是……比赛项目”，设置其动态效果为 9. 颜色打字机。动态效果添加完毕，最终效果如图 12.5.12 所示。

图 12.5.12 设置动态效果

（21）选择 幻灯片放映(D) → 幻灯片切换(T)... 命令，弹出“幻灯片切换”任务窗格。在“应用于所选幻灯片”列表中选择“水平梳理”。在“换片方式”中，选中 每隔 00:00 复选框并进行设置。

（22）按“F5”键即可播放该幻灯片，最终效果如图 12.5.1 所示。

# 实训 6 制作“飞舞的蝴蝶”幻灯片

## 1．实训内容

本例制作“飞舞的蝴蝶”幻灯片，效果如图 12.6.1 所示。

图 12.6.1 效果图

## 2．实训目的

掌握幻灯片中背景的设置、图片的插入、动作路径的绘制、动画的设置以及放映幻灯片等知识。

## 3．操作步骤

（1）打开 PowerPoint 2003 应用程序，新建空白演示文稿。

（2）用鼠标右键单击幻灯片空白处，在弹出的快捷菜单中选择 背景(K)... 命令，弹出 背景 对话框。在“背景填充”下拉列表中选择 填充效果(F)... 选项，如图 12.6.2 所示。

（3）这时弹出 填充效果 对话框，打开 图片 选项卡，单击 选择图片(L)... 按钮，弹出 插入图片 对话框，从中选择一幅“田野”的图片，如图 12.6.3 所示。

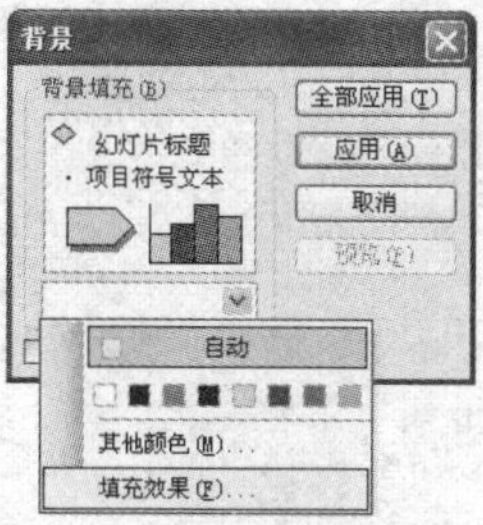


图 12.6.2 选择“填充效果”命令

图 12.6.3 “插入图片”对话框

（4）单击 插入(S) 按钮返回 填充效果 对话框，再单击 确定 和 应用(A) 按钮，效果如图 12.6.4 所示。

（5）单击“绘图”工具栏中的“插入图片”按钮，弹出 插入图片 对话框，从中选择两只蝴蝶的图片，单击 插入(S) 按钮，调整图片的大小，如图 12.6.5 所示。

图 12.6.4 添加的背景图片

图 12.6.5 插入的两只蝴蝶图片

（6）单击插入的图片，在打开的“图片”工具栏中单击“设置透明色”按钮，当鼠标指针变为形状时，在图片上单击将其变为透明色。用同样的方法，设置另一张图片为透明色，如图 12.6.6 所示。

（7）选择 幻灯片放映(D) → 自定义动画(M)... 命令，弹出“自定义动画”任务窗格。

（8）选择其中的一只蝴蝶，单击 添加效果 按钮，从弹出的下拉菜单中选择 动作路径(P) → 绘制自定义路径(D) → 曲线(C) 命令，在幻灯片的预览窗口中画出一条轨迹线，如图 12.6.7 所示。

图 12.6.6 设置图片格式

图 12.6.7 绘制自定义路径

（9）选择第二只蝴蝶，单击 添加效果 按钮，从弹出的下拉菜单中选择 动作路径(P) → 其他动作路径(M)... 命令，弹出 添加动作路径 对话框，从中选择 垂直数字 8 动画效果，如图 12.6.8 所示。

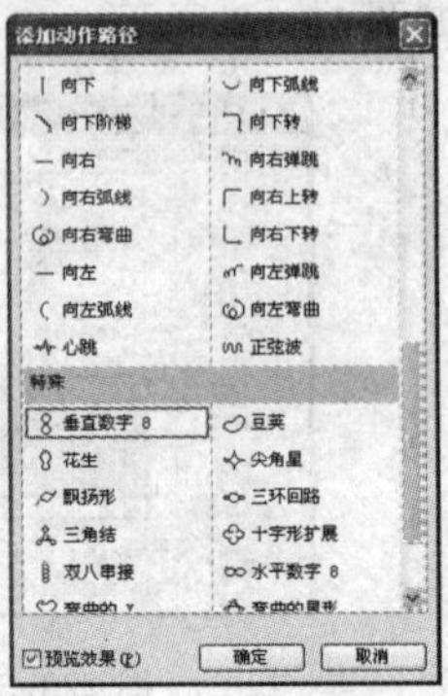


图 12.6.8 “添加动作路径”对话框

（10）单击 确定 按钮，可为第二只蝴蝶添加“垂直数字”的动画效果。单击该动画的绿色手柄，调整其运动幅度的大小。将这两个动画中的“开始”修改为“之后”，“速度”修改为“中速”，效果如图 12.6.9 所示。

图 12.6.9 添加的动画效果

（11）单击 ▶ 播放 按钮，可在幻灯片窗口中预览其播放效果，如图 12.6.10 所示。

图 12.6.10 预览动画效果

（12）如果对设置的动画效果满意，单击 幻灯片放映(D) → 设置放映方式(S)... 命令，弹出 **设置放映方式** 对话框。单击 ⊙观众自行浏览(窗口)(B) 单选按钮，并选中 ☑循环放映，按 ESC 键终止(L) 复选框，如图 12.6.11 所示。

（13）单击 确定 按钮返回幻灯片中，单击幻灯片页面左下角的“幻灯片放映”按钮，即可放映该幻灯片，最终效果如图 12.6.1 所示。

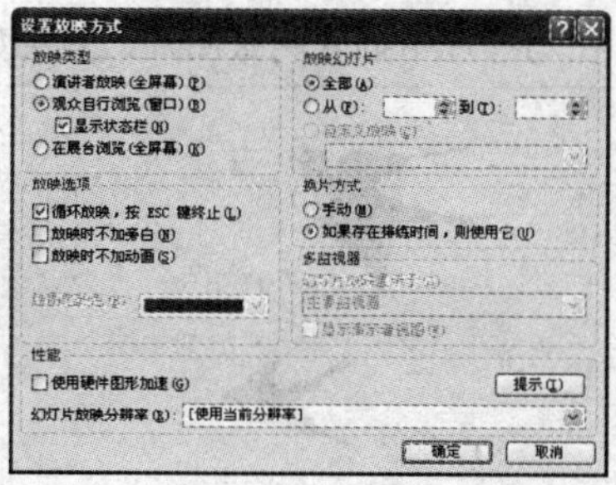


图 12.6.11　“设置放映方式”对话框

（14）在当前播放的幻灯片上单击鼠标右键，从弹出的快捷菜单中选择 结束放映(E) 命令，可结束当前正在放映的幻灯片。

## 实训 7　制作展翅飞翔的小鸟

### 1．实训内容

本例制作展翅飞翔的小鸟，效果如图 12.7.1 所示。

图 12.7.1　效果图

### 2．实训目的

掌握幻灯片中版式的设计、图片的插入及动画的运用等操作。

### 3．操作步骤

（1）启动 PowerPoint 2003，在“新建演示文稿”任务窗格中选择 空演示文稿 超链接，在弹出的“幻灯片版式”任务窗格中选择“空白”版式。

（2）选择 插入(I) → 图片(P) → 来自文件(F)... 命令，弹出 插入图片 对话框，从中选择两幅小鸟图片，如图 12.7.2 所示。

图 12.7.2　“插入图片”对话框

（3）单击 插入(S) 按钮，在幻灯片中插入两张图片，效果如图 12.7.3 所示。

图 12.7.3 插入的图片

（4）单击“幻灯片版式”任务窗格右侧的下拉按钮，从中选择 自定义动画 选项，打开“自定义动画”任务窗格。

（5）同时选中插入的图片 1、图片 2，单击“自定义动画”任务窗格中的 添加效果 按钮，从弹出下拉菜单中选择 进入(E) → 其他效果(M)... 命令，打开**添加进入效果**对话框，从中选择 闪烁一次 动画，如图 12.7.4 所示。

（6）单击 确定 按钮，为图片 1、图片 2 添加了“闪烁”动画效果。在添加的动画效果后单击鼠标右键，从弹出的下拉菜单中选择 效果选项(E)... 命令，如图 12.7.5 所示。

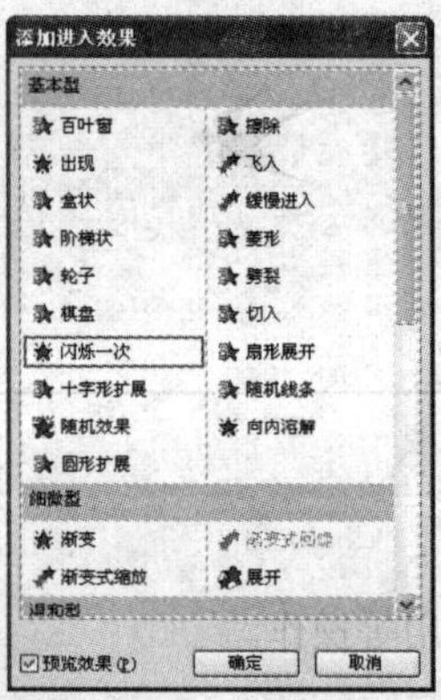


图 12.7.4 “添加进入效果”对话框

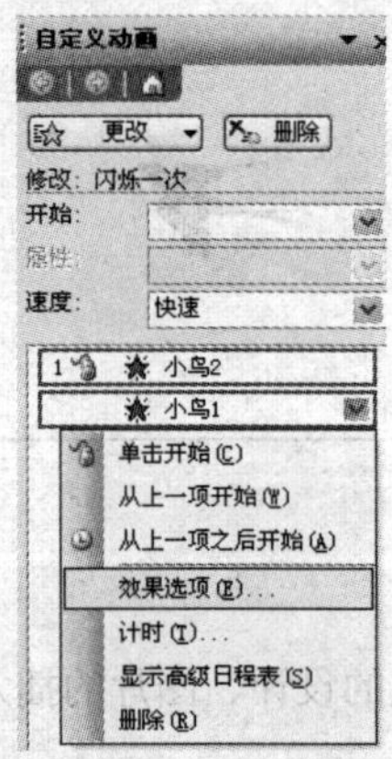


图 12.7.5 选择“效果选项”命令

（7）这时弹出**闪烁一次**对话框，打开 效果 选项卡，在“动画播放后”下拉列表中选择“播放动画后隐藏”选项，如图 12.7.6 所示。打开 计时 选项卡，将“开始”设为“之后”，将“延迟”设为“0 秒”。

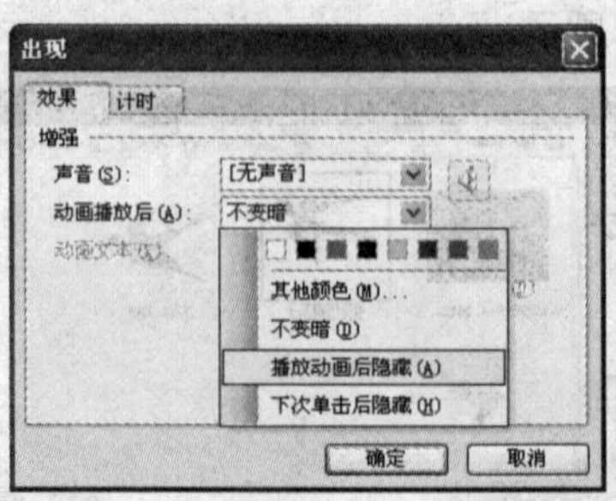


图 12.7.6 “出现”对话框

（8）单击 确定 按钮返回工作区中。将两幅图中的小鸟拖到工作区的左下角，叠放在一下，并且尽可能地重合，按“Ctrl+A”组合键同时选中两幅图，如图 12.7.7 所示。

（9）沿小鸟飞翔的轨迹，复制若干选中的图形（复制的越多，小鸟飞得就越平稳）。在复制时，一直按着“Ctrl”键，用鼠标拖动图形，每拖动一下就复制一幅，如图 12.7.8 所示。

图 12.7.7　组合图形

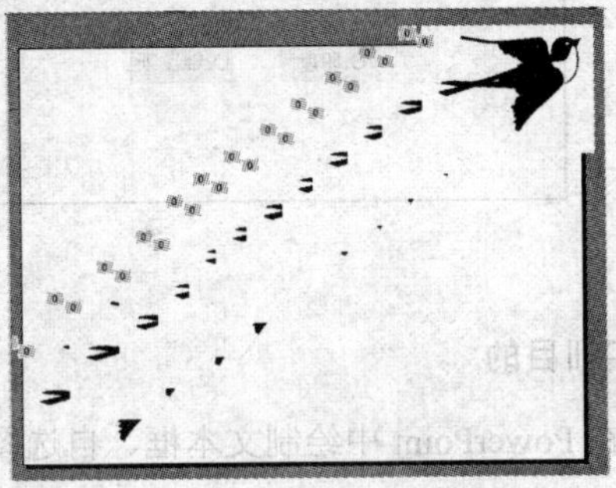

图 12.7.8　复制图形

（10）在“自定义动画”任务窗格中，可以看到复制完成后“动画顺序”列表框中的动画出现顺序是不连续的，如图 12.7.9 所示。

（11）改变最后一幅图片的动画效果，在 闪烁一次 对话框中将“动画播放后”设置为“不变暗”。

（12）通过单击“重新排序”的“向上”按钮和“向下”按钮，将动画顺序按数码大小排列整齐，如图 12.7.10 所示。

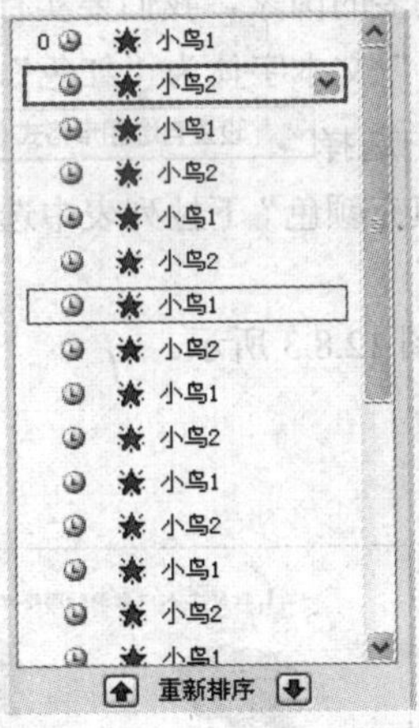


图 12.7.9　设置的动画顺序

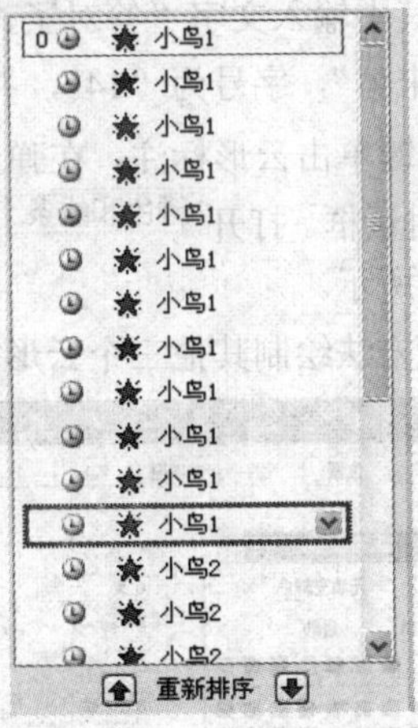


图 12.7.10　调整动画顺序

（13）单击幻灯片页面左下角的“幻灯片放映”按钮，即可放映该幻灯片，最终效果如图 12.7.1 所示。

# 实训 8　制作交互式选择题

## 1．实训内容

在 PowerPoint 2003 中制作交互式选择题，效果如图 12.8.1 所示。

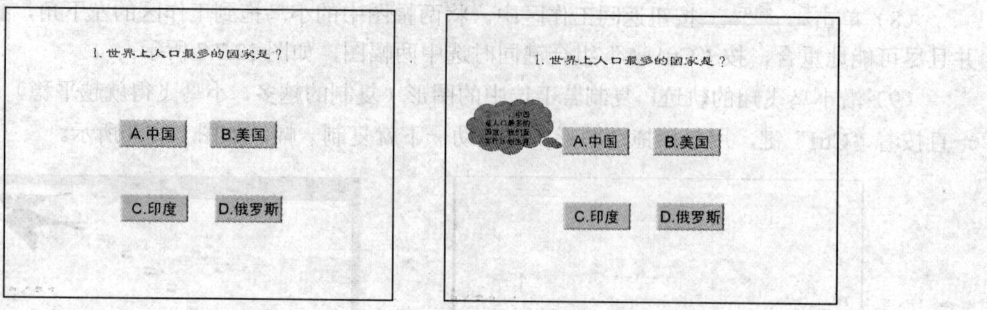


图 12.8.1 效果图

**2. 实训目的**

掌握在 PowerPoint 中绘制文本框、自选图形、添加文字、制作动作按钮及设置动画等操作。

**3. 操作步骤**

（1）启动 PowerPoint 2003 应用程序，新建一个空白文档，删除文本占位符。

（2）单击绘图工具栏中的“文本框”按钮，绘制一个横排文本框，并输入标题“1.世界上人口最多的国家是？”。选中输入的文本，在“格式”工具栏中设置其字体为“隶书”，字号为“28”，颜色为“深红”。

（3）单击绘图工具栏中的 自选图形(U) → 标注(C) → “云形标注”按钮，绘制一个标注图形，并在其中输入文字“答对了，中国是人口最多的国家，我们要实行计划生育”。设置云形标注的字体为“宋体”，字号为“14”，并设置“答对了”文本字体为“红色”。

（4）用鼠标右键单击云形标注，在弹出的快捷菜单中选择 设置自选图形格式(O)... 命令，弹出 **设置自选图形格式** 对话框。打开 颜色和线条 选项卡，在“填充颜色”下拉列表中选择一种颜色，如“水绿色”，如图 12.8.2 所示。

（5）用同样的方法绘制其他三个云形标注，效果如图 12.8.3 所示。

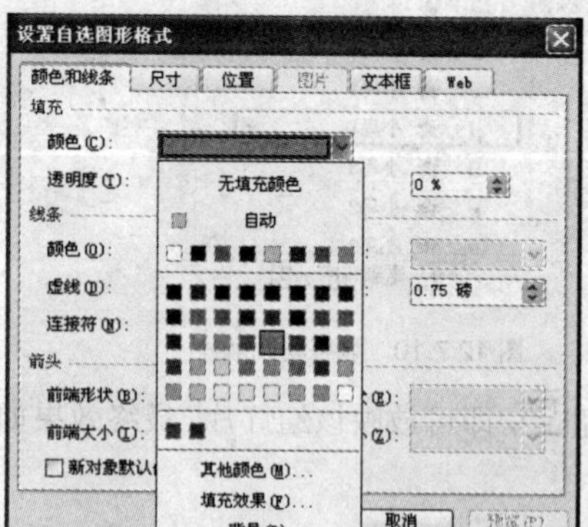


图 12.8.2 设置自选图形格式

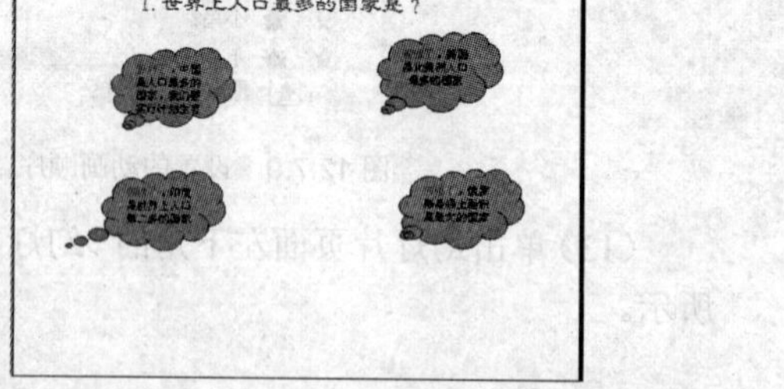


图 12.8.3 绘制的文本框和自选图形

（6）选择 幻灯片放映(D) → 动作按钮(I) → “自定义”按钮，在幻灯片中绘制一个动作按钮，这时弹出 **动作设置** 对话框。将该动作按钮链接到当前幻灯片中，如图 12.8.4 所示。

（7）单击绘制的动作按钮，在弹出的快捷菜单中选择 添加文本(X) 命令，在动作按钮上输入“A.中国”，设置其字体和字号。

（8）依此方法制作其他三个动作按钮并调整标注文本框与动作按钮的位置，如图 12.8.5 所示。

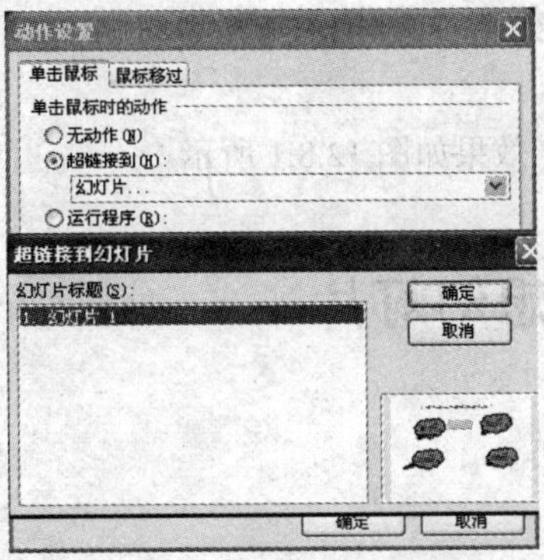


图 12.8.4　“动作设置”对话框

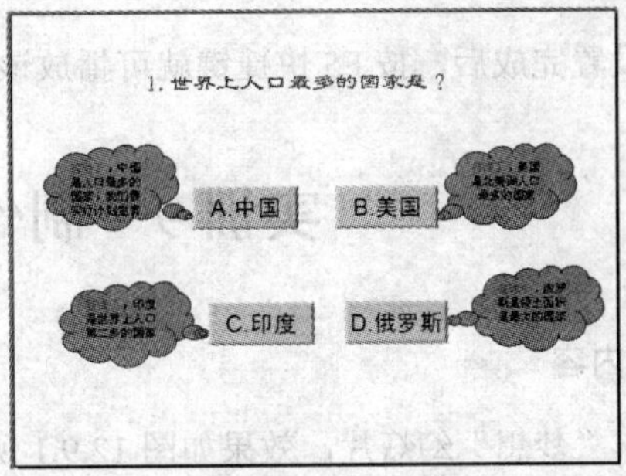


图 12.8.5　制作动作按钮

（9）用鼠标右键单击其中一个标注文本框（如 B 标注），在快捷菜单中选择[自定义动画(M)...]命令，打开“自定义动画”任务窗格。单击[添加效果]按钮，选择[进入(E)]→[其他效果(M)...]命令，弹出[添加进入效果]对话框，从中选择[向内溶解]动画效果，如图 12.8.6 所示。

（10）用鼠标右键单击“自定义动画”任务窗格中标注 B 的缩略图，在弹出的快捷菜单中选择[效果选项(E)...]，弹出[向内溶解]对话框。打开[效果]选项卡，为它设置一种爆炸声音，并设为“动画播放后隐藏”效果，如图 12.8.7 所示。

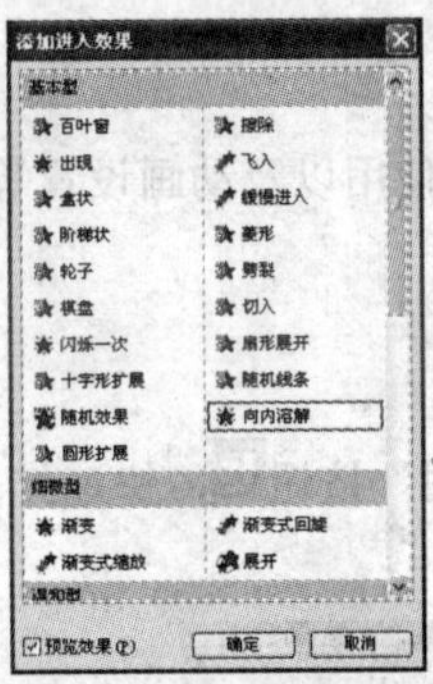


图 12.8.6　“添加进入效果”对话框

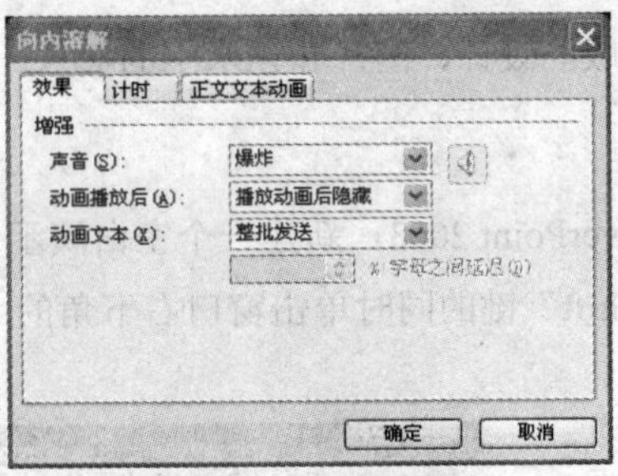


图 12.8.7　“效果”选项卡

（11）为了使动画在播放后不至于立即隐藏，在[计时]选项卡中，设置“速度”为“非常慢（5 秒）”单击[触发器(T)]按钮，并将“触发器”按钮进行设置。触发器的作用是使在单击按钮 B 时启动标注动画，如图 12.8.8 所示。

（12）单击[确定]按钮返回幻灯片中。依此方法设置 A、C、D 标注的动画效果。在设置答案 A 的标注时，将声音设为“鼓掌”，“播放动画后”设为“不变暗”，如图 12.8.9 所示。

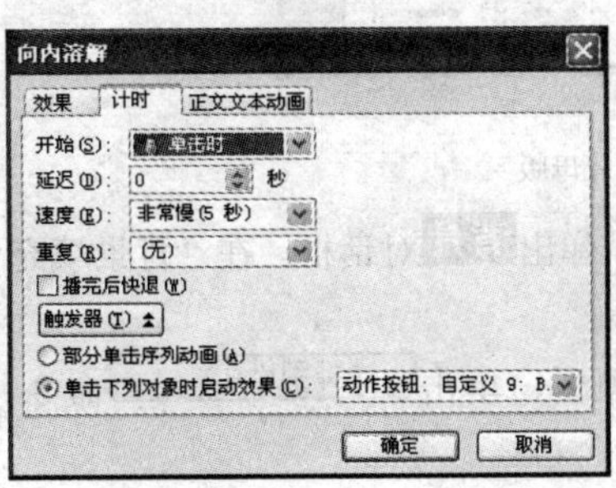


图 12.8.8　“计时”选项卡

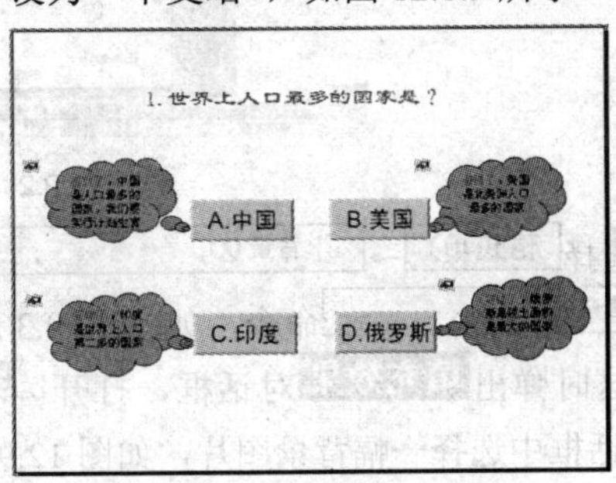


图 12.8.9　设置的触发器

（13）在演示窗口绘制一个“前进或下一项”动作按钮，同时插入一张新幻灯片，开始制作下一道试题。

（14）设置完成后，按 F5 快捷键就可播放该动画，效果如图 12.8.1 所示。

# 实训 9　制作梦想幻灯片

## 1．实训内容

本例制作“梦想”幻灯片，效果如图 12.9.1 所示。

图 12.9.1　效果图

## 2．实训目的

掌握幻灯片母版的设计、图片和艺术字的插入、文本框的使用以及动画设置等操作。

## 3．操作步骤

（1）启动 PowerPoint 2003，新建一个空白演示文稿。

（2）按住“Shift”键的同时单击窗口右下角的“普通视图”按钮，快速打开幻灯片母版，如图 12.9.2 所示。

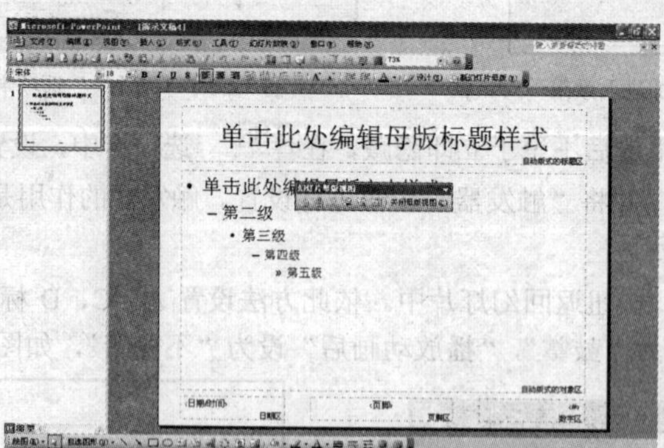


图 12.9.2　打开幻灯片母版

（3）选择 格式(O) → 背景(K)... 命令，弹出**背景**对话框。在“背景填充”下拉列表中选择 填充效果(F)... 命令，如图 12.9.3 所示。

（4）这时弹出**填充效果**对话框，打开 图片 选项卡，单击 选择图片(L)... 命令，在弹出的**选择图片**对话框中选择一幅背景图片，如图 12.9.4 所示。

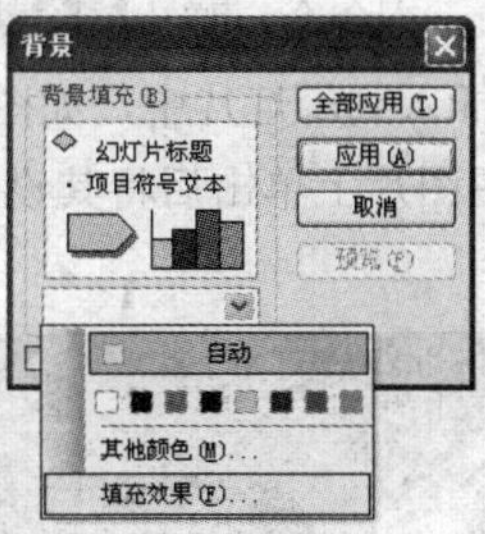


图 12.9.3　“背景”对话框

图 12.9.4　“选择图片”对话框

（5）单击 插入(S) 按钮返回到 填充效果 对话框中，再单击 确定 按钮就可将背景图片填充到幻灯片中了，如图 12.9.5 所示。

（6）单击“绘图”工具栏上的“插入艺术字”按钮，弹出 “艺术字”库 对话框，选择第二行第六种样式，如图 12.9.6 所示。

图 12.9.5　设置背景

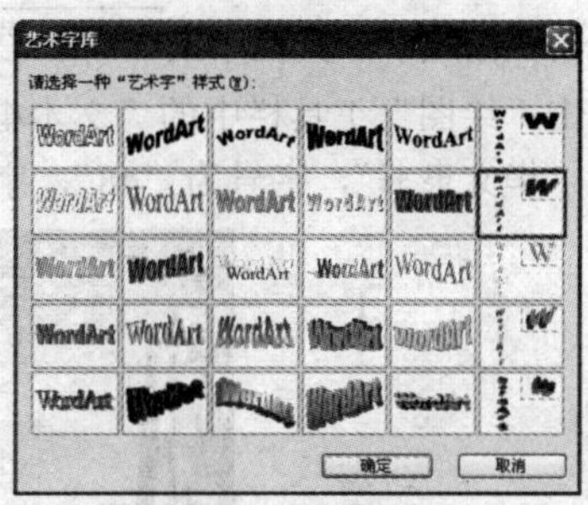


图 12.9.6　“‘艺术字’库”对话框

（7）单击 确定 按钮，弹出 编辑“艺术字”文字 对话框，在文本框中输入文本，设置其字体为“宋体”，字号为“40 磅”，字体加粗，如图 12.9.7 所示。

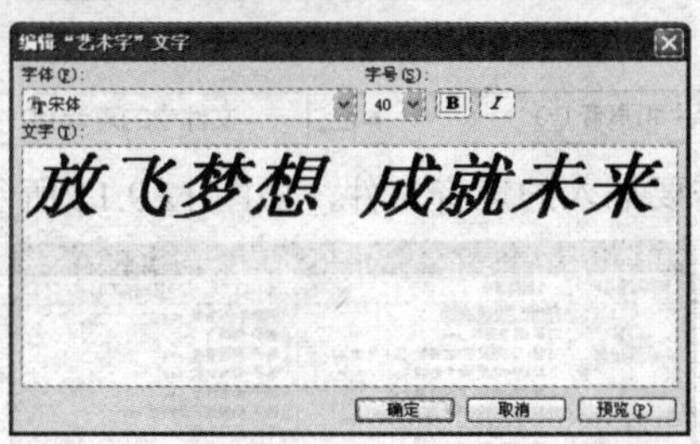


图 12.9.7　“编辑‘艺术字’文字”对话框

（8）单击 确定 按钮返回幻灯片中，效果如图 12.9.8 所示。

图 12.9.8　插入的艺术字

（9）选择 插入(I) → 图片(P) → 来自文件(F)... 命令，弹出 插入图片 对话框。在该对话框中选择一幅飞机图片，单击 插入(S) 按钮，将图片插入到幻灯片中，如图 12.9.9 所示。

（10）单击“图片”工具栏中的“设置透明色”按钮，在图片上单击后将其设置为透明色，调整图片的大小及位置，效果如图 12.9.10 所示。

图 12.9.9　插入的图片

图 12.9.10　设置图片格式后的效果

（11）单击“格式”工具栏中的 新幻灯片(N) 按钮，添加一张新幻灯片，删除占位符。

（12）单击“绘图”工具栏中的“文本框”按钮，绘制一个横排文本框并输入相应的文本。设置其字体为“华文隶书”，字号为“48”，字形加阴影，字体为“红色”，如图 12.9.11 所示。

图 12.9.11　设置文本框字体格式

（13）选择 插入(I) → 影片和声音(V) → 文件中的声音(N)... 命令，弹出 插入声音 对话框，在“查找范围”中找到需要插入的声音文件，如图 12.9.12 所示。

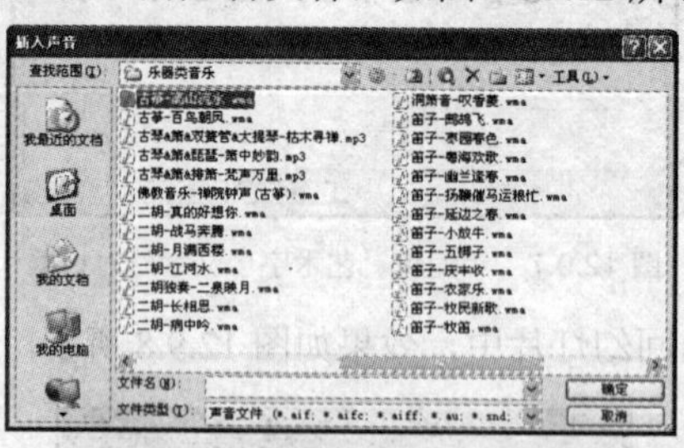


图 12.9.12　“插入声音”对话框

（14）单击 确定 按钮，系统弹出一个信息提示框（见图 12.9.13），在此选择自动播放方式，单击 自动(A) 按钮。

图 12.9.13　信息提示框

（15）选择 幻灯片放映(D) → 自定义动画(M)... 命令，打开“自定义动画”任务窗格。在刚才添加的声音动画上单击鼠标右键，从弹出的快捷菜单中选择 效果选项(E)... 命令，如图 12.9.14 所示。

图 12.9.14 选择命令

（16）这时弹出 播放 声音 对话框，选择 效果 选项卡，在“开始播放”栏中单击 从头开始(B) 单选按钮，在“停止播放”栏中单击 在(F)：2 张幻灯片后 单选按钮，如图 12.9.15 所示。

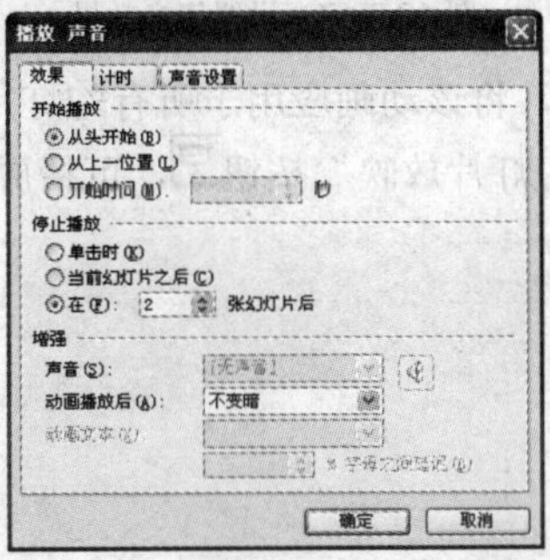

图 12.9.15 “播放 声音”对话框

（17）打开 声音设置 选项卡，选中 幻灯片放映时隐藏声音图标(H) 复选框，单击 确定 按钮返回幻灯片中。

（18）选中插入的艺术字，单击 添加效果 按钮，从弹出的下拉列表中选择 进入(E) → 4. 飞入 动画，再选择 强调(M) → 5. 陀螺旋 动画，将该艺术字添加两个动画效果，同时将“开始”修改为“之后”。

（19）选中飞机图片，单击 添加效果 按钮，选择 动作路径(P) → 绘制自定义路径(D) → 曲线(C) 命令，在幻灯片的预览窗口中画出一条轨迹线，如图 12.9.16 所示。将“开始”修改为“之后”，“速度”修改为“中速”。

图 12.9.16 绘制曲线轨迹

（20）选中第二张幻灯片中的文本框，单击 添加效果 按钮，从弹出的下拉列表中选择 进入(E) → 8. 颜色打字机 和 飞旋 动画，同时将“开始”修改为“之后”。

（21）选择 幻灯片放映(D) → 幻灯片切换(T)... 命令，打开“幻灯片切换”任务窗格。

（22）在“应用于所选幻灯片”列表中选择“新闻快报”；在“修改切换效果”栏中设置“速度”为“中速”；在“换片方式”栏选中 每隔 00:00 复选框，如图 12.9.17 所示。

图 12.9.17 设置切换效果

（23）单击 应用于所有幻灯片 按钮，将该动画应用于所有幻灯片。

（24）单击“视图”栏中的“幻灯片放映”按钮，可播放该幻灯片，效果如图 12.9.1 所示。